高职高专"十四五"规划教材

冶金工业出版社

焊接结构制造工艺

主　编　朱　霞　胡美些
副主编　党文祥

U0314680

北　京
冶金工业出版社
2024

内 容 提 要

本书为校企合作开发教材，共分为八个项目，主要内容包括：焊接结构制造概述，焊接应力与变形，焊接符号表示及焊缝强度基础知识，焊接结构备料及成形加工，焊接结构的装配与焊接工艺，焊接结构生产工艺规程的编制，典型焊接结构的生产工艺，焊接结构生产中的安全技术、劳动保护与安全管理。

本书可作为高职高专院校焊接专业的教材，也可供从事焊接结构生产的工程技术人员和操作人员参考。

图书在版编目（CIP）数据

焊接结构制造工艺/朱霞，胡美些主编．—北京：冶金工业出版社，2024.2

高职高专"十四五"规划教材

ISBN 978-7-5024-9695-1

Ⅰ．①焊…　Ⅱ．①朱…　②胡…　Ⅲ．①焊接结构—焊接工艺—高等职业教育—教材　Ⅳ．①TG404

中国国家版本馆 CIP 数据核字（2023）第 233895 号

焊接结构制造工艺

出版发行	冶金工业出版社	电　话	（010）64027926
地　址	北京市东城区嵩祝院北巷 39 号	邮　编	100009
网　址	www.mip1953.com	电子信箱	service@ mip1953.com

责任编辑　杨　敏　美术编辑　吕欣童　版式设计　郑小利
责任校对　葛新霞　责任印制　禹　蕊

三河市双峰印刷装订有限公司印刷

2024 年 2 月第 1 版，2024 年 2 月第 1 次印刷

787mm×1092mm　1/16；20.5 印张；496 千字；318 页

定价 55.00 元

投稿电话　（010）64027932　投稿信箱　tougao@cnmip.com.cn
营销中心电话　（010）64044283
冶金工业出版社天猫旗舰店　yjgycbs.tmall.com

（本书如有印装质量问题，本社营销中心负责退换）

前　言

焊接结构是把各种轧制、铸造、锻压的金属材料或毛坯经焊接制造而形成的能承受载荷的金属构件，其广泛应用于建筑、机械、化工、容器、造船、航空、运输等众多领域。

为了培养学生掌握焊接结构制造工艺及实施技术技能，使其具有绘制焊接结构装配图和焊接节点图，能够合理选择和使用焊接辅助设备，编制和实施备料、成形、装配及焊接工艺等能力，本书充分对接职业标准和岗位要求，体现职业教育培养目标和教学要求，涵盖了焊接结构制造工艺实施过程中需要学习的焊接工艺与关键技术，典型焊接结构生产工艺分析与讲解以及安全生产的相关知识和技能，内容翔实，大量的数据来自生产一线，便于指导焊接结构生产，是一本实用性强、覆盖面广、通俗易懂的焊接专业书籍。

本书分为：焊接结构制造概述，焊接应力与变形，焊缝符号表示及焊缝强度基础知识，焊接结构备料及成形加工，焊接结构的装配与焊接工艺，焊接结构生产工艺规程的编制，典型焊接结构的生产工艺，焊接结构生产中的安全技术、劳动保护与安全管理，共八个项目。其中，项目五和项目六，项目七的任务一和任务二由内蒙古机电职业技术学院朱霞编写，项目八由北奔重型汽车集团有限公司包头驾驶室制造公司党文祥编写，项目一至项目四和项目七的任务三和任务四由内蒙古机电职业技术学院胡美些编写。李艳会参与了部分内容的编写。

本书在编写过程中，借鉴了行业企业培训教材及一些职业院校编制的教材，在此表示感谢。

由于编者水平有限，加之时间仓促，书中不妥之处，敬请广大读者批评指正。

编　者
2023 年 1 月

目　　录

项目一 焊接结构制造概述

学习目标：通过学习，掌握焊接结构在工业中的应用、发展和特点，以及焊接结构的类型及其制造特点。

任务一 焊接结构在工业中的应用及特点

一、焊接技术的应用与发展

焊接是金属连接的一种工艺方法，特别是在钢铁连接方面，也是一门古老的综合性应用技术，焊接技术自近代以来随着科学技术的整体进步而快速发展。焊接技术是随着金属的应用而出现的，古代的焊接方法主要是铸焊、钎焊和锻焊。中国商朝制造的铁刃铜钺，就是铁与铜的铸焊件，其表面铜与铁的熔合线蜿蜒曲折，接合良好。春秋战国时期曾侯乙墓中的建鼓铜座上有许多盘龙，是分段钎焊连接而成的。经分析，所用的焊料与现代软钎料成分相近。战国时期制造的刀剑，刀刃为钢，刀背为熟铁，一般是经过加热锻焊而成的。据明朝宋应星所著《天工开物》一书记载：中国古代将铜和铁一起入炉加热，经锻打制造刀、斧；用黄泥或筛细的陈久壁土撒在接口上，分段煅焊大型船锚。中世纪的铁匠通过不断锻打红热状态的金属使其连接，该工艺被称为锻焊。维纳重·比林格塞奥于1540年出版的《火焰学》一书记述了锻焊技术。古代焊接技术使用的热源都是炉火，温度低、能量不集中，无法用于大截面、长焊缝工件的焊接，只能用以制作装饰品、简单的工具、生活器具和武器。

近代焊接技术是从出现碳弧焊开始的。19世纪初，英国的戴维斯发现电弧和氧乙炔焰两种能局部熔化金属的高温热源，1885—1887年，俄国的别纳尔多斯发明碳极电弧焊钳，开始了电弧焊的应用。20世纪前期发明和推广了焊条电弧焊，中期发明和推广了埋弧焊和气体保护焊；随着现代科学的发展和进步，各种高能束（电子束、激光束）也在焊接上得到应用。到了20世纪70年代，在世界范围内，焊接技术已经成为机械制造业中的关键技术之一。特别是20世纪后期，随着世界新技术革命的到来和电子技术及自动控制技术的进步，焊接产业开始向高新技术方向发展，出现了焊接机器人和高智能型的焊接成套设备及焊接新技术，焊接技术更加突出地反映了整个国家的工业生产发达水平和机械制造技术水平。

二、焊接结构的应用与发展

焊接技术首次用于金属结构（如锅炉及压力容器、桥梁、船舶等）的生产始于20世纪20年代。1921年建成了第一艘全焊的远洋船，随后焊接技术稳步发展，焊接结构的应用也逐渐得到推广。到了20世纪30年代，由于工业技术的发展，世界各工业先进国家已经开始大规模制造焊接结构，如全焊油罐、全焊锅炉和压力容器、全焊桥梁等都已大量制造出来。第二次世界大战促使船舶结构实现铆改焊的急骤变化，大吨位全焊船舶在短期内大量制造出来。但是由于当时缺乏设计和制造大型焊接结构的知识和经验，对其强度和断裂性质及特征尚不十分清楚，以致相当多的焊接结构出现了各种破坏事故，促使焊接工作人员对焊接结构相关理论进行深入调查和研究，极大促进了焊接技术的发展。到了20世纪60年代，各国绝大多数的锅炉及压力容器、船舶、重型机械、飞机等几乎都采用各种焊接工艺进行制造。此外，在机械制造业中，以往由整铸整锻方法生产的大型毛坯改成了焊接结构，极大简化了生产工艺，降低了成本。

现代焊接结构正在向大型化和高参数方向发展，工作条件越来越苛刻，如跨海大桥、海洋钻井平台、大型化工设备和发电设备等，甚至应用于高温或低温、强腐蚀介质和强放射性辐照等各种极限条件下，并要求焊接结构成本低、耐用可靠，甚至要易于解体实现循环再利用。如图1-1所示的核压力容器是典型现代焊接结构，其壁厚可达200 mm左右，与之接近的还有6100 m深海探测器，工作时需承受巨大的海水压力，如图1-2所示。又如全焊接超级（50万吨）油轮长382 m，宽168 m，高27 m，采用低碳钢和低合金钢制造，最大钢板厚度可达140 mm。再如建造现代高层建筑的焊接钢屋架，通常都是将零部件在工厂内制成，然后运到工地安装，所用强度级别达到400 MPa以上，厚度达100~150 mm。如北京新保利钢结构焊接工程中首先采用了ASTM A913 GR60（相当于我国Q420钢，淬火加自回火）；国家体育场（鸟巢）使用国产Q460E-Z35钢，最大板厚110 mm；国家游泳中心（水立方）工程使用国产Q420C钢；中央电视台新台址工程更是使用了Q390D、Q420D-Z25、Q460E-Z35级别的钢材；深圳平安高层用钢材强度等级已经达到550 MPa。还有许多工作条件极其恶劣的焊接结构，如大型火力发电锅炉，其工作压力达32.4 MPa，蒸汽温度可达650 ℃；大型储罐直径达33 m、容积为100000 m³等。

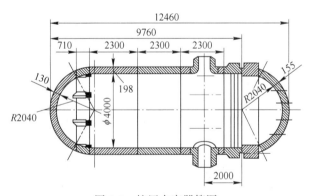

图 1-1　核压力容器简图

目前，各工业先进国家已经制定出各种焊接结构的设计及制造规范、标准和工艺。近年来又发展了许多新的焊接工艺，如：摩擦焊、激光焊、等离子弧焊等。新型结构材料不断提出新的焊接要求，又促进了新焊接工艺方法的诞生。例如航天器的制造中，为了解决航天器结构的高强金属及合金的焊接，加速了惰性气体保护焊和等离子弧焊等工艺的发展。反过来，新的工艺又使制造各种大型、尖端结构产品成为可能。可以说，现

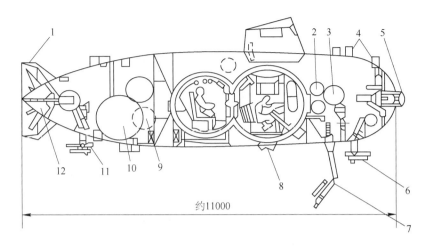

图 1-2　6100 m 深海探测器（DSSV）示意图

1—倾斜罩；2—液压系统；3—压力舱；4—声呐；5，12—螺旋桨系统；6，11—支承和摄影装置；

7—操纵器；8—多普勒声呐；9—压水舱；10—燃料舱

有的尖端设备不用焊接结构就不可能制造出来，像原子能电站的核容器、深海探测潜艇、航天器、各种化工石油合成塔、万吨级至数十万吨级的远洋油轮等都属于这一类，如图 1-3 所示。

图 1-3　各种大型、尖端结构产品

（a）氨精馏塔；（b）30 万吨级远洋油轮；（c）航天器；（d）深海载人潜水器

焊接人物故事：焊花里飞出中国梦

2001年，技校毕业的王中美进入中铁九桥工程有限公司做起了电焊工的工作。初入职场的她，仔细观摩师傅们施焊的站位、角度、手法，尤其是技术难度大的熔透焊、角焊缝、立焊、仰焊等，刻苦钻研，勤学苦练，逐渐找到了工作的乐趣。

2005年，中铁九桥工程有限公司在深山峡谷里承建悬索桥——沪渝高速四渡河桥。钢梁主桁杆件拉索吊耳角接焊缝多、工艺要求高、板间距过窄，面对技术难点，多个老师傅都望而却步，王中美则主动请战。最后，由她焊接的30多组高熔透焊缝，经检验均一次性合格，受到了公司领导和驻厂监理的高度赞扬。经过这次锻炼，她的焊接水平得到迅速提升。

王中美在实践中敢于突破固有经验和传统，对焊接工法和焊接工艺进行大胆创新。她将原厚度16 mm以上钢板熔透焊接必须开双面坡口的传统焊接工法，革新为厚度16~28 mm钢板熔透焊接开单面坡口。这一焊接工法，工序简单易学，工作效率高，既能保证焊缝质量、避免焊后变形，又减少了钢板重复翻身开坡口。这一工法被公司命名为"王中美焊接工法"，经广泛推广应用后，产生了巨大的经济效益。

在参与的40余座桥梁建设工程中，王中美带领团队通过优化参数、改进工序、创新工艺，取得新钢种焊接技术攻关、重型大节段钢桁梁制造及总拼技术研究、海上接桩横位自动化焊接专项工艺等创新成果17项，多项工艺填补了国内空白，为我国桥梁建设事业作出了积极贡献。这些桥梁的建造，被誉为我国铁路桥梁建设史上新的里程碑，标志着我国从桥梁建设大国向世界建桥强国加速迈进。

——节选自2018年4月29日《工人日报》的《【劳动者之歌】焊花里绽放美丽芳华》

三、先进焊接材料及其应用

传统的焊接结构通常采用强度低、韧性良好的低碳钢或低合金结构钢制造。近年来，随着焊接技术的不断完善，高强度、高韧性金属材料在现代焊接结构中获得了广泛的应用。图1-4所示为日本统计的大型焊接结构所用钢材强度等级与采用的板厚规格。抗拉强度784 MPa的高强度钢（HT80）已用于桥梁、高压水管、重型电机、海洋结构等，超高强度钢在航天、航海及机器制造业中应用也很广泛。用来制造固体燃料火箭发动机壳的4340钢，经过合适的淬火-回火处理后，其强度极限可达1765.3 MPa。不含碳的马氏体时效钢，如18Ni钢，是另一种常用的超高强度钢。这种钢在淬火状态下具有高韧性，便于热处理，也有良好的焊接性能。焊后经过时效处理，可获得1373~2059.5 MPa的高强度，同时，这种钢还具有很高的抗脆性断裂及抗应力腐蚀的能力，可用来制造如飞机零件、大直径固体燃料火箭外壳，以及冷冻机及船体结构等。

管线钢是采用控轧技术生产的新一代钢铁材料，具有良好的焊接性，如X70管线钢已成功地应用于我国的"西气东输"工程中。整个工程管线全长4200 km，管径

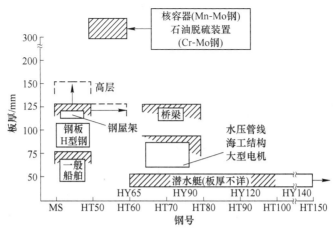

图1-4　大型焊接结构所用钢材强度等级及板厚规格

1118 mm，由新疆塔里木至上海和长江三角洲地区，途经沙漠戈壁、高山峻岭、深陷性黄土、大江大河、江南水网等复杂的地质地貌，需适应高热、高寒气候以及复杂的地质环境。

随着焊接技术的不断进步，各种抗腐蚀、抗高温以及抗低温脆断的合金钢，如含镍量（质量分数）为9%、5.5%和3.5%的镍基低温钢、铬镍不锈钢、耐热钢、双相不锈钢等，铝及铝合金、钛及钛合金都已广泛用于焊接结构的制造。

四、焊接技术对焊接结构生产的影响

焊接工序在焊接结构生产过程中起着主导作用。不同的焊接工艺，对焊接前后的生产工序有不同的要求和影响，并且在很大程度上决定了焊接结构生产的工艺过程。例如，焊条电弧焊是最早出现至今仍在应用的一种焊接方法，其焊接时的热输入、熔深和单位时间金属熔敷量较小，焊接生产效率低下。埋弧焊质量比较稳定，焊接生产率也高，但是仅适用于较长的焊缝，对焊缝间隙、焊接位置等均有严格的要求，需要钢板边缘加工及精确的装配，并要求有较宽敞的操作空间和有利的焊接位置，这就限制了埋弧焊的使用。气体保护电弧焊在一定程度上取代焊条电弧焊和埋弧焊，并可以在各种位置进行焊接，但它不宜在有风的环境中进行施焊。厚板的对接焊缝和角焊缝可以考虑采用电渣焊，只需要焊接一次就可以完成所需截面的焊缝，对坡口的加工要求较低，但是焊缝必须处于垂直或接近垂直位置，而且电渣焊的热输入较大，热影响区晶粒粗大，焊后需要进行正火处理，增加了附加的工序和费用。薄板焊接也可以考虑采用电阻点焊和缝焊，生产率高，焊后变形小，但需要有较大功率的输电线路以供应足够的电能。为适应这种工艺方法，产品的构造形式也应有较大的改变。

为了防止焊接裂纹，高强度钢多采用预热焊接工艺，但预热焊对高强度钢焊接热影响区组织性能有不利影响（如软化、脆化等）。若能在不预热条件下进行焊接，对简化焊接工艺、提高焊接接头性能和改善劳动条件有着重要的意义。

总之，焊接工艺对焊接生产的组织、工艺过程、劳动生产率及产品成本都有很大影响。因此，在进行产品工艺分析及制订工艺文件时，必须根据产品结构形式、批量、工厂

及所在环境、工人及技术人员水平等具体条件，对各种焊接工艺的选择进行充分的分析和论证。

五、焊接自动化、智能化技术的应用及发展

数十年来，焊接技术和其他科学技术一样以迅猛的速度发展，诸如激光、电子束、等离子及气体保护焊等焊接方法的出现以及高质量、高性能焊接材料的不断发展和完善，使得几乎所有的工程材料都能实现焊接。而且焊接自动化迅速发展，自动化的生产方式在很多的工业部门代替了手工焊生产方式。在各种焊接技术及系统中，以电子技术、信息技术及计算机技术综合应用为标志的焊接机械化、自动化、智能化及焊接柔性制造系统，是信息时代焊接技术的重要特点。实现焊接产品制造的自动化、柔性化与智能化已成为必然趋势。采用机器人焊接已成为焊接自动化技术现代化的主要标志。焊接机器人由于具有通用性强、工作可靠的优点，受到人们越来越多的重视。在焊接生产中采用机器人技术，可以提高生产率、改善劳动条件、稳定和保证焊接质量、实现小批量产品的焊接自动化。

焊接柔性制造系统（单元）是信息时代焊接技术的典型代表，一般情况下，它由焊接机器人、先进焊接电源、离线编程系统、工装机械系统等组成，如图 1-5 所示。

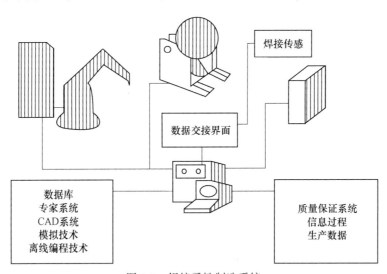

图 1-5 焊接柔性制造系统

焊接机器人具有比其他机器人更高超的能力，除能进行正常的行走及搬运外，还能自动跟踪焊接电弧轨迹，防止电弧及烟尘的干扰。

在焊接机械化、自动化系统中，采用的焊接电源均具有良好的动特性，大多采用以先进电子元器件及电子技术开发生产的焊接设备，如 IGBT 逆变式焊接电源等。焊接方法大多采用焊接质量高、生产率高的方法，如自动或半自动 MIG/MAG 焊、TIG 焊及埋弧焊等。

离线编程系统使得焊接过程的编程自主地进行，并能对整个焊接过程的大部分动作进行模拟试验而不依赖于整个柔性系统。焊接是一个多变量的复杂过程，同时在焊接过程中也会产生热变形等其他变量，因此，很多目的在于预测这类变量情况的焊接工程软件应运而生，用来分析计算焊接过程的众多变量。这类软件在离线编程系统中得到了广泛的应

用。工装机械系统主要是实现焊接产品的装配、变位和焊接等功能，包括诸如焊接变位器、焊接操作机滚轮支架、回转台及翻转机等，也包括实现焊接产品自动运输的辅助工装设备等。

六、焊接结构的特点

（一）焊接结构的优点

与铆接、螺栓连接的结构相比较，或者与铸造、锻造方法制造的结构相比较，焊接结构具有一系列无法比拟的优点，主要体现在以下几个方面：

（1）焊接结构的整体性强。由于焊接是一种金属原子间的连接，刚度大、整体性好，在外力作用下不会像其他机械连接那样因间隙变化而产生过大的变形，因此焊接接头的强度、刚度一般可达到与母材相等或相近，能够随基本金属承受各种载荷的作用。而铆接或螺栓连接的结构，需预先在母材上钻孔，这样就削弱了接头的工作截面，从而导致接头的强度低于母材约20%。

（2）焊接结构的致密性好。制造铆接结构时必须捻缝以防止渗漏，但是在使用期间很难保证水密性和气密性的要求，而焊接结构焊缝处的水、油、气的致密性是其他连接方法无法比拟的，特别是在高温、高压容器结构上，如锅炉、储气罐、储油罐等，焊接是最理想的连接形式。

（3）焊接结构适应制作的外形尺寸特别宽。不仅可以制造微型机器零件（采用微焊接技术），而且可以制造现代钢结构，特别适用于几何尺寸大而形状复杂的产品，如船体、桁架、球形容器等。对大型或超大型的复杂工程，可以将结构分解，对分解后零件或部件分别进行焊接加工，再通过总体装配焊接连接成一个整体结构。

（4）焊接结构可实现异种材料的连接。焊接结构可根据结构各部位在工作时的环境、所承受的载荷大小和特征，采用不同的材料制造，并采用异种钢焊接式堆焊制成，从而满足结构的使用性能，同时可降低制造成本。比如，热壁加氢反应器，内壁要求具有抗氢腐蚀能力，如全用抗氢钢卷制，贵而不划算；尿素合成塔要求耐受包括尿素在内多种化工产品的腐蚀，一般采用堆焊（或内衬）不锈钢（或镍基合金）制造。再比如，大型机器零件的焊接齿轮，轮缘采用耐磨优质的合金钢制造，而轮辐和轮毂可以采用焊接性好的低碳钢制造，实现了既满足齿轮的工作要求，又节约优质钢材、降低成本的目的。

（5）焊接结构节省制造工时，节约设备及工作场地的占用时间，节约资金。例如在现代造船厂里，一个自重20万吨的油轮，采用焊接制造可在不到3个月的时间里下水，同样的油轮如用铆接制造，则需要一年多的时间下水。与铆接结构相比，它还具有结构制造成品率高的特点，即焊接结构制造过程中一旦出现焊接缺陷，修复比较容易，很少产生废品。

（6）减轻结构重量，提高产品质量，特别是大型毛坯的质量（相对铸造毛坯）。相对铆接结构，其接头效能较高，节省金属材料，节约基建投资，可以取得较大的经济效益。如120000 kN水压机改用焊接结构后，主机减轻20%~26%，上梁、活动横梁减轻20%~40%，下梁减轻50%；某大型颚式破碎机改用焊接结构后，节约生产费用30多万元，成本降低了 20%～25%。

（二）焊接结构的缺点

（1）对材料敏感，易产生焊接缺陷。各种材料的焊接性存在较大的差异，有些材料焊接性极差，很难获得优质的焊接接头。由于焊接接头在短时间内要经历材料冶炼、冷却凝固和焊后热处理 3 个过程，因此焊缝金属中常常会产生气孔、裂纹和夹渣等焊接缺陷。例如，一些高强度钢和超高强度钢在焊接时容易产生裂纹，铝合金焊缝金属中容易产生气孔。虽然大多数焊接缺陷可以修复，但修复不当或缺陷漏检可能带来严重的问题，最终形成过大的应力集中，从而降低整个焊接结构的承载能力，所以对材料的选择必须特别注意。

（2）对应力集中敏感。焊接接头具有整体性，其刚度大，焊缝的布置、数量和次序等都会影响到应力分布，并对应力集中较为敏感。而应力集中点是结构疲劳破坏和脆性断裂的起源，对于作为整体的大刚度结构的焊接结构件来说，如果裂纹从起源点一旦扩展，就难以被制止住。因此在焊接结构设计时要尽量避免或减少产生应力集中的一切因素，如处理好断面变化处的过渡、保证良好的施焊条件避免结构因焊接困难而产生焊接缺陷等。

（3）存在焊接应力和变形。由于绝大多数焊接结构是采用局部加热的焊接方法制造，造成整个焊接过程是一个不均匀的加热和冷却过程，不均匀的温度场会导致热应力的产生，并由此造成残余塑性变形和残余应力，以及引起结构的变形。这对结构的外形、尺寸和性能都造成一定的影响，如焊接应力可能导致裂纹，残余应力对结构强度和尺寸稳定性不利。为避免这类问题，常需要进行消除应力处理和变形校正，因而会增加工作量和生产成本。

（4）焊接接头的性能不均匀。焊缝金属是由母材和填充金属在焊接热作用下熔合而成的铸造组织，靠近焊缝金属的母材（近缝区）受焊接热影响而发生组织和性能的变化（焊接热影响区）而形成一个不同于母材的不均匀体，产生几何的不均匀（包括截面的改变和焊接变形）、力学性能的不均匀（接头形式引起的应力集中和焊接残余应力）和化学成分的不均匀以及金属组织的不均匀（即金相组织结构不均匀）。而且这种不均匀的程度远远超过了铸、锻件，对结构的力学行为，特别是对断裂行为有重要影响。因此，在选择母材和焊接材料以及制订焊接工艺时，应保证焊接接头的性能符合产品的技术要求。

根据以上这些特点可以看出，若要获得优质的焊接结构，必须做到合理地设计结构，正确地选择材料和合适的焊接设备，制订正确的焊接工艺和进行必要的质量检验，才能保证产品质量。

任务二　典型焊接结构的类型及制造特点

一、焊接结构的类型

焊接结构类型众多，其分类方法也不尽相同，各分类方法之间也有交叉和重复现象。同一焊接结构之中也有局部的不同结构形式，因此很难准确和清晰地对其进行分类。通常可以从用途（使用者）、结构形式（设计者）和制造方式（生产者）进行分类，见表1-1。

表1-1　焊接结构的类型

分类方法	结构类型	焊接结构的代表产品	主要受力载荷
按用途分类	运载工具	汽车、火车、船舶、飞机、航天器等	静载、疲劳、冲击载荷
	储存容器	球罐、气罐等	静载
	压力容器	锅炉、钢包、反应釜、冶炼炉等	静载、热疲劳载荷
	起重设备	建筑塔吊、车间行车、港口起重设备等	静载、低周疲劳
	建筑设施	桥梁、钢结构的房屋、厂房、场馆等	静载、风雪载荷、低周疲劳
	焊接机器	减速机、机床床身、旋转体等	静载、交变载荷
按结构形式分类	桁架结构	桥梁、网架结构等	静载、低周疲劳
	板壳结构	容器、锅炉、管道等	静载、热疲劳载荷
	实体结构	焊接齿轮、机身、机器等	静载、交变载荷
按制造方式分类	铆焊结构	小型机器结构等	静载
	栓焊结构	桥梁、轻钢结构等	静载、风雪载荷、低周疲劳
	铸焊结构	机床床身等	静载、交变载荷
	锻焊结构	机器、大型厚壁压力容器等	静载、交变载荷
	全焊结构	船舶、压力容器、起重设备等	静载、低周疲劳

（1）从使用者的角度考虑，主要按焊接结构用途进行分类。这样的分类方法不仅适合于专业技术人员，也适合于普通人员，可以使使用者清晰地了解焊接结构的形状尺寸、功能作用、承受载荷类型以及对焊接结构的要求，有利于对所用材料的选择和结构设计。

例如，提起交通运载工具，人们自然想到的是轻质、高速、安全、能耗等问题。这也是焊接结构设计者和制造者首先考虑的分类方法。

（2）从设计者的角度考虑，主要按焊接结构形式进行分类。这样的分类方法主要适用于专业技术人员，有利于设计人员进行受力分析、结构设计、材料选择。

主要结构形式有桁架结构、板壳结构和实体结构三种形式，其具体选择依赖于焊接结构的用途、承受载荷的能力和自身质量等。例如，板壳结构比桁架结构的承载能力大，而实体结构主要用于机器和机床机身等结构。

（3）从生产者的角度考虑，主要按焊接结构制造方式进行分类。这样的分类方法主要适用于制造工艺人员，要从焊接结构的使用性能、形状大小、生产规模、制造成本以及材料的加工工艺性能等方面考虑，以便在保证使用性能的前提下，提高生产效率，降低制造成本。

1）铆钉连接是一种古老的连接方法，由于连接接头的柔性和退让性较好，便于质量检查，故经常用于一般小型金属结构制造中，但因其制造费工费时、用料多、钉孔削弱构件工作截面面积等原因，目前已逐步由螺栓连接和焊接所替代。

2）高强度螺栓连接接头承载能力比普通螺栓连接接头要高，同时高强度螺栓连接能减轻钉孔对构件的削弱作用，因此，目前仍然得到广泛的应用，主要与焊接方法一起使用，形成栓焊结构。例如，桥梁多为栓焊结构，其梁柱构件均在工厂内制造，在工地现场只进行螺栓连接，这种方法不仅制造方便，从断裂力学角度考虑，螺栓连接部位可以防止脆性断裂。

3）铸焊结构和锻焊结构是指铸造或锻造部件通过焊接形成尺寸更大，不能一次铸造和锻造的结构，这些方法在大型厚壁重型结构中得到应用。

4）随着焊接技术水平的不断提高，全焊焊接结构得到了快速发展，如船舶、压力容器和起重设备等。

下面结合设计者和制造者的角度，根据焊接结构的工作特性进行分类和分析介绍。

（一）桁架结构

桁架结构又称为杆系结构，是指由长度远大于其宽度和厚度的杆件在节点处通过焊接工艺相互连接组成能够承受横向弯曲的结构，其杆件按照一定的规律组成几何不变结构。焊接桁架结构广泛应用于大跨度的厂房、展览馆、体育馆和桥梁等公共建筑、桥梁、起重机、高压输电线路和广播电视发射塔架等，如图 1-6 所示。

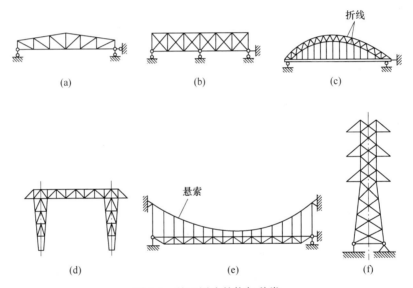

图 1-6　基于用途的桁架种类

（a）屋盖桁架；（b）桥梁桁架；（c）拱形桥梁桁架；（d）龙门起重机桁架；

（e）悬吊组合桥桁架；（f）高压电缆塔式桁架

根据承受荷载大小的不同，又可分为普通桁架（图 1-6（c）和（f））、轻钢桁架（图1-6（a））和重型桁架（图 1-6（b）、（d）和（e））。

根据桁架的外形轮廓，桁架可分为三角形、平行弦、梯形、人字形和下撑式桁架等（见图 1-7）。

网架结构是一种高次超静定的空间杆系结构（见图 1-8）。其空间刚度大、整体性强、稳定性强、安全度高，具有良好的抗震性能和较好的建筑造型效果，同时兼有重量轻、材料省、制作安装方便等优点，因此是一种适用于大、中跨度屋盖体系的结构形式。网架结构按外形可分为平面网架（简称网架，见图 1-8（a））和曲面网架（简称网壳，见图 1-8（b）和（c））。网架可布置成双层或三层，双层网架是最常用的一种网架形式。

桁架结构由上弦杆、下弦杆和腹杆三部分组成，图 1-9 给出了几种常用的腹杆布置方

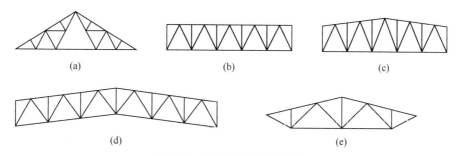

图 1-7 基于形状的桁架种类

（a）三角形桁架；（b）平行弦桁架；（c）梯形桁架；（d）人字形桁架；（e）下撑式桁架

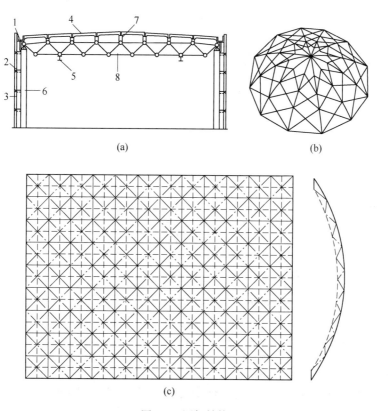

图 1-8 网架结构

（a）平面网架；（b）球冠形网壳；（c）曲面网壳

1—内天沟；2—墙架；3—轻质条形墙板；4—网架板；5—悬挂吊车；

6—混凝土柱；7—坡度小立柱；8—网架

法。对两端简支的屋盖桁架而言，当下弦无悬吊载荷时，以人字形体系和再分式体系较为优越（图 1-9(b) 和 (g)）；当下弦有悬吊载荷时，应采用带竖杆的人字形体系（图 1-9(c)）；桥梁结构中多用三角形体系和米字形体系（图 1-9(e) 和 (f)）；起重机械和塔架结构多采用斜杆体系或交叉体系（图 1-9(a) 和 (d)）。

桁架结构中常用的型材有工字钢、T 型钢、管材、角钢、槽钢、冷弯薄型材、热轧中薄板以及冷轧板等。

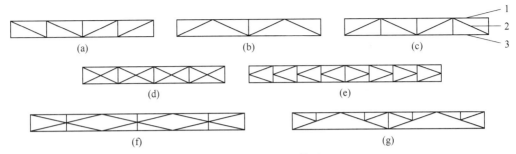

图 1-9 桁架的腹杆体系

（a）斜杆体系；（b）人字形体系；（c）带竖杆的人字形体系；（d）交叉体系；

（e）三角形体系；（f）米字形体系；（g）再分式体系

1—上弦杆；2—腹杆；3—下弦杆

图 1-10 给出了常用上弦杆的截面形式。上弦杆承受以压应力为主的压弯力，尤其上部承受较大的压应力，因此构件应具有一定的受压稳定性，结构部件必须连续，必要时加肋板（如图 1-10(d) 和（e））。

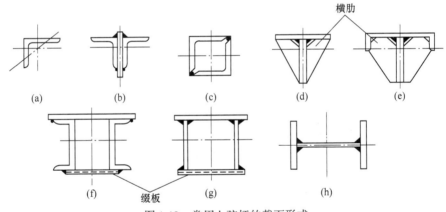

图 1-10 常用上弦杆的截面形式

（a）角钢；（b）双角钢；（c）角钢组焊的箱形；（d）T 形；（e）槽钢组焊的 T 形；

（f）槽钢组焊的箱形；（g）箱形；（h）工字形

图 1-11 给出了常用的下弦杆的截面形式，下弦杆承受以拉应力为主的拉弯力，结构相对简单。

可以看出，桁架结构中上下弦杆截面形式基本相同，只是考虑到受力情况不同，主受力板位置有所变化。一般情况下，缀板加于受拉侧，肋板加于受压侧。腹杆截面形式与上下弦杆截面形式基本相同，腹杆主要承受轴心拉力或轴心压力，所以腹杆截面形式尽可能对称，其中双壁截面类型常用于重型桁架中，用来承受较大的内力。

（二）板壳结构

板壳结构是由板材焊接而成的刚性立体结构，钢板的厚度远小于其他两个方向的尺寸，所以板壳结构又称薄壁结构。按照结构中面的几何形状分类，板壳结构又分为薄板结构和薄壳结构，薄板结构中面为平面，薄壳结构中面为曲面。

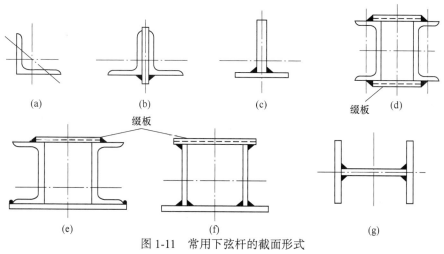

图 1-11　常用下弦杆的截面形式

（a）角钢；（b）双角钢；（c）T 形；（d），（e）槽钢组焊的箱形；（f）箱形；（g）工字形

　　按照用途分类，板壳结构可分为储气罐、储液罐、锅炉压力容器等要求密闭的容器、大直径高压输油管道、输气管道等，冶炼用的高炉炉壳，交通运载工具的轮船船体、飞机舱体、客车车体等。另外，以钢板形式为主要制造原材料的箱体结构也属于板壳结构，如汽车起重机箱形伸缩臂架、转台、车架、支腿，挖掘机的动臂、斗杆、铲斗，门式起重机的主梁、刚性支腿、挠性支腿等。按照形状分类，板壳结构可分球形、圆筒形、椭圆形、箱形等。按照厚度结构分类，板壳结构可分单层、双层、多层和板架结构等。

　　（三）实体结构

　　又称为实腹式结构，其截面部分是连续的，一般由轧制型钢制成，常采用角钢、工字钢、T 型钢、圆钢管、方形钢管等。构件受力较大时，可用轧制型钢或钢板焊接成工字形、圆管形、箱形等组合截面。

　　实体结构主要按照其用途进行分类。在焊接结构产品中，实体结构主要应用于各种机器的机身和旋转构件，如机床机身、锻压机械梁柱、减速器箱体、柴油机机身、齿轮、滑轮、皮带轮、飞轮、鼓筒、发电机转子支架、汽轮机转子和水轮机工作轮等。

　　实体结构的主体形式是箱形结构，其断面形状为规则或不规则的三边形、四边形或多边形，也具有圆形结构。典型实体结构是内燃机车柴油机焊接机身（图 1-12），其结构是由与主轴垂直和平行的许多钢板焊接而成。与主轴平行的板状元件有水平板、中侧板、支承板、内侧板和外侧板，这些纵向的钢板贯穿整个机身长度，内侧板、中侧板和外侧板上端和顶板焊在一起，下端和主轴承座焊在一起。与主轴垂直的钢板下端与主轴承座焊在一起，上端与左右顶板焊在一起。这些纵横交错的板材形成了大小不一形状各异的箱格结构。

　　实体结构焊接接头形状多样，常有 T 形接头和角接头，采用角焊缝连接。实体结构壁厚变化较大，不同厚度板材的对接接头，在厚板上采取平缓过渡措施。由于实体结构中各部位的力学性能要求不一样，常常采用铸造或锻造部件，因此实体结构多为铸焊联合结构或锻焊联合结构。

　　实体结构中的焊缝数量较多，且分布集中，不可避免存有严重的焊接残余应力，这对

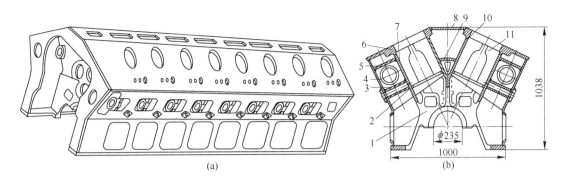

图 1-12　内燃机车用柴油机焊接机身

（a）柴油机机身；（b）机身的横断面图

1—主轴承座；2—水平板；3, 5—支撑板；4—外侧板；6—顶板；7—中侧板；
8—中顶板；9—盖板；10—内侧板；11—垂直板

结构尺寸的稳定性有较大的影响，尤其是切削机床的机身要求尺寸稳定性更高，所以这类焊接机身必须在焊后进行消除残余应力处理。

实体结构的板材或型材厚度比较大，对断裂韧性有较高的要求，一般采用韧性比较高的低碳钢和低合金高强钢材料。采用对接接头和全焊透的 T 形接头，承受各种拉、压、剪切、弯矩力的作用。

各种结构形式如图 1-13 所示。

图 1-13　焊接结构类型

（a）梁柱结构；（b）发电厂凝汽器；（c）CGH 型桁架结构门式起重机；（d）厂房骨架结构

你知道吗?

　　2008 年北京奥运会国家体育场"鸟巢"钢结构工程（图 1-14）是典型的箱形板壳桁架结构形式，为全焊接结构。建筑造型独特新颖，顶面为双曲面马鞍形结构，长轴为 332.3 m，短轴为 297.3 m，最高点高度为 68.5 m，最低点高度为 40.1 m。结构用钢总量约 53000 t，涉及 6 个钢种，消耗焊材 2100 t 以上。焊缝的总长度超过 31 万米，现场焊缝超过 6.2 万米（不含角焊缝），仰焊焊缝有 1.2 万米以上。采用厚度大于 42 mm 的钢板占总用钢量的 24%，达 12800 t，桁架柱脚焊缝钢板厚 100~110 mm。

图 1-14　国家体育馆"鸟巢"钢结构工程

国家体育场"鸟巢"钢结构工程被评为 2007 年全世界十大建筑之首!
你还能举出更多的典型焊接结构工程吗?

二、焊接结构的制造特点

（一）焊接结构的制造工艺过程

　　焊接结构的制造是从焊接生产的准备工作开始的，它包括结构的工艺性审查、工艺方案和工艺规程设计、工艺评定、编制工艺文件（含定额编制）和质量保证文件、订购原材料和辅助材料、外购和自行设计制造装配-焊接设备和装备；然后从材料入库才真正开始焊接结构制造工艺过程，包括材料复验入库、备料加工、装配-焊接、焊后热处理、质量检验、成品验收，其中还穿插返修、涂饰和喷漆；最后是合格产品入库的全过程。典型的焊接制造工艺顺序如图 1-15 所示。

　　图 1-15 中序号 1~11 表示焊接结构制造流程，其中序号 1~5 为备料工艺过程的工序，还包括穿插其间的 12~14 工序，应当指出，由于热切割技术，特别是数字切割技术的发展，下料工序的自动化程度和精细程度极大提高，手工的划线、号料和手工切割等工艺正

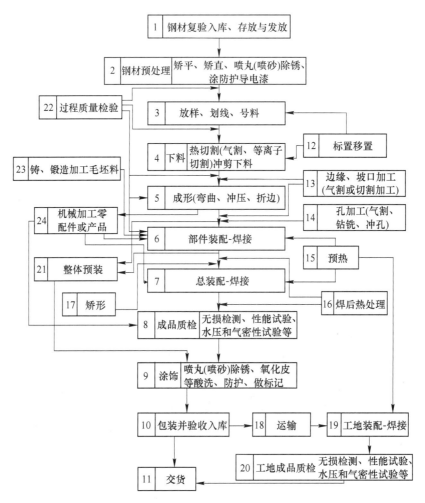

图 1-15 焊接结构制造工艺过程

逐渐被淘汰。序号 6 和 7 以及 15~17 为装配-焊接工艺过程的工序。需要在结构使用现场进行装配-焊接的，还需执行 18~21 工序。序号 22 需在各工艺工序后进行，序号 23 和 24 表明焊接车间和铸、锻、冲压与机械加工车间之间的关系，在许多以焊接为主导工艺的企业中，铸、锻、冲压与机械加工车间为焊接车间提供毛坯，并且机加工和焊接车间又常常互相提供零件、半成品。主要过程如下所述。

1. 生产准备

为了提高焊接产品的生产效率和质量，保证生产过程的顺利进行，生产前需做以下准备工作：

（1）技术准备。焊接结构生产的准备工作是整个制造工艺过程的开始。它包括了解生产任务，审查（重点是工艺性审查）与熟悉结构图样，了解产品技术要求，在进行工艺分析的基础上，制定全部产品的工艺流程，进行工艺评定，编制工艺规程及全部工艺文件、质量保证文件，订购金属材料和辅助材料，编制用工计划（以便着手进行人员调整与培训）、能源需用计划（包括电力、水、压缩空气等），根据需要订购或自行设计制造装配-焊接设备和装备，根据工艺流程的要求，对生产面积进行调整和建设等。

生产的准备工作很重要，做得越细致、越完善，未来组织生产越顺利、生产效率越高、质量越好。

（2）物质准备。根据产品加工和生产设备和工夹量具进行购置、设计、制造或维修。材料库的主要任务是对材料进行分类、储存和保管，并按规定发放。材料库主要有两种：一是金属材料库，主要存放保管钢材；二是焊接材料库，主要存放焊丝、焊剂和焊条。

2. 材料加工

焊接结构零件绝大多数是以金属轧制材料为坯料，所以在装配前必须按照工艺要求对制造焊接结构的材料进行一系列的加工。焊接生产的备料加工工艺是在合格的原材料上进行的。

（1）材料预处理。首先进行材料预处理，包括矫正、除锈（如喷丸）、表面防护处理（如喷涂导电漆等）、预落料等。

（2）构件加工。除材料预处理外，备料包括放样、划线（将图样给出的零件尺寸、形状划在原材料上）、号料（用样板来划线）、下料（冲剪与切割）、边缘加工、矫正（包括二次矫正）、成形加工（包括冷热弯曲、冲压）、端面加工以及号孔、钻（冲）孔等为装配-焊接提供合格零件的过程。备料工序通常以工序流水形式在备料车间或工段、工部组织生产。

3. 装焊制作

装焊制作即装配-焊接制作，充分体现焊接生产的特点，它是两个既不相同又密不可分的工序。它包括边缘清理、装配（包括预装配）、焊接。绝大多数钢结构要经过多次装配-焊接才能制成，有的在工厂只完成部分装配-焊接和预装配，到使用现场再进行最后的装配-焊接。装配-焊接顺序可分为整装-整焊、部件装配焊接-总装配焊接、交替装焊三种类型，主要按产品结构的复杂程度、变形大小和生产批量选定。装配-焊接过程中时常还需穿插其他的加工，例如机械加工、预热及焊后热处理、零部件的矫形等，贯穿整个生产过程的检验工序也穿插其间。装配-焊接工艺复杂且种类多，采用何种装配-焊接工艺要由产品结构、生产规模、装配-焊接技术的发展决定。

4. 焊后热处理

焊后热处理是焊接工艺的重要组成部分，与焊件材料的种类、型号、板厚、所选用的焊接工艺及对接头性能的要求密切相关，是保证焊件使用特性和寿命的关键工序。焊后热处理不仅可以消除或降低结构的焊接残余应力，稳定结构的尺寸，而且能够改善接头的金相组织，提高接头的各项性能，如抗冷裂性、抗应力腐蚀性、抗脆断性、热强性等。根据焊件材料的类别，可以选用下列不同种类的焊后热处理：消除应力处理、回火、正火+回火（又称空气调质处理）、调质处理（淬火+回火）、固溶处理（只用于奥氏体不锈钢）、稳定化处理（只用于稳定型奥氏体不锈钢）、时效处理（用于沉淀硬化钢）。

5. 质量检验与后处理

检验工序贯穿整个生产过程，检验工序从原材料的检验，如入库的复验开始，随后在生产加工每道工序都要采用不同的工艺进行不同内容的检验，制成品还要进行最终质量检验。最终质量检验可分为：焊接结构的外形尺寸检查、焊缝的外观检查、焊接接头的无损检查、焊接接头的密封性检查、结构整体的耐压检查。检验是对生产实行有效监督，从而保证产品质量的重要手段。在全面质量管理和质量保证标准工作中，检验是质量控制的基本手段，是编写质量手册的重要内容。质量检验中发现的不合格工序和半成品、成品，按质量手册的控制条款，一般可以进行返修。但应通过改进生产工艺、修改设计、改进原料供应等措施将返修率减至最小。

　　焊接结构的后处理是指在所有制造工序和检验程序结束后，对焊接结构整个内外表面或部分表面或仅限焊接接头及邻近区进行修正和清理，清除焊接表面残留的飞溅物，消除击弧点及其他工艺检测引起的缺陷。修正的方法通常采用小型风动工具和砂轮打磨，氧化皮、油污、锈斑和其他附着物的表面清理可采用砂轮、钢丝刷和抛光机等进行，大型焊件的表面清理最好采用喷丸处理，以提高结构的疲劳强度。不锈钢焊件的表面处理通常采用酸洗法，酸洗后再作钝化处理。

　　产品的涂饰（喷漆、作标志以及包装）是焊接生产的最后环节，产品涂装质量不仅决定了产品的表面质量，而且也反映了生产单位的企业形象。

　　对一些重要的焊接结构需做安全性评价，因为这些结构不仅影响经济的发展，还关系到人民群众的生命安全。因此，发展与完善焊接结构的安全评定技术和在焊接生产中实施焊接结构安全评定，已经成为现代工业发展与进步的迫切需要。

（二）焊接结构的制造特点

　　在焊接结构制造过程中需要考虑的基本问题如图 1-16 所示。在确保焊接接头质量的同时，为了满足加工条件，提高生产效率，改善作业环境以增加安全性，对于焊接技术人员来说，选择合适的焊接材料、充实焊接加工设备和不断提高技术工人的技能是其重要的职责。

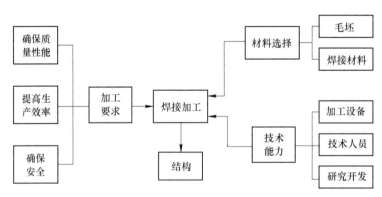

图 1-16　焊接结构生产中涉及的主要方面

　　焊接结构设计的要求，是焊接结构的整体或各部分在其使用过程中不应产生致命性的破坏，如弹性失效、失稳及断裂等。从焊接结构破坏事故的调查分析可知，焊接裂纹的发生大多与制造过程中焊接接头产生的缺陷有关。图 1-17 左侧表示对结构所要求的使用性能取决于以下因素：载荷的大小和种类、使用温度、使用环境，并由这些因素相应确定的设计原则所制约。影响焊接接头性能的因素如图 1-17 右侧所示，除了材料性质，还受到焊接工艺参数、质量管理技术等的影响。为了解决焊接接头性能问题，提高焊接结构的可靠性，需要从设计、材料和加工方面综合考虑。

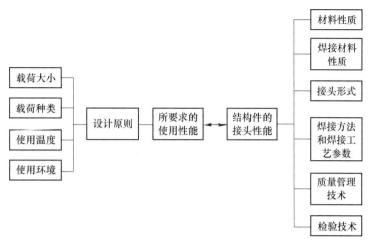

图 1-17　焊接结构设计与材料及加工的关系

焊接结构的特点表述如下：

（1）刚性连接。焊接的实质是原子间的连接，因此焊接结构刚度大、整体性强，在外力作用下容易产生应力集中，在动载荷的作用下，疲劳强度降低。

（2）异质异形连接。焊接可以将同种金属材料连接起来，可以将铸钢件与锻钢件连接起来，也可以将不同种类的材料连接起来。焊接特别适用于几何尺寸大而且较分散的制品，例如船壳、桁架等，可以将大型、复杂的结构分解为许多小零件或部件分别加工，然后通过焊接连成整个结构，从而扩大了工作面，简化了结构的加工工艺，缩短了加工周期。

（3）焊接残余变形和应力。在大型焊接结构制造中，对焊接残余变形预先控制的效果还不十分显著，大多在焊后通过矫形措施来保证结构尺寸，这样不仅费工费时，而且会导致复杂的焊接残余应力，从而影响焊接结构的承载能力和使用性能。焊接应力的控制也存在与焊接变形相同的问题。

综 合 练 习

1-1　填空

（1）典型的焊接结构包括_____、_____、_____、_____四类。

（2）梁的受力特点是_____，主要应用于_____场合。焊接梁的组成形式有_____、_____、_____三种。

1-2　简答题

（1）常见的焊接结构基本构件有哪些，各有何特点？

（2）焊接结构的制造特点有哪些？

项目二　焊接应力与变形

学习目标：通过本章的学习，了解有关应力与变形的相关知识，掌握焊接应力与变形产生的原因，熟悉焊接应力的分布规律及焊接变形的种类，掌握控制焊接应力与变形的工艺措施和消除焊接残余应力和焊接变形的方法，以及压力容器中存在的应力和变形。

任务一　焊接应力与变形的产生

由于焊接过程的局部加热和冷却，造成焊件的温度分布不均匀，不可避免地使焊接结构产生焊接应力与变形。焊接应力与变形是直接影响焊接结构性能、安全可靠性和制造工艺性的重要因素。它会导致在焊接接头中产生冷、热裂纹等缺陷，在一定的条件下还会对结构的断裂特性、疲劳强度和形状尺寸精度有不利的影响。在焊接结构件制作过程中，焊接变形往往引起正常工艺流程中断。因此掌握焊接应力与变形的规律，了解其作用和影响，采取措施控制或消除，不仅可以降低焊接结构的制造成本，提高焊接产品的质量，而且对于焊接结构的完整性设计和制造工艺方法的选择以及运行中的安全评定都有重要意义。

一、焊接应力与变形的一般概念

（一）应力与变形的基本概念

物体在受到外力作用时，会产生形状和尺寸的变化，这就称为变形。物体的变形分为弹性变形和塑性变形两种。外力除去后能够恢复到初始状态和尺寸的变形称为弹性变形，不能恢复的就称为塑性变形。

在外力作用下物体会产生变形，同时其内部会出现一种抵抗变形的力，这种力称为内力。物体由于受外力的作用，在单位面积上出现的内力叫作应力，应力的大小与外力成正比，与本身截面积成反比，应力方向与外力相反。当然，应力并不都是由外力引起的。如果物体在加热膨胀或冷却收缩过程中受到阻碍，也会在其内部出现应力。在没有外力的情况下，物体内部所存在的应力就叫作内应力。这种应力存在于许多工程结构中，例如铆接结构、铸造结构和焊接结构等。内应力的特点是本身构成平衡力系，即同一截面上的拉伸应力与压缩应力互相平衡。

（二）焊接应力与变形的概念

由于焊接过程的不均匀加热，引起焊件各区域不均匀的体积膨胀和收缩，从而引起的应力和变形就是焊接应力与变形。焊接应力与变形是由多种因素交互作用而导致的结果，其产生的原因可表述如下：焊接热输入引起材料不均匀局部加热，使焊缝区熔化；与熔池毗邻的高温区材料的热膨胀则受到周围材料的限制，产生不均匀的压缩塑性变形；在冷却过程中，已发生压缩塑性变形的这部分材料（如长焊缝的两侧）又受到周围条件的制约，而不能自由收缩，在不同程度上又被拉伸而卸载；与此同时，熔池凝固，金属冷却收缩时也产生相应的收缩拉应力与变形。这样，在焊接接头区产生了缩短的不协调应变。与焊接接头区产生的缩短不协调应变相对应，在构件中会形成自身相平衡的内应力，统称为焊接应力。焊接接头区金属在冷却到较低温度时，若有金相组织转变（如奥氏体转变为马氏体），则伴随体积变化，出现相变应力。

图 2-1 给出了引起焊接应力与变形的主要因素及其内在联系。焊接时的局部不均匀热输入是产生焊接应力与变形的决定因素。热输入是通过材料因素、制造因素和结构因素所构成的内拘束度和外拘束度而影响热源周围的金属运动，最终形成了焊接应力与变形。材料因素主要包含材料特性、热物理常数及力学性能，如热膨胀系数、弹性模量、屈服强度（R_{eL}）、$R_{eL} \approx 0$ 时的温度（T_k）等，在焊接温度场中，这些特性呈现出决定热源周围金属运动的内拘束度。制造因素（如工艺措施、夹持状态等）和结构因素（如构件形状、厚度及刚性）则更多地影响着热源周围金属运动的外拘束度。

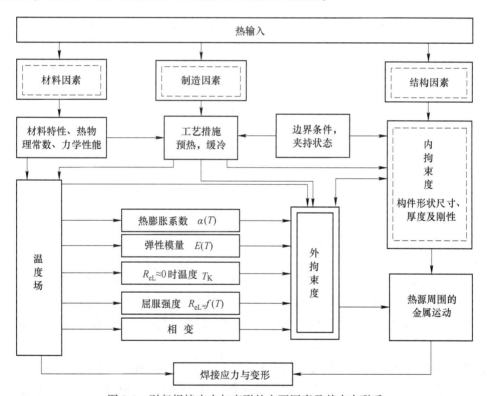

图 2-1 引起焊接应力与变形的主要因素及其内在联系

随焊接热过程而变化的内应力场和构件变形，称为焊接瞬态应力与变形。而焊后，在室温条件下，残留于构件中的内应力场和宏观变形，称为焊接残余应力与焊接残余变形。

由于焊接应力与变形问题的复杂性，在工程实践中，往往采用实验测试与理论分析和数值计算相结合的方法，掌握其规律，以期能达到预测、控制和调整焊接应力与变形的目的。

（三）焊接应力的分类

焊接应力和变形的种类很多，可以根据不同的要求来分类，为了简便起见，这里先对焊接应力分类，焊接变形的分类将在下节详细介绍。焊接应力可从不同的角度进行划分。

1. 按其分布的范围划分

（1）第一类内应力。它们具有一定数值和方向，并且内应力在整个焊件内部平衡，故又称为宏观内应力，这种应力与焊件的几何形状或焊缝的方向有关。

（2）第二类内应力。内应力在一个或几个金属晶粒内的微观范围内平衡，相对焊件轴线没有明确的方向性，与焊件的大小和形状无关，它主要由金相组织的变化引起。

（3）第三类内应力。内应力在金属晶格的各构架之间的超微观范围内平衡，在空间也没有一定的方向性。

本课程重点分析第一类内应力产生的原因和防止措施。

2. 按引起应力的原因划分

（1）温度应力（也称热应力）。温度应力是由焊接时结构中温度分布不均匀引起的。如果温度应力低于材料的屈服强度，结构中将不会产生塑性变形，当结构各区的温度均匀以后，应力即可消失。焊接温度应力的特点是随时间而不断变化。

（2）残余应力。残余应力是当不均匀温度场（即温度在结构中的分布状态）所造成的内应力达到材料的屈服强度时，结构局部区域发生了塑性变形，而当温度恢复到原始均匀状态后留在结构中的变形没有消失，焊件在焊接完毕冷却之后便残存着内应力，这种应力就是残余应力。

（3）组织应力。组织应力是焊接时由于金属温度变化而产生组织转变、晶粒体积改变所产生的应力。

3. 按应力作用的方向划分

（1）纵向应力。纵向应力是方向平行于焊缝轴线的应力。

（2）横向应力。横向应力是方向垂直于焊缝轴线的应力。

4. 按应力在空间作用的方向划分

按应力在空间作用的方向分为单向应力、双向应力（平面应力）和三向应力（体积应力）。通常结构中的应力总是三向的，但有时在一个或两个方向上的应力值较另一方向上的应力值小得多时，内应力可假定为单向的或平面的。对接焊缝中的内应力，如图 2-2 所示。

通常，窄而薄的线材对接焊缝中的应力为单向的，中等厚度的板材对接焊缝中的应力为双向的，而大厚度板材对接焊缝中的应力为三向的。在这三种应力中，以三向应力对结构的承载能力影响最大，极容易导致焊接接头产生裂纹。焊接中应尽量避免产生三向应力。

二、焊接引起的应力与变形的分析

焊接时，焊件上各个部位的温度各不相同，受热后的变化也不相同。这里我们从分析杆件在均匀加热时的应力和变形的情况着手，来研究焊接引起的应力和变形问题。

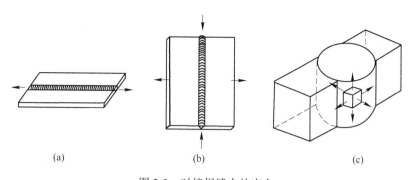

图 2-2　对接焊缝中的应力

（a）单向应力；（b）双向应力；（c）三向应力

（一）均匀加热引起的应力与变形

均匀加热时，杆件上各点的温度及变化都是相同的，其伸缩情况也相同，最后的应力与变形主要取决于加热温度和外部约束条件。

（1）自由状态的杆件。自由状态的杆件在均匀加热、冷却过程中，其伸长和收缩没有受到任何阻碍，能自由收缩，当冷却到原始温度时，杆件恢复到原来的长度，不会产生残余应力和残余变形，如图 2-3(a) 所示。

（2）加热时不能自由膨胀的杆件。假定杆件两端被阻于两壁之间，如图 2-3(b) 所示，杆件受热后的伸长受到了限制，而冷却时的收缩却是自由的。假设杆件在受纵向力压缩时不产生弯曲；两壁为绝对刚性的，不产生任何变形和移动；杆件与壁之间没有热传导。

当均匀受热时，杆件由于受热而要伸长，但由于两端受刚性壁的阻碍，实际上没有伸长，这相当于在自由状态下将杆件加热到温度 T，杆件伸长了 ΔL，然后施加外力将杆件压缩到原来的长度，这时杆件内部便产生了压应力 σ 及压缩变形 ΔL。随着温度的增高，压应力和压缩变形都将随之增大。如果压应力 σ 没有达到材料的屈服强度 R_e，则杆件的变形为弹性压缩变形，此时若将杆件冷却，杆件的伸长没有了。压缩变形也消失了，杆中不再有压应力的存在，杆件恢复到原始状态。这说明有应力的存在就会产生变形。

继续进行加热，当压应力 σ 达到 R_e 以后，杆件发生了塑性变形，这时杆件的压缩变形由达到 R_e 以前的弹性变形和达到 R_e 以后的塑性变形两部分组成。此时若将杆件冷却，弹性变形可以恢复，塑性变形保留下来，杆件长度比原来缩短了，即产生了残余压缩变形，由于杆件能自由收缩，不产生内部压应力。这说明结构中有变形的存在，但不一定有应力。

（3）两端刚性固定的杆件。假定杆件两端完全刚性

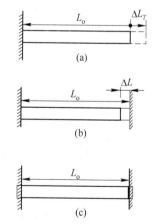

图 2-3　杆件在不同状态下均匀加热和冷却时的应力与变形

（a）自由状态的杆件；

（b）不能自由膨胀的杆件；

（c）两端完全固定的杆件

固定，如图 2-3（c）所示，杆件加热时不能自由伸长，冷却时也不能自由收缩。此杆件加热过程的情形与不能自由膨胀的杆件相同。冷却过程由于杆件不能自由收缩，情形就有所不同了。如果加热温度不高，加热过程没有产生塑性变形，则冷却后杆件与原始状态一样，既没有应力也没有变形。但若在加热过程有塑性变形产生，则冷却后杆件将比原始状态短，但由于杆件受固定端的限制不能自由收缩，这就产生了拉应力和拉伸变形。

（二）焊接引起的应力变形

焊接时温度场的变化范围很大，在焊缝处最高温度可达到材料的熔点以上，而在焊缝周围温度急剧下降，直至室温。所以焊接时引起应力与变形的过程较为复杂。图 2-4 为钢板中间堆焊或对接时的应力与变形情况。

在焊接过程中，由于钢板经受了不均匀加热，其加热温度为中间高两边低，如图 2-4（a）所示。这里我们假设钢板是由许多能自由收缩的小窄板条组成的，每一个小窄板条都可看成是受均匀加热的杆件，那么小窄板条的理论伸长情况应如图 2-4（b）中虚线所示。而实际上，由于小窄板条是互为一体并互相牵制的，因此实际伸长情况就如图中实线所示。从图中可以看出，钢板的边缘被拉伸了 ΔL，这样在边缘上出现了拉应力。钢板中间被压缩了在实际变形外的虚线围绕部分，除去画平行实线部分的压缩弹性变形外，虚线所围绕的空白部分是已产生了塑性变形的部分。可见钢板中间焊缝区，不仅产生了压应力，而且还产生了压缩塑性变形。

当冷却时，由于钢板中间在加热时产生压缩塑性变形的缘故，所以最后的钢板长度要比原来短。从理论上来说，钢板中间缩短的长度应如图 2-4（c）中的虚线形状。但事实上，由于中间部分的收缩受到两边的牵制，所以实际的收缩变形如图中实线所示。这样冷却后钢板总长度缩短了 $\Delta L'$，在钢板的边缘出现了压应力，而在钢板中间因没能完全收缩，则出现了拉伸应力。

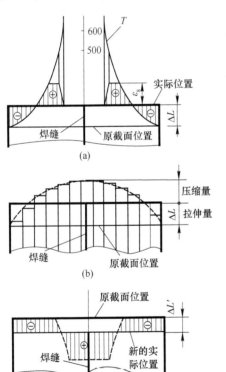

图 2-4　平板中间堆焊或对接时
的应力与变形
（a）加热时温度与应力的分布；
（b）加热后的变形量；
（c）冷却后的变形量
⊕—拉应力；⊖—压应力

这就是焊接过程引起的应力与变形的实际情况。综合上面所叙述的内容，可认为不均匀加热所形成的应力与变形和焊接热过程形成的应力与变形的基本原因是相同的，只是焊接时热源是移动的，焊件各部分加热是不均匀的，也是不同时的，但基本原理是一致的。也就是说焊件加热和冷却的特点和焊件的刚性条件（即外界的约束程度）是造成焊接应力与变形的基本原因。

（三）焊接过程中的组织应力与变形

以上讲述的焊接应力与变形是一种宏观的概念，即是相对结构整体而言的。事实上，在同种金属焊接时，在热影响区不可避免地要发生金相组织的同素异形转变，而异种金属焊接时，则会产生晶格构造的差异。金属各种组织比体积的不同会导致金属体积发生变化。焊接过程中，伴随金相组织转变所出现的体积变化将产生新的内应力，冷却以后，如果相变产物仍旧保留下来，那么在焊件中就产生了组织应力。

钢材在加热和冷却过程中体积变化的情况如图 2-5 所示。Ⅰ代表钢材加热曲线，Ⅱ和Ⅲ分别代表低碳钢和低合金钢冷却曲线。

加热时，钢材膨胀，体积随着温度升高而增大。加热到 A_{c1} 时发生相变，铁素体与珠光体转变为奥氏体，而奥氏体的比容最小，因此钢材体积也减小；到 A_{c3} 时相变结束后，体积又随温度升高而增大。

冷却时，低碳钢与合金钢体积变化情况不大相同。低碳钢的相变温度高于 600 ℃，此时钢材仍处于塑性，所以不会产生组织应力。对于合金钢来说，由于合金元素使钢材在高温时奥氏体稳定性增加，以致冷却到 200~350 ℃ 左右时才发生奥氏体向马氏体的转变，并保留到室温。由于马氏体的比容最大，因此马氏体形成后造成较大的组织应力。图 2-6 所示为高强度钢 HY-80 的应力-应变循环曲线。由于合金钢在近缝区产生较大的危险拉应力，所以焊接时应注意组织应力的影响。

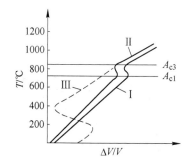

图 2-5　钢材在温度变化时的体积改变情况

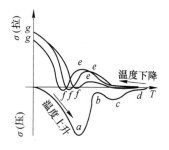

图 2-6　HY-80 高强度钢应力-应变循环曲线

任务二　焊　接　变　形

一、焊接变形的种类及其影响因素

按照发生变形的时间不同，焊接变形可分为在焊接热过程中发生的瞬态热变形和在室温条件下的残余变形两大类，如图 2-7 所示；按照焊接变形对整个焊接结构的影响程度，可分为局部变形和整体变形；按焊接变形的特征，可分为收缩变形、角变形、弯曲变形、波浪变形和扭曲变形，这 5 种基本变形形式如图 2-8 所示。

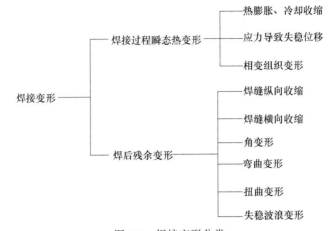

图 2-7　焊接变形分类

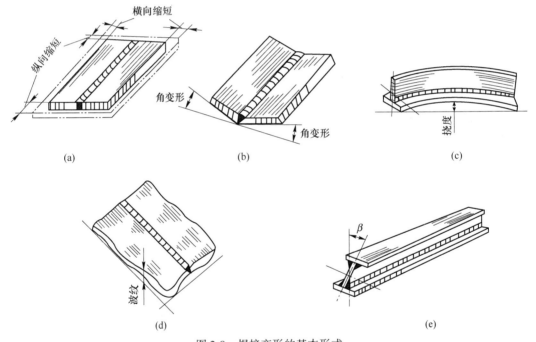

图 2-8　焊接变形的基本形式

（a）纵向和横向收缩变形；（b）角变形；（c）弯曲变形；（d）波浪变形；（e）扭曲变形

（一）收缩变形

焊件尺寸比焊前缩短的现象称为收缩变形。它分为纵向收缩变形和横向收缩变形，如图 2-9 所示。

（1）纵向收缩变形。纵向收缩变形即沿焊缝轴线方向尺寸的缩短。这是由于焊缝及其附近区域在焊接高温的作用下产生纵向的压缩塑性变形，焊后这个区域要收缩，便引起了焊件的纵向收缩变形。

纵向收缩变形量取决于焊缝长度、焊件的截面积、材料的弹性模量、压缩塑性变形区的面积以及压缩塑性变形率等。焊件的截面积越大，焊件的纵向收缩变形量越小。焊缝长度越长，焊件的纵向收缩变形量越大。受力不大时，采用间断焊缝代替连续焊缝，可以减小焊件的纵向收缩变形量。

（2）横向收缩变形。横向收缩变形系指沿垂直于焊缝轴线方向尺寸的缩短。构件焊接时，不仅产生纵向收缩变形，也产生横向收缩变形，如图 2-9 中的 Δy。产生横向收缩变形的过程比较复杂，影响因素很多，如热输入、接头形式、装配间隙、板厚、焊接方法以及焊件的刚性等，其中以热输入、装配间隙、接头形式等的影响最为明显。

不管何种接头形式，其横向收缩变形量总是随焊接热输入增大而增大。装配间隙对横向收缩变形量的影响也较大，且情况复杂。一般来说，随着装配间隙的增大，横向收缩变形量增加。

两块平板，中间留有一定间隙的对接焊，如图 2-10 所示。焊接时，随着热源对金属的加热，对接边产生膨胀，焊接间隙减小。

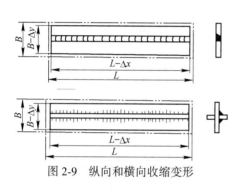

图 2-9 纵向和横向收缩变形

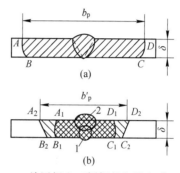

图 2-10 单层焊和双侧焊的塑性变形区对比
1—焊接第一层；2—焊接第二层

如果两板对接焊时不留间隙，如图 2-11 所示。加热时板的膨胀引起板边挤压，使之在厚度方向上增厚，冷却时也会产生横向收缩变形，但其横向收缩变形量小于有间隙的情况。

另外，横向收缩量沿焊缝长度方向分布不均匀，因为一条焊缝是逐步形成的，先焊的焊缝冷却收缩对后焊的焊缝有一定挤压作用，使后焊的焊缝横向收缩量更大。一般地，焊缝的横向收缩沿焊接方向是由小到大，逐渐增大到一定程度后便趋于稳定。由于这个原因，生产中常将一条焊缝的两端头间隙取不同值，后半部分比前半部分要大 1~3 mm。

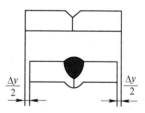

图 2-11 无间隙的平板对接焊横向收缩变形过程

横向收缩变形量的大小还与装配后定位焊和装夹情况有关，定位焊缝越长，装夹的拘束程度越大，横向收缩变形量就越小。

对接接头的横向收缩量是随焊缝金属量的增加而增大的；热输入、板厚和坡口角度增大，横向收缩量也增加，而板厚的增大使接头的刚度增大，又可以限制焊缝的横向收缩。另外，多层焊时，先焊的焊道引起的横向收缩较明显，后焊焊道引起的横向收缩量逐层减小。例如焊接厚度为 180 mm 的 20MnSi 钢，坡口形式为对称双 U 形，第一层焊缝的横向收缩量可达到 1 mm，而前三层的横向收缩量则达总收缩量的 70%。可见，控制多层焊缝横向收缩关键在于控制最初几层。焊接方法对横向收缩量也有影响，如相同尺寸的构件，采用埋弧焊比采用焊条电弧焊其横向收缩量小；气焊的收缩量比电弧焊的大。

角焊缝的横向收缩要比对接焊缝的横向收缩小得多。同样的焊缝尺寸，板越厚，横向收缩变形越小。

（二）角变形

中厚板对接焊、堆焊、搭接焊及 T 形接头焊接时，都可能产生角变形，角变形产生的根本原因是焊缝的横向收缩沿板厚分布不均匀。焊缝接头形式不同，其角变形的特点也不同，图 2-12 所示为几种焊接接头的角变形。就堆焊或对接焊而言，如果钢板很薄，可以认为在钢板厚度方向上的温度分布是均匀的，此时不会产生角变形。但在焊接（单面）较厚钢板时，在钢板厚度方向上的温度分布是不均匀的。温度高的一面受热膨胀较大，另一面膨胀小甚至不膨胀。由于焊接面膨胀受阻，出现较大的压缩塑性变形，这样，冷却时在钢板厚度方向上产生收缩不均匀的现象，焊接钢板一面收缩大，另一面收缩小，故冷却后平板产生角变形。

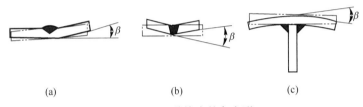

图 2-12　几种接头的角变形
（a）堆焊；（b）对接接头；（c）T 形接头

角变形的大小与焊接热输入、板厚等因素有关，当然也与焊件的刚性有关。当热输入一定时，板厚越大，厚度方向上的温差越大，角变形越大。但当板厚增大到一定程度时，构件的刚度增大，抵抗变形的能力增强，角变形反而减小。另外，板厚一定，热输入增大，压缩塑性变形量增加，角变形也增加。但热输入增大到一定程度，堆焊面与背面的温差减小，角变形反而减小。

对接接头角变形主要与坡口形式、坡口角度、焊接方式等有关。坡口截面不对称的焊缝，其角变形大，因而用 X 形坡口代替 V 形坡口，有利于减小角变形；坡口角度越大，焊缝横向收缩沿板厚分布越不均匀，角变形越大。同样板厚和坡口形式下，多层焊比单层焊角变形大，焊接层数越多，角变形越大。多层多道焊比多层焊角变形大。

另外，坡口截面对称，采用不同的焊接顺序，产生的角变形大小也不相同，图 2-13（a）所示为 X 形坡口对接接头，先焊完一面后翻转再焊另一面，焊第二面时所产生的角变形不能完全抵消第一面产生的角变形，这是因为焊第二面时第一面已经冷却，增加了接头的刚度，使第二面的角变形小于第一面，最终产生一定的残余角变形。如果采用正反面各层对称交替焊，如图 2-13（b）所示，这样正反面的角变形可相互抵消。但这种方法其焊件翻转次数比较多，不利于提高生产率。比较好的办法是，先在一面少焊几层，然后翻转过来，焊满另一面，使其产生的角变形稍大于先焊的一面，最后再翻转过来焊满第一面，如图 2-13（c）所示，这样就能以最少的翻转次数来获得最小的角变形。非对称坡口的焊接如图 2-13（d）所示，应先焊焊接量少的一面，后焊焊接量多的一面，并且注意每一层的焊接方向应相反。

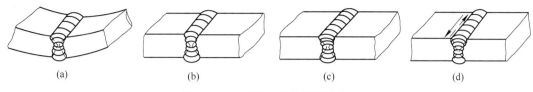

图 2-13 角变形与焊接顺序的关系

（a）对称坡口非对称焊；（b）对称坡口对称交替焊；（c）对称坡口对称焊；（d）非对称坡口非对称焊

薄板焊接时，正面与背面的温差小，同时薄板的刚度小，焊接过程中，在压应力作用下易产生失稳，使角变形方向不定，没有明显规律性。

T 形接头（见图 2-14(a)）角变形可以看成是由立板相对于水平板的回转与水平板本身的角变形两部分组成。T 形接头不开坡口焊接时，其立板相对于水平板的回转相当于坡口角度为 90° 的对接接头，产生的角变形为 β'，如图 2-14(b) 所示；水平板本身的角变形相当于水平板上堆焊引起的角变形 β''，如图 2-14(c) 所示。这两种角变形综合的结果使 T 形接头两板间的角度发生如图 2-14(d) 所示的变化。

为了减小 T 形接头的角变形，可通过开坡口来减小立板与水平板间的焊缝夹角，降低 β' 值；还可通过减小焊脚的尺寸来减少焊缝金属量，降低 β'' 值。

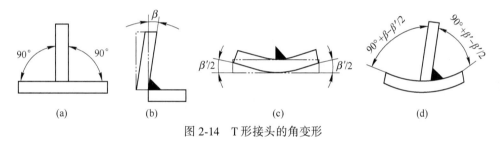

图 2-14 T 形接头的角变形

（三）弯曲变形

弯曲变形是由于焊缝的中心线与结构截面的中性轴不重合或不对称，焊缝的收缩沿构件宽度方向分布不均匀而引起的。弯曲变形可分两种：焊缝纵向收缩引起的弯曲变形和焊缝横向收缩引起的弯曲变形。

（1）纵向收缩引起的弯曲变形。图 2-15 所示为不对称布置焊缝的纵向收缩所引起的弯曲变形。弯曲变形是焊缝及其热影响区的纵向偏心收缩力 F_p 作用在构件上引起的。在 F_p 的作用下，构件缩短并产生弯曲变形，其弯矩 $M = F_p \times s$，由此引起的挠度 f 可用下式求得：

$$f = ML^2/(8EI) = F_p sL^2/(8EI) \tag{2-1}$$

式中 f——弯曲变形挠度，cm；

E——弹性模量，MPa；

L——焊件长度，cm；

F_p——假想的纵向收缩力，N；

I——焊件截面惯性矩，cm^4；

s——塑性变形区的中心线到焊件截面中性轴的偏心距，cm。

从式（2-1）可以看出，弯曲变形（挠度）的大小与焊缝在结构中的偏心距 s 及偏心力 F_p 成正比，与焊件的刚度 EI 成反比。而偏心力又与压缩塑性变形区有关，凡影响压缩塑性变形区的因素均影响偏心力 F_p 的大小。偏心距 s 越大，弯曲变形越严重。焊缝位置对称或接近于截面中性轴，则弯曲变形就比较小。

（2）横向收缩引起的弯曲变形。焊缝的横向收缩在结构上分布不对称时，也会引起构件的弯曲变形。如工字梁上布置若干短肋板（见图 2-16），由于肋板与腹板及肋板与上翼板的角焊缝均分布于结构中性轴的上部，它们的横向收缩将引起工字梁的下挠变形。

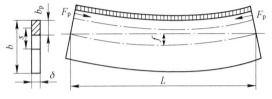 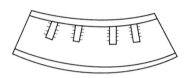

图 2-15　焊缝的纵向收缩引起的弯曲变形　　　　图 2-16　焊缝的横向收缩引起的弯曲变形

（四）波浪变形

波浪变形常发生于板厚小于 6 mm 的薄板焊接结构中，又称之为失稳变形。大面积平板拼接，如船体甲板、大型油罐罐底板等，极易产生波浪变形。失稳波浪变形不同于弯曲变形，这种变形的翘曲量一般较大，而且同一构件的失稳变形形态可以有两种以上的形式。图 2-17 给出了在几种薄板构件上不同焊缝形成的失稳波浪变形。

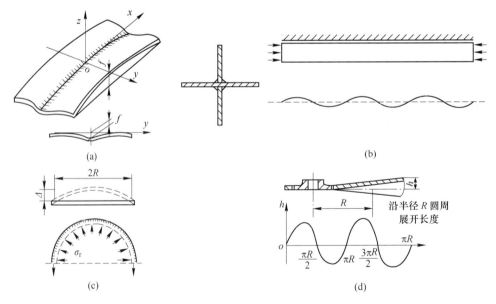

图 2-17　不同焊缝在薄板构件上引起的失稳波浪变形

（a）平板对接；（b）十字横截面薄板杆角焊缝引起板件上波浪变形；

（c）带周边圆焊缝的平板容器封底；（d）壳体上安装座圆形封闭焊缝引起周边失稳波浪变形

防止波浪变形可从两方面着手：一是降低焊接残余压应力，如采用能使塑性变形区小的焊接方法，选用较小的焊接热输入等；二是提高焊件失稳临界应力，如给焊件增加肋板，适当增加焊件的厚度等。

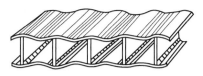

图 2-18 焊接角变形引起的波浪变形

焊接角变形也可能产生类似的波浪变形。如图 2-18 所示，采用大量肋板结构，每块肋板的角焊缝引起的角变形，连贯起来就形成波浪变形。这种波浪变形与失稳的波浪变形有本质的区别，要有不同的解决办法。

（五）扭曲变形

产生扭曲变形的原因主要是焊缝的角变形沿焊缝长度方向分布不均匀。在一些框架、杆件或梁柱等刚性较大的焊接构件上，往往会发生扭曲变形。如图 2-19 中的工字梁，若按图示 1～4 的顺序和方向焊接，则会产生图示的扭曲变形，这主要是角变形沿焊缝长度逐渐增大的结果。如果改变焊接顺序和方向，使两条相邻的焊缝同时向同一方向焊接，或在夹具中施焊，则可以减小或防止扭曲变形。图 2-20 所示为框架结构焊后的扭曲变形。

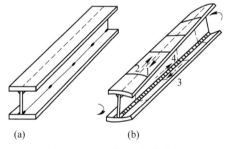

图 2-19 工字梁的扭曲变形

（a）焊前；（b）焊后

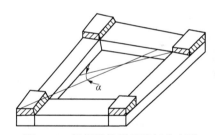

图 2-20 框架结构焊后的扭曲变形

以上 5 种变形是焊接变形的基本形式，在这 5 种基本变形中，最基本的是收缩变形，收缩变形再加上不同的影响因素，就构成了其他 4 种基本变形形式。焊接结构的变形对焊接结构生产有极大的影响。首先，零件或部件的焊接残余变形，给装配带来困难，进而影响后续焊接的质量；其次，过大的焊接残余变形还要进行矫正，增加了结构的制造成本；另外，焊接变形也会降低焊接接头的性能和承载能力。因此，在实际生产中，必须设法控制焊接变形，使焊接变形控制在技术要求所允许的范围之内。

二、焊接变形的危害

焊接变形是焊接结构生产中经常出现的问题，焊接结构的变形对焊接结构生产有极大的影响。

首先，零件或部件的焊接残余变形给装配带来困难，进而影响后续焊接的质量。例如，两个正方体箱形框架进行组装，其中有一个发生扭曲变形，其形状由原来的正方体变成棱形体，整个端面发生转动，被拼接的正方体箱形框架之间，就很难使横竖梁之间的孔相互对应进行组装，由此需进行翻修或报废。再比如采用螺栓进行连接的焊接构件，要充分考虑到因焊接、热切割过程引起的纵向、横向收缩使构件发生缩短现象，如果事先未预留收缩量，会造成钢结构整体缩短难以组装。

其次，过大的残余变形还要进行矫正，增加结构的制造成本。尤其是厚板及大型工件，矫正难度大，用机械矫正易引起裂纹或层状撕裂。用火焰矫正成本高且操作不好易造成工件过热。对精度要求高的工件，不采取有效控制变形措施，安装尺寸达不到使用要求，甚至造成返工或报废。

另外，焊接变形会破坏焊件原来的平衡状态，使加工精度受影响；使受压杆的挠曲刚度减小，降低其稳定承载能力；焊缝及其近旁的高额残余拉应力，对疲劳强度非常不利；严重的结构变形甚至会使结构倒塌，影响焊件的质量。

因此，实际生产中，必须根据焊接变形的不同分类，预测、分析焊接变形，并设法控制焊接变形，使变形控制在技术要求所允许的范围之内。

致敬劳模：烈焰焊花中绽放美丽芳华

电焊，似乎是男人的专属领域。但是在这个连男人都嫌苦的行业里，却有着这样一位"女焊将"，她凭着自己不服输的劲儿，在"钢铁丛林"中摸爬滚打、淬火锻炼，从焊接行业的门外汉一步步成长为焊接能手，在这个以男人为主战场的行业中脱颖而出，用焊枪焊出不一样的烟火。她就是江麓集团特种车辆分厂601车间小件焊接班班长莫海燕。

这位在焊接一线奋斗了24年的"女焊子"，凭借手中焊枪焊接"陆战之王"坦克的强劲股肱，荣获"全国五一巾帼标兵"称号。

莫海燕所在的特种车辆分厂601车间小件焊接班，承担了企业所有特种车辆的行动部件及传动部件的焊接任务。这类产品数量多、工作量大，有时1件单品的焊接时间就长达1个多小时。此外，他们还经常面临急重险难任务的技术攻关。

平衡肘焊接变形技术问题，曾一度困扰着江麓集团。为帮助企业解决"卡脖子"问题，莫海燕带领班组技术人员连续1个月蹲守生产现场，从分析变形原因、优化加工工艺、优化设计方案等方面着手，成功拿下这一"拦路虎"，将企业生产效率提高了一半。

——节选自2021年5月6日湘潭在线的《致敬劳模　创造伟大 | 烈焰焊花中绽放美丽芳华》

三、控制焊接变形的措施

从焊接结构的设计开始，就应考虑控制变形可能采取的措施；进入生产制造阶段，则要采用在焊前的预防变形措施和在焊接过程中的控制措施；而在焊接完成后，只好选择适用的矫正措施来减小或消除已发生的残余变形。图 2-21 所示为各种变形控制方法。

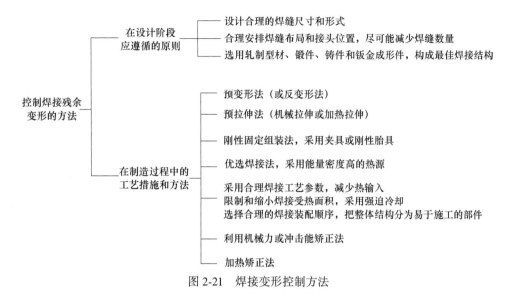

图 2-21 焊接变形控制方法

（一）设计措施

（1）选择合理的焊缝形状和尺寸。应做到以下三点：

1）选择最小的焊缝尺寸。在保证结构有足够承载能力的前提下，应采用尽量小的焊缝尺寸。尤其是角焊缝尺寸，最容易盲目加大。焊接结构中有些仅起联系作用或受力不大，并经强度计算尺寸甚小的角焊缝，应按板厚选取工艺上可能的最小尺寸。

2）对受力较大的 T 形或十字形接头，在保证强度相同的条件下，采用开坡口的焊缝比不开坡口的一般角焊缝可减少焊缝金属，对减小角变形有利（见图 2-22）。

3）选择合理的坡口形式。相同厚度的平板对接，开 V 形坡口焊缝的角变形大于双 V 形坡口焊缝。因此，具有翻转条件的结构，宜选用两面对称的坡口形式。T 形接头立板端开 J 形坡口比开单边 V 形坡口角变形小（见图 2-23）。

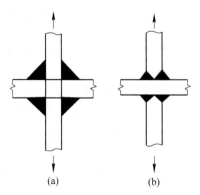

图 2-22 相同承载能力的十字接头
（a）不开坡口；（b）开坡口

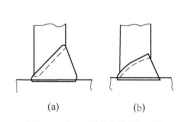

图 2-23 T 形接头的坡口图
（a）角变形大；（b）角变形小

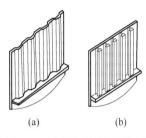

图 2-24　用压型板代替肋板
减少焊缝数量和焊接变形
（a）压型板；（b）焊接肋板

（2）减少焊缝的数量。只要条件允许，多采用型材、冲压件；在焊缝多且密集处，采用铸-焊联合结构，就可以减少焊缝数量。此外，适当增加壁板厚度，以减少肋板数量，或者采用压型板结构代替肋板结构（图 2-24），都对防止薄板结构的变形有利。

（3）合理安排焊缝位置。梁、柱等焊接构件常因焊缝偏心布置而产生弯曲变形。合理的设计应尽量把焊缝安排在结构截面的中性轴上或靠近中性轴，力求在中性轴两侧的变形大小相等方向相反，起到相互抵消作用。图 2-25 所示为箱形结构，图 2-25（a）的焊缝集中于中性轴一侧，弯曲变形大，图 2-25（b）

和（c）的焊缝安排合理。图 2-26（a）的肋板设计使焊缝多数集中在截面的中性轴下方，肋板焊缝的横向收缩将引起上挠的弯曲变形。改成图 2-26（b）的设计，就能减小和防止这种变形。

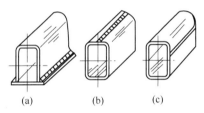

图 2-25　箱形结构的焊缝安排

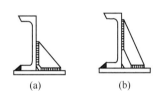

图 2-26　肋板焊缝的合理安排
（a）不合理（焊缝集中在截面中性轴下方）；
（b）合理（焊缝基本对称于中性轴分布）

（二）工艺措施

（1）留余量法。此方法就是在下料时，将零件的长度或宽度尺寸比设计尺寸适当加大，以补偿焊件的收缩。余量的多少可根据公式并结合生产经验来确定。留余量法主要是用于防止焊件的收缩变形。

（2）反变形法。此方法就是根据焊件的变形规律，焊前预先将焊件向着与焊接变形的相反方向进行人为的变形（反变形量与焊接变形量相等），使之达到抵消焊接变形的目的。此方法很有效，但必须准确地估计焊后可能产生的变形方向和大小，并根据焊件的结构特点和生产条件灵活地运用。

1）无外力作用下的反变形。平板对接焊产生角变形时，可按图 2-27（a）所示的方法；电渣焊产生的终端横向变形大于始端，可以在安装定位时，使接头的间隙下小上大，如图 2-27（b）所示。T 形接头焊后平板产生角变形，可以预先把平板压形，使之具有反方向的变形，然后进行焊接，如图 2-27（c）所示；薄壁筒体对接从外侧单面焊时，产生接头向内凹的变形，可以预先在对接边缘做出向外翻边的反变形，然后进行焊接（见图 2-27（d））。图 2-27（f）是大梁腹板预留拱度反变形，图 2-27（e）表示起重机箱形梁的上盖板有大量焊缝，放在平台上焊接，焊缝的收缩变形与预留收缩量抵消，不会影响大梁拱度。

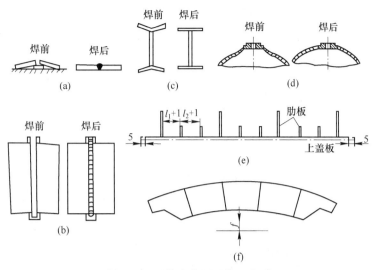

图 2-27　无外力作用下的反变形

2）有外力作用下的反变形。利用焊接胎具或夹具使焊件处在反向变形的条件下施焊，焊后松开胎夹具，焊件回弹后其形状和尺寸恰好达到技术要求。

图 2-28 所示为利用简单夹具做出平板的反变形以克服工字梁焊接引起的角变形；图 2-29 所示为用加压机构来矫正工字梁的挠曲变形的例子。图 2-30（a）～（d）所示的空心构件，均因焊缝集中于上侧，焊后将产生弯曲变形。采用如图 2-30（e）所示的转胎，使两根相同截面的构件"背靠背"，两端夹紧中间垫高，于是每根构件均处在反向弯曲情况下施焊。该转胎使施焊方便，而且提高生产效率。

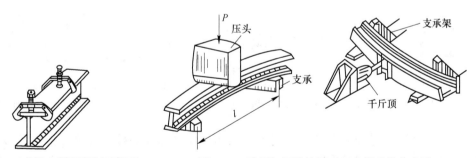

图 2-28　工字梁上翼板强制反变形　　　图 2-29　采用加压机构矫正工字梁的挠曲变形

运用外力作用下的反变形法需注意两个问题：

第一，安全问题。所需外力应足够大。因此，所用的胎夹具必须保证强度和刚度。焊件是处在弹性状态下反变形，焊后仍处于弹性状态。松开夹具时焊件必然回弹，一定要防止回弹时伤人。

第二，反变形量的控制最可靠的办法是用通常的焊接参数，在自由状态下试焊，测出其残余变形量。以此变形量做适当调整。做到焊件反弹后的形状和尺寸恰好就是焊接技术要求的形状和尺寸。

反变形法主要用于控制角变形和弯曲变形。

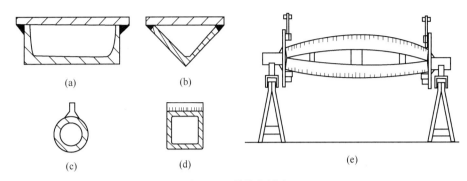

图 2-30 弹性支撑法

(a)~(c) 具有单面纵向焊缝空心梁；(d) 具有单面横向焊缝空心梁；(e) 在焊接转胎架上焊接

（3）刚性固定法。在焊前将焊件夹持固定，以提高焊件的刚度，减小焊接变形。刚性固定法是焊接常用的方法。采用这种方法，将夹具拆除后，由于回弹，焊件还会有一定的残余变形，所以常和反变形法一起使用，以获得更好的效果，见图 2-31。

常用的刚性固定法有以下几种：

1）将焊件固定在刚性平台上。薄板焊接时，可将其用定位焊缝固定在刚性平台上，并且用压铁压在焊缝附近，如图 2-32 所示，待焊缝全部焊完冷却后，再铲除定位焊缝，这样可避免薄板焊接时产生波浪变形。

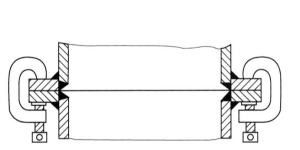

图 2-31 刚性固定法焊接法兰盘以减小角变形

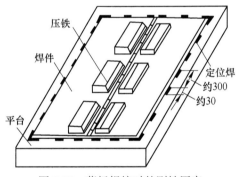

图 2-32 薄板焊接时的刚性固定

2）将焊件组合成刚度更大或对称的结构。如 T 形梁焊接时容易产生角变形和弯曲变形。图 2-33 是将两根 T 形梁组合在一起，使焊缝对称于结构截面的中性轴，同时极大地增加了结构的刚度，并配合反变形法（如图中所示采用垫铁），采用合理的焊接顺序，对防止弯曲变形和角变形有利。

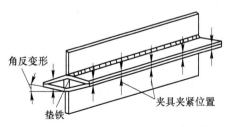

图 2-33 T 形梁在刚性夹紧下进行焊接

3）利用焊接夹具增加结构的刚度和拘束。刚性固定的夹具可以有多种样式，包括专用夹具、琴键式夹具，还可以在焊缝两侧点固角钢（图 2-34）。图 2-35 所示为利用夹紧器将焊件固定，以增加构件的拘束，防止构件产生角变形和弯曲变形的应用实例。

由于刚性固定法增加了焊接时的拘束度，焊

接收缩量可以减少40%～70%，但是采用这种方法会产生较大的焊接残余应力。

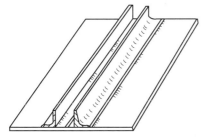

图 2-34 在焊缝两侧点固角钢提高构件刚度

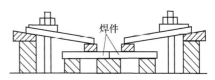

图 2-35 对接拼板时的刚性固定

大国工程：港珠澳大桥浅水区非通航孔桥组合梁采用大节段吊装，在国内属首次制作。钢主梁节段所用钢板较厚（主体结构采用 Q345qD），顶板厚 24～48 mm，腹板厚 18～28 mm，底板厚 20～44 mm，支座处横隔板厚 24 mm，中支点处横隔板厚 48 mm，制作过程中焊接量较大、焊接变形也大，而该项目要求采用无码组焊工艺，给焊接变形及几何精度的控制带来了难题。为了克服上述难题，该工程采用刚性固定、预设反变形及配重等自约束与其他约束相结合的方案（图 2-36），实现了无码组焊工艺的成功应用，避免了以往使用码板对母材的损伤，并确保了钢主梁节段的几何精度。

 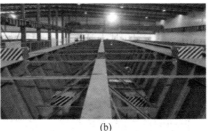 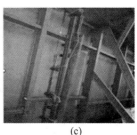

(a)   (b)   (c)

图 2-36 钢主梁节段焊接变形约束措施
(a) 底板对接时焊接变形约束措施；(b) 节段接长时接口预变形及配重控制措施；
(c) 腹板对接时焊接变形约束措施

利用临时支撑增加结构的拘束。单件生产中采用专用夹具，在经济上不合理。因此，可在容易发生变形的部位焊上一些临时支撑或拉杆，增加局部的刚度，能有效地减小焊接变形。图2-37是防护罩用临时支撑来增加拘束的应用实例。

（4）选择合理的装配焊接顺序。前面已经介绍，装配焊接顺序对焊接结构变形的影响是很大的，因此，在无法使用胎夹具的情况下施焊，一般都须选择合理的装配和焊接顺序，使焊接变形减至最小。为了控制和减小焊接变形，装配焊接顺序应按以下原则进行：

1）大型而复杂的焊接结构，只要条件允许，把它分成若干个结构简单的部件，单独进行焊接，然后再总装成整体。这种"化整为零，集零为整"的装配焊接方案，其优点是：部件的尺寸和刚度已减小，利用胎夹具克服变形的可能性增加；交叉对称施焊，焊件

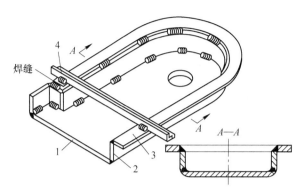

图 2-37 防护罩焊接时临时支撑

1—底板；2—立板；3—缘口板；4—临时支撑

翻转与变位也变得容易；更重要的是，可以把影响总体结构变形最大的焊缝分散到部件中焊接，把它的不利影响减小或清除。注意，所划分的部件应易于控制焊接变形，部件总装时焊接量少，同时便于控制总变形。

2）正在施焊的焊缝应尽量靠近结构截面的中性轴。如图 2-38（a）所示的桥式起重机的主梁结构，梁的大部分焊缝处于箱形梁的上半部分，其横向收缩会引起梁下挠的弯曲变形，而梁的制造技术中要求该箱形主梁具有一定的上拱度，为了解决这一矛盾，除了前面讲的左右腹板预制上拱度外，还应选择最佳的装配焊接顺序，使下挠的弯曲变形最小。

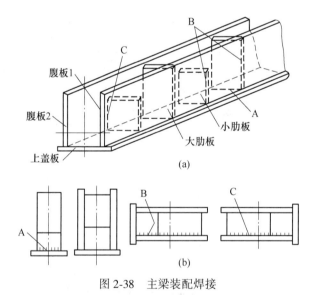

图 2-38 主梁装配焊接

（a）Π 形梁结构示意图；（b）Π 形梁的装配焊接方案

根据该梁的结构特点，一般先将上盖板与两腹板装成 Π 形梁，最后装下盖板，组成封闭的箱形梁。Π 形梁的装配焊接顺序是影响主梁上拱度的关键，应先将各肋板与上盖板装配，焊 A 焊缝，然后同时装配两块腹板，焊 C 和 B 焊缝。这时产生的下挠弯曲变形最小。因为使 Π 形梁产生下挠弯曲变形的主要原因是 A 焊缝的收缩，A 焊缝离 Π 形梁截面中性轴越近，引起的弯曲变形越小。该方案中，在装配腹板之前焊 A 焊缝，结构中性轴最低，因此 A 焊缝距梁的截面中性轴最近，引起的下挠变形就小。因此，该方案是最佳的装配焊接顺序，也是目前类似结构在实际生产中广泛采用的一种方案。

3）对于焊缝非对称布置的结构，装配焊接时应先焊焊缝少的一侧。如图 2-39（a）所示压力机的压型上模，截面中性轴以上的焊缝多于中性轴以下的焊缝，装配焊接顺序不合理，最终将产生下挠的弯曲变形。解决的方法是先由两人对称地焊接 1 和 1′焊缝（见图 2-39（b）），此时将产生较大的上拱弯曲变形 f_1 并增加了结构的刚度，再按图 2-39（c）的位置焊接 2 和 2′焊缝，产生下挠弯曲变形 f_2，最后按图 2-39（d）的位置焊接 3 和 3′焊缝，产生下挠弯曲变形 f_3，这样 f_1 近似等于 f_2 与 f_3 的和，并且方向相反，弯曲变形基本相互抵消。

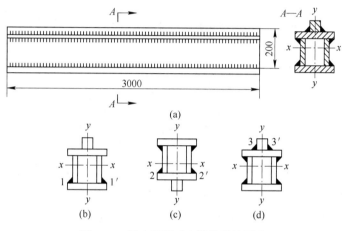

图 2-39　压力机压型上模的焊接顺序

（a）压型上模结构图；（b）~（d）焊接顺序

4）焊缝对称布置的结构，应由偶数个焊工对称地施焊。如大型管道安装时，常常要求对称施焊，以便减小焊接变形。如图 2-40 所示的圆筒体对接焊缝，应由两名焊工对称地施焊。

5）长焊缝（1 m 以上）焊接时，可以综合考虑逐步退焊法、分中逐步退焊法、跳焊法、交替焊法等，如图 2-41 和图 2-42 所示。采用这些方法可以减小局部加热的不均匀性，从而控制和减小焊接变形。

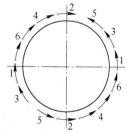

图 2-40　圆筒体对接焊缝的焊接顺序

（5）焊前预热。变形是由于焊接时的不均匀加热造成的，因此采用适当的预热是减小焊接变形的有效措施。一般而言预热温度越高越有利于减小材料的变形。但预热温度过高会恶化焊接工作环境并可能对材料的

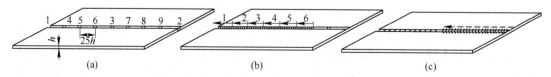

图 2-41　用分段退焊法减小横向收缩和坡口间隙变形（仅适用于电弧焊）

（a）定位焊顺序；（b）第一层的分段退焊顺序；（c）盖面焊道

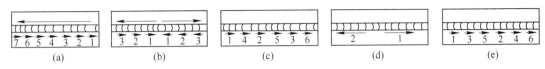

图 2-42 长焊缝的不同焊接顺序

（a）逐步退焊法；（b）分中逐步退焊法；（c）跳焊法；（d）交替焊法；（e）分中对称焊法

性能造成影响。多道焊时，前一道焊缝对后一道焊缝具有预热作用，因此选择多道焊对于减小焊接变形具有一定作用。

典型案例：大型储罐底板焊接变形分析及控制

某核电站监测水箱材质为 Q235B 钢，所有部位钢板厚度为 8 mm。底板由中腹板和边缘板两部分组成，靠近底板边缘 220 mm 采用对接接头形式，其余的采用搭接接头形式。对于这种大型储罐的焊接，最易变形的部位主要是底板。底板焊接的防变形措施中最重要的是制订合理的焊接顺序，并应遵循以下的焊接原则：

（1）焊接弓形边缘板靠外边缘 220 mm 的对接焊缝，由 2 名焊工对称分布在底板边缘，同时对称焊接 D03，D09，D04，D10 的对接处焊缝，方向由圆心向外。之后焊接 D01，D02，D05，D06，D07，D08，D11，D12 的对接焊缝。在罐底与罐壁连接的角焊缝焊完后，完成剩余的边缘板焊缝，边缘板在焊接时受到向内的拉力，这样壁板就可以给底板一个刚性固定的作用（图 2-43）。

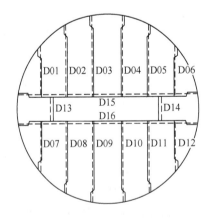

图 2-43 底板焊缝布置图及现场图

（2）剩余边缘板的焊接由 2 名或 4 名焊工均匀分布在底板中间，以 400 mm 为一段，采用分段跳焊的焊接方法，必须同步、同工艺、同分段号，先焊接 D03，D09，D04，D10 的搭接焊缝，后焊接 D01，D02，D05，D06，D07，D08，D11，D12 的搭接焊缝，由圆心向外进行焊接（图 2-44）。

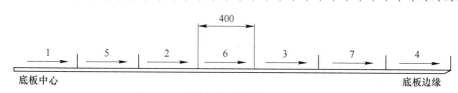

图2-44　边缘板的施焊方向和施焊顺序

（3）焊接中腹板，应先焊短焊缝，后焊中长焊缝。即先焊接D13，D14，再焊接D15，D16，同时由中心向两端施焊。焊前先进行加固，丁字缝处用卡具加固。每一段焊缝由2名焊工从中心向边缘以400 mm为一段按分段跳焊和退焊的方法进行。严格控制每名焊工的焊接速度及焊接工艺参数。

按照上面的原则进行分段跳焊（每段长度不宜过长），在焊接时可以减少较长焊缝的持续加热时间，分散焊缝热量，减小焊接区域与结构整体之间的温差，确保构件受热和冷却均匀，从而避免温度过高引起变形；分段焊每段焊缝首尾相接，焊接后一段时焊缝热量会给前一段一个退火的作用，可以降低焊件中残余应力。

（6）合理地选择焊接方法和焊接参数。各种焊接方法的热输入不同，因而产生的变形也不一样。能量集中和热输入较低的焊接方法，可有效地降低焊接变形。用CO_2气体保护焊，焊接中厚钢板的变形，比用气焊和手工电弧焊的变形小得多，更薄的板可以采用钨极脉冲氩弧焊、激光焊等方法焊接。电子束焊的焊缝很窄，变形极小，适宜焊接一般经精加工的焊件，焊后仍具有较高的精度。

焊接热输入是影响变形量的关键因素，当焊接方法确定后，可通过调节焊接参数来控制热输入。在保证熔透和焊缝无缺陷的前提下，应尽量采用小的焊接热输入。根据焊件结构特点，可以灵活地运用热输入对变形的影响规律去控制变形。如图2-45所示的不对称截面梁，因焊缝1和2离结构截面中性轴的距离s大于焊缝3和4到中性轴的距离s'，所以焊后会产生下挠的弯曲变形。如果在焊接焊缝1和2时，采用多层焊，每层选择较小的热输入；焊接焊缝3和4时，采用单层焊，选择较大的热输入，这样焊接焊缝1和2时所产生的下挠变形与焊接焊缝3和4时所产生的上挠变形基本相互抵消，焊后基本平直。

（7）热平衡法。对于某些焊缝不对称布置的结构，焊后往往会产生弯曲变形。如果在与焊缝对称的位置上采用气体火焰与焊接同步加热，只要加热的工艺参数选择适当，就可以减小或防止构件的弯曲变形。如图2-46所示，采用热平衡法对箱形梁结构的焊接变形进行控制。

焊接变形控制顺口溜

焊接变形危害大，控制变形料工设；

材料特性影响大，低膨高弹变形小；

工艺参数要明确，焊接方法要正确；
薄板焊接小电流，厚板多道均匀焊；
结构设计要简单，板材可用型钢代；
厚板代替薄板件，减少肋板焊缝少；
焊道应该对称走，应力抵消变形小；
控制变形方法多，参数设计找诀窍；
反变拘束最常用，留够余量防缩变；
复杂结构单元化，拼接总装形变小；
焊缝结构不对称，少缝起焊最有效；
焊缝对称不用烦，偶数工人同时焊；
长缝焊接变形大，双人对称退焊法；
单人焊接亦可行，分段跳焊最实用；
认清形变其本质，解决问题不用烦；
实践经验最重要，大家都应要记牢。

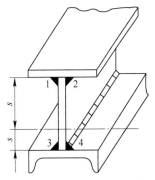

图 2-45　非对称截面结构的焊接

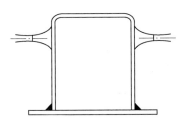

图 2-46　采用热平衡法防止焊接变形

（8）散热法。散热法就是利用各种方法将施焊处的热量迅速散走，减小焊缝及其附近的受热区，同时使受热区的受热程度大幅降低，达到减小焊接变形的目的。图 2-47（a）是水浸法散热示意图，图 2-47（b）是喷水法散热，图 2-47（c）是采用纯铜板中钻孔通水的散热垫法散热。

上述为控制焊接变形的常用方法。在焊接结构的实际生产中，应充分估计各种变形，分析各种变形的变形规律，根据现场条件选用一种或几种方法，有效地控制焊接变形。

四、矫正焊接变形的方法

在焊接结构生产中，应采取各种措施来防止和控制焊接变形。影响焊接变形的因素太多，生产中无法面面俱到，难免产生焊接变形。当焊接残余变形超出技术要求时，必须矫正焊件的变形。常用的矫形方法有：

（1）手工矫正法。手工矫正法虽是一个原始古老的方法，但其简单实用，至今仍是一个常见的矫形方法。主要用于矫正薄板、薄壁壳体焊件和小型焊件的弯曲变形、角变形和薄板的波浪变形等。首先用手锤、大锤、风动气锤等工具锤击焊缝附近，以消除焊件的不直度，再用平板、靠模等衬垫，用三点弯曲的原理消除角变形或壳体的不圆度。

（2）机械矫正法。机械矫正法是利用机械工具，如千斤顶、拉紧器、压力机等，来矫正焊接变形。具体做法，如图 2-48 所示，将焊件顶直或压平。手工矫正法和机械矫正法，一般适用于形状简单、材料塑性较好的焊件。

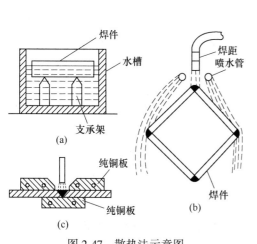

图 2-47 散热法示意图

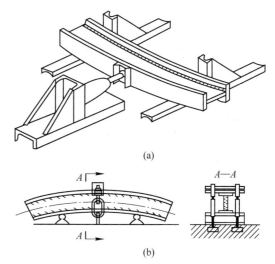

图 2-48 机械矫正法矫正梁的弯曲变形

（3）火焰加热矫正法。火焰加热矫正法是利用火焰局部加热，有点状加热、线状加热和三角形加热等形式，使焊件产生反向变形，抵消焊接变形。火焰加热矫正法在生产中应用广泛，主要用于矫正弯曲变形、角变形、波浪变形、扭曲变形等。

1）点状加热。如图 2-49 所示，加热点的数目应根据焊件的结构形状和变形情况而定。对于厚板，加热点的直径 d 应大些；薄板的加热点直径 d 则应小些。变形量大时，加热点之间距离 a 应小一些；变形量小时，加热点之间距离 a 应大一些。

2）线状加热。火焰沿直线缓慢移动或同时作横向摆动，形成一个加热条带，称为线状加热。线状加热有直通加热、链状加热和带状加热 3 种形式，如图 2-50 所示。线状加热可用于矫正波浪变形、角变形和弯曲变形等。

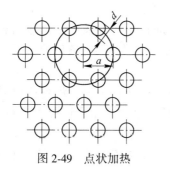

图 2-49 点状加热

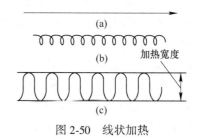

图 2-50 线状加热

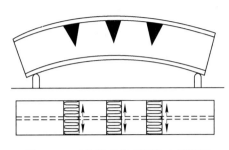

图 2-51　工字梁弯曲变形的火焰矫正

3）三角形加热。三角形加热即加热区域呈三角形，一般用于矫正刚度大、厚度较大的结构的弯曲变形。加热时，三角形的底边应在被矫正结构的拱边上，顶端朝焊件的弯曲方向，如图 2-51 所示。三角形加热与线状加热联合使用，对矫正大而厚焊件的焊接变形效果更佳。

火焰加热矫正焊接变形的效果取决于下列三个因素：

1）加热方式。加热方式取决于焊件的结构形状和焊接变形的形式，一般薄板的波浪变形应采用点状加热凸起、折皱的地方；焊件的角变形可选择线状加热角变形凸起面棱角线附近区域；三角形加热矫正弯曲变形，如图 2-51 所示。

2）加热位置。应选取凸起、折皱、金属纤维相对较长的地方。

3）加热温度和加热区面积。应根据焊件的变形量及焊件材质确定，当焊件变形量较大时，加热温度应高一些，加热区的面积应大一些。

五、典型焊接构件的矫正方法

（一）T 形梁的矫正

T 形梁的变形有角变形、拱变形和旁弯变形。图 2-52 所示为 T 形梁的变形及矫正。

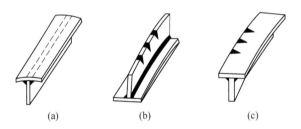

　　　　　（a）　　　　　　　　　　（b）　　　　　　　　　　（c）

图 2-52　T 形梁的变形及矫正

（a）角变形的矫正；（b）拱变形的矫正；（c）旁弯变形的矫正

图 2-52（a）所示为 T 形梁角变形的矫正方法，即沿 T 形梁背面与两道焊缝对应的位置线加热，加热温度和火焰热量应按火焰矫正方法的规定来确定，加热宽度小于焊脚尺寸，加热深度不应超过板厚，冷却后角变形便可消失。

图 2-52（b）所示为 T 形梁拱变形的矫正方法，即在立板上采用三角形加热方法（三角形的位置视变形情况而定），注意：当需第二次加热时，加热三角形的位置应与第一次加热三角形的位置错开。

图 2-52（c）所示为 T 形梁旁弯变形的矫正方法，即在水平板上进行三角形加热（加热三角形位置在外凸一侧），当立板刚度较大时，可垂直对立板合适位置进行线状加热，以减小立板对水平板变形的牵制作用。

T 形梁的变形有时不是只有一种变形，如拱变形和旁弯变形同时存在，这时先要矫正相对严重的变形，然后再矫正另一种变形。

（二）工字梁的矫正

工字梁的变形有角变形、拱变形和旁弯变形。图2-53所示为工字梁的变形及矫正。

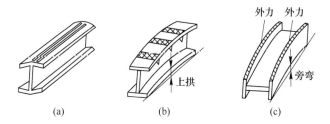

图 2-53　工字梁的变形及矫正

（a）角变形的矫正；（b）拱变形的矫正；（c）旁弯变形的矫正

工字梁角变形的矫正方法是：在凸起处进行线性加热，如板较厚，可在两条焊缝背面同时加热矫正，如图2-53（a）所示。

工字梁拱变形的矫正方法是：在上拱面上进行线状加热，在立板上部用三角形加热法矫正，如图2-53（b）所示。如果上拱量较大，可在加热的同时，在梁的弯曲顶点位置施加压力，并且加热面积要加大。加热顺序为先中间后两侧，对称加热。

工字梁旁弯变形的矫正方法是：在上、下两侧板的凸起处同时采用线状加热，并附加外力矫正，如图2-53（c）所示。

图2-54所示为较复杂梁的拱变形及矫正方法。图2-54（a）所示的梁由两根工字钢和隔板组成，结构较复杂。在钢结构件变形的矫正中，切不可孤立地看待某个零部件，因为它们是相互约束的，应把构件看作一个整体，从整体上来分析、解决问题。如果把两根工字钢和隔板看作一个整体，矫正起来就比较容易。

图2-54（b）中，千斤顶对梁的底部凸起部位施加压力，在火焰矫正结束时，千斤顶应把梁底部凸起部位顶过水平线5～10 mm，以抵消由于梁的自重和梁在冷却后回弹而使梁中部下降的距离，确保梁的平直。当梁变形较小时，只对a、b处及其对称位置处加热；当变形量较大时，必须在c处采用小三角形（约为a、b处加热三角形面积的1/3）加热法加热，以免反变形过度。

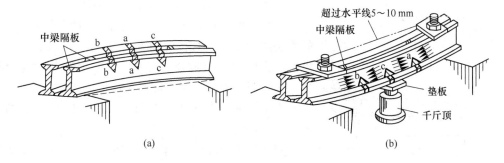

图 2-54　梁的拱变形及矫正

（a）上拱变形矫正；（b）下拱变形矫正

（三）箱形梁的矫正

箱形梁的变形主要有拱变形、旁弯变形和扭曲变形三种。图 2-55 所示为箱形梁的变形及矫正。

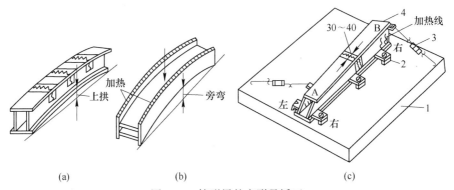

图 2-55　箱形梁的变形及矫正

（a）上拱的矫正；（b）旁弯变形的矫正；（c）扭曲变形的矫正

1—平台；2—压边；3—拉紧螺栓；4—箱形梁

箱形梁上拱与旁弯变形的矫正方法（图 2-55(a) 和（b）） 分别与图 2-53(b) 和（c）所示的工字梁上拱与旁弯变形的矫正方法相同。图 2-55(c) 所示为箱形梁扭曲变形的矫正方法，由于焊件刚性较大，故需外力配合。先将梁放在平台上，并根据箱形梁的扭曲变形情况，在其产生扭曲变形对角线的中部及两端适当位置压紧固定，再用拉紧螺栓拉紧，然后在梁中部上翼板上进行加热，如果扭曲很大，可在中腹板上同样加热，加热后立即拧紧螺栓。如果仍有扭曲，可在 AB 两端的腹板上同时加热，A 端在左板加热，B 端在右板加热，加热线角度约 40°，使之产生热塑性变形，加热后同时拧紧螺栓。如果冷却后仍有扭曲，则需重复上述加热过程，加热位置尽量不与先前的位置重合。

如果箱形梁同时有上拱、旁弯和扭曲变形，一般先矫正扭曲变形，再矫正上拱，最后矫正旁弯变形。

（四）框架类构件的矫正

框架类构件的变形可以用机械矫正、火焰矫正、机械矫正与火焰矫正相结合的方法矫正。图 2-56 所示为用压力机矫正平面形槽钢架示意图。

当平面框架存在旁弯变形时，可用如图 2-57 所示的方法进行矫正。如果平面框架旁弯变形较大，可用机械与火焰矫正相结合的方法。必要时将拉紧螺栓换成弓形拉板，中间垫块用液压千斤顶取代。

当平面框架出现菱形变形时，可用如图 2-58 所示的方法进行矫正。

图 2-59 所示为一个框架复杂变形的矫正。矫正变形时，既需要用千斤顶顶住中梁的中部，又需要用螺旋拉紧器下拉侧梁的中部，当然还需固定侧梁和中梁

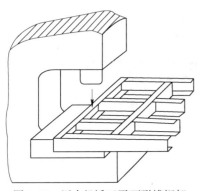

图 2-56　压力机矫正平面形槽钢架

的端部；既要加热位置对称，又要加热时间同步。由此可见，该框架的矫正工艺是较复杂的，不易掌握，操作中稍有不慎，中梁和侧梁的矫正就很难达到理想效果。

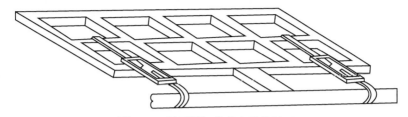

图 2-57　平面框架旁弯变形的矫正

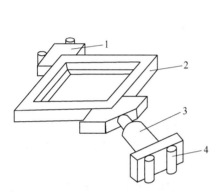

图 2-58　平面框架菱形变形的矫正
1—垫铁；2—平面框架；3—液压千斤顶；4—挡柱

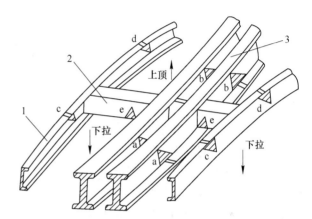

图 2-59　框架复杂变形的矫正
1—侧梁；2—横梁；3—中梁

（五）圆筒体的矫正

圆筒体焊后，在焊缝处可能会产生内凹或外凸的缺陷。筒体纵缝内凹变形的矫正如图 2-60 所示。矫正时，在纵缝处作线状加热，宽度为 8～20 mm，温度为 600 ℃左右，并在筒内用螺杆或千斤顶向外顶压。两次线状加热后基本上能矫正内凹缺陷。

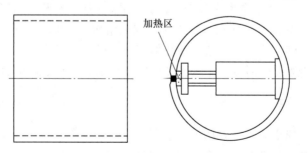

图 2-60　筒体纵缝内凹变形的矫正

当厚壁圆筒体焊后的圆度不符合要求时，将圆筒体置于平台上，下面垫上规格相同的短型钢，如图 2-61 所示。先用圆弧样板进行检查，如果筒体曲率超差，则沿筒外壁进行线状加热；如果筒体曲率不足，则沿筒内壁沿轴向进行线状加热。加热后自然冷却，可反复进行几次，直至圆度符合要求。

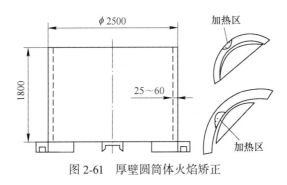

图 2-61 厚壁圆筒体火焰矫正

任务三 焊接残余应力

一、焊接残余应力的分类

1. 按应力在焊件内的空间位置分

（1）一维空间应力。即单向（或单轴）应力，应力沿焊件一个方向作用。

（2）二维空间应力。即双向（或双轴）应力，应力在一个平面内不同方向上作用，常用平面直角坐标表示，如 σ_x、σ_y。

（3）三维空间应力。即三向（或三轴）应力，应力在空间所有方向上作用，常用三维空间直角坐标表示，如 σ_x、σ_y、σ_z。

厚板焊接时出现的焊接应力是三向的。随着板厚减小，沿厚度方向的应力（习惯指 σ_z）相对较小，可将其忽略而看成双向应力 σ_x、σ_y。薄长板条对接焊时，也因垂直焊缝方向的应力 σ_y 较小而忽略，主要考虑平行于焊缝轴线方向的纵向应力 σ_x。

2. 按产生应力的原因分

（1）热应力。它是在焊接过程中，焊件内部温度有差异引起的应力，故又称温差应力。热应力是引起热裂纹的力学原因之一。

（2）相变应力。它是焊接过程中局部金属发生相变，其比体积增大或减小而引起的应力。

（3）塑变应力。它是指金属局部发生拉伸或压缩塑性变形后所引起的内应力。对金属进行剪切、弯曲、切削、冲压、锻造等冷热加工时常产生这种内应力。焊接过程中，近缝区高温金属热胀、冷缩受阻时便产生塑性变形，从而引起焊接的内应力。

二、焊接应力的分布

对于焊件内部的残余应力可以从长度、宽度、厚度三个方向的分布进行考虑。一般焊接结构制造所用材料的厚度对于长度和宽度都很小，在板厚小于 20 mm 的薄板和中厚板制造的焊接结构中，厚度方向上的焊接应力很小，残余应力基本上是双轴的，即为平面应力状态；只有在大型结构厚截面焊缝中，在厚度方向上才有较大的残余应力。通常，将沿焊缝方向上的残余应力称为纵向残余应力，以 σ_x 表示；将垂直于焊缝方向上的残余应力称为横向残余应力，以 σ_y 表示；对于厚度方向上的残余应力以 σ_z 表示。

(一) 纵向应力的分布

平板对接焊件中的焊缝及近缝区等经历过高温的区域中存在纵向残余拉应力，其纵向残余应力沿焊缝长度方向的分布如图2-62所示。

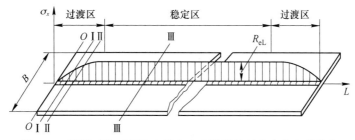

图2-62　平板对接时焊缝上纵向应力沿焊缝长度方向上的分布

当焊缝比较长时，在焊缝中段会出现一个稳定区，对于低碳钢材料来说，稳定区中的纵向残余应力 σ_x 将达到材料的屈服强度 R_{eL}，在焊缝的端部存在内应力过渡区，纵向应力 σ_x 逐渐减小，在板边处 $\sigma_x = 0$。这是因为板的端面 O—O 截面处是自由边界，端面外没有材料，其内应力值自然为零，因此端面处的纵向应力 $\sigma_x = 0$。一般来说，当内应力的方向垂直于材料边界时，则在该边界处与边界垂直的应力值必然等于零。当焊缝长度比较短时，应力稳定区将消失，仅存在过渡区，并且焊缝越短纵向应力的数值就越小。图2-63给出了 σ_x 随焊缝长度变化情况。

纵向残余应力沿板材横截面上的分布表现为中心区域是拉应力，两边为压应力，拉应力和压应力在截面内平衡。图2-64给出了不同材料的焊缝纵向应力沿横向上的分布。

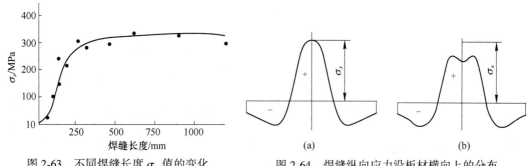

图2-63　不同焊缝长度 σ_x 值的变化　　　　图2-64　焊缝纵向应力沿板材横向上的分布

圆筒环焊缝上的纵向（圆筒的周向）应力分布如图2-65所示。当圆筒直径与壁厚之比较大时，σ_x 分布与平板相似，对于低碳钢材料来说，σ_x 可以达到 R_{eL}；当圆筒直径与壁厚之比较小时，σ_x 有所降低。

对于圆筒上的环焊缝来说，由于其纵向收缩自由度比平板的收缩自由度大，因此其纵向应力比较小。纵向残余应力值取决于圆筒的半径 R、壁厚 δ 和塑性变形区的宽度 b_p。当壁厚不变时，σ_x 随着 R 的增大而增大；相同壁厚和半径的情况下，塑性变形区宽度 b_p 的减小使 σ_x 增大。图2-66给出了不同筒径的环焊缝纵向应力与圆筒半径及焊接塑性变形区宽度的关系。

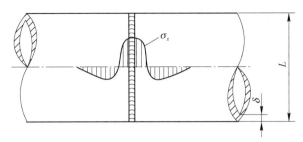

图 2-65 圆筒环焊缝纵向残余应力的分布

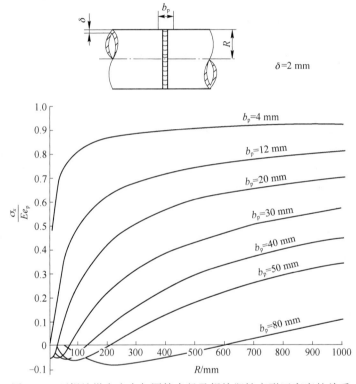

图 2-66 环焊缝纵向应力与圆筒半径及焊接塑性变形区宽度的关系

(二) 横向应力的分布

在对接焊缝中横向应力的分布比较复杂，它与焊件的宽度、定位焊位置、施焊方向、施焊顺序等因素有关。

横向应力的产生有两个方面：一方面是由于焊缝及其附近的塑性变形区的纵向收缩引起的，另一方面是由于焊缝及其附近塑性区的横向收缩引起的。

对于平板对接焊缝，可以假设将钢板沿焊缝中心切开，则两块钢板都相当于在其一侧堆焊，焊后边缘焊缝区域将产生纵向收缩，两块钢板将产生向外侧弯曲的变形，如图 2-67 (b) 所示。但实际上，两块钢板是由焊缝连接成一个不可分离的整体的，因此在焊缝两端产生横向压应力，中间部位产生横向拉应力。这就是纵向收缩引起的横向应力，如图 2-67 (c) 所示。

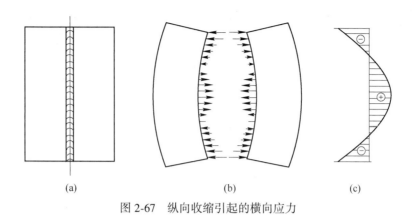

图 2-67　纵向收缩引起的横向应力

　　由于一条焊缝不可能在同一时间内焊完，总有先焊和后焊之分，焊缝全长上的加热时间不一致，同一时间内各部分的受热温度不均匀，膨胀与收缩也不一致，因此焊缝金属受热后就不能自由变形。先焊部分先冷却，后焊部分后冷却，先冷却的部分又限制后冷却部分的横向收缩，这种相互之间的限制和反限制，最终在焊缝中形成了横向应力，见图 2-68 所示。焊缝末端因为最后冷却，受到拉应力的作用。可见这部分横向应力与焊接方向、焊接方法及焊接顺序有关。图 2-69 所示为对接焊施焊方向不同时横向焊接应力的分布情况。

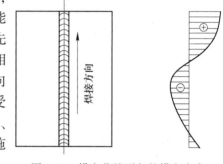

图 2-68　横向收缩引起的横向应力

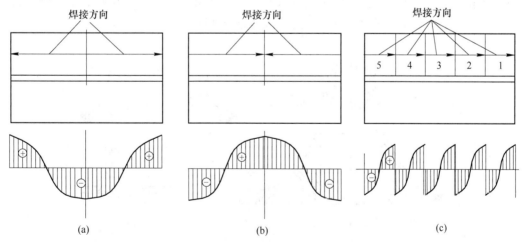

图 2-69　不同焊接方法的横向应力分布
（a）从中间向两端焊；（b）从两端向中间焊；（c）分段退焊

　　上面分析的对接焊缝中的横向应力分布只适用于焊条电弧焊。因焊条电弧焊中，电弧移动缓慢，在焊下一段时，前一段来得及冷却，在埋弧自动焊时，采用的电弧功率较大，并且速度很高，因此沿焊缝在长度方向的加热和冷却相对较均匀。因此，埋弧自动焊中横向应力比焊条电弧焊的小一些，分布也均匀一些。

横向应力分布是由上述两部分应力组成的。对接焊缝横向应力在与焊缝平行的各截面（Ⅰ—Ⅰ、Ⅱ—Ⅱ、Ⅲ—Ⅲ）上的分布大致与焊缝截面（0—0）上的相同，但离开焊缝的距离越远，应力就越低，如图 2-70 所示。

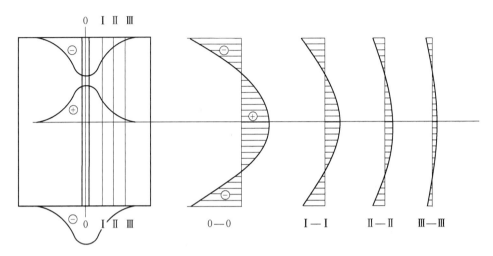

图 2-70 横向应力沿板宽方向上的分布

（三）封闭焊缝中的应力

所谓的封闭焊缝是指结构中的人孔、接管孔等四周的焊缝，以及使用圆形补板进行镶板的焊缝，这类焊缝构成封闭回路，故称封闭焊缝。图 2-71 所示为几种典型的容器接管焊接示意图。这种焊缝是在较大拘束条件下焊接的，因此内应力比自由状态下的大，封闭（管接头、人孔或镶板四周的）焊缝附近的应力分布如图 2-72 所示。

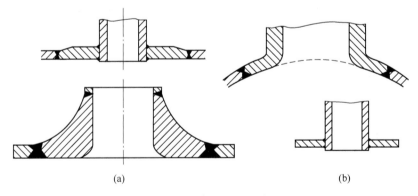

图 2-71 容器接管焊接

σ_r 为径向应力，σ_θ 切向应力。从图可见，径向应力 σ_r 为拉应力，切应力 σ_θ 在焊缝附近最大，为拉应力，由焊缝向外侧逐渐降低，并变成压应力，由焊缝向中心逐渐达到均匀值。封闭焊缝的内部为均匀双向应力场，切向应力与径向应力相等，其数值与环形焊缝的直径有关。直径越小，刚度越大，其中的内应力也越大，所以在焊接人孔、管道接头及修补中都要注意封闭应力的问题。

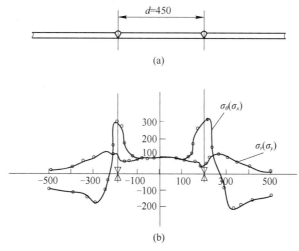

图 2-72　封闭焊缝附近的应力分布

(a) 板孔接头焊缝；(b) 孔周围应力分布

（四）工字梁和 T 形梁中的焊接应力

在焊接结构中会遇到大量 T 形梁、工字梁和箱形梁的焊接。对于这类构件可将其翼板、腹板分别当作板中心堆焊和板边堆焊，从而可以得出如图 2-73 所示纵向应力分布图。一般情况下，焊缝附近区域总是产生纵向（轴向）高拉伸应力，在 T 形梁和工字梁的腹板中则会产生压应力，该压应力可能导致腹板局部或整体失稳，出现波浪变形。

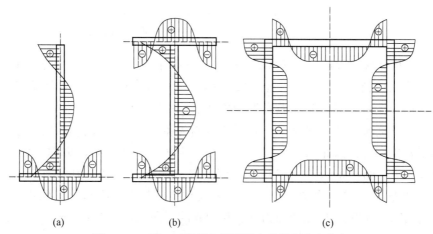

图 2-73　T 形、工字梁和箱形梁中的纵向应力分布

(a) T 形梁；(b) 工字梁；(c) 箱形梁

（五）相变应力

金属中相变的发生通常伴随着组织结构的转变，这又意味着物相晶体结构的变化，进而带来比体积的改变。例如对于碳钢来说，当奥氏体转变为铁素体或马氏体时，其比体积将由 0.123～0.125 增加到 0.127～0.131。发生反方向相变时，比体积将减小相应的数值。

如果相变温度高于金属的塑性温度 T_p（材料屈服强度为零时的温度），则由于材料处于完全塑性状态，比体积的变化完全转化为材料的塑性变形，因此，不会影响焊后的残余应力分布。

对于低碳钢来说，受热升温过程中，发生铁素体向奥氏体的转变，相变的初始温度为 A_{c1}，终了温度为 A_{c3}。冷却时反向转变的温度稍低，分别为 A_{r1} 和 A_{r3}，见图 2-74（a）。在一般的焊接冷却速度下，其正、反向相变温度均高于 600 ℃（低碳钢的塑性温度 T_p），因而其相变对低碳钢的焊接残余应力没有影响。

对于一些碳含量或合金元素含量较高的高强钢，加热时，其相变温度 A_{c1} 和 A_{c3} 仍高于 T_p，但冷却时其奥氏体转变温度降低，并可能转变为马氏体，而马氏体转变温度 M_s 远低于 T_p，见图 2-74（b）。在这种情况下，由于奥氏体向马氏体转变使比体积增大，不但可以抵消部分焊接时的压缩塑性变形，减小残余拉应力，而且可能出现较大的焊接残余压应力。

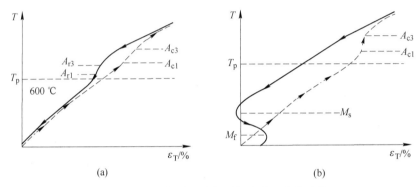

图 2-74　钢材加热和冷却时的膨胀和收缩瞳线

（a）相变温度高于塑性温度；（b）相变温度低于塑性温度

当焊接奥氏体转变温度低于 T_p 的板材时，在塑性变形区（b_s）内的金属产生压缩塑性变形，造成焊缝中心受拉伸，板边受压缩的纵向残余应力 σ_x。如果焊缝金属为不产生相变的奥氏体钢，则热循环最高温度高于 A_{c3} 的近缝区（b_m）内的金属在冷却时，体积膨胀，在该区域内产生压应力。而焊缝金属为奥氏体，以及板材两侧温度低于 A_{c1} 的部分均未发生相变，因而承受拉应力。这种由于相变而产生的应力称之为相变应力。纵向相变应力 σ_{mx} 的分布如图 2-75 所示，焊缝最终的纵向残余应力分布应为 σ_x 与 σ_{mx} 之和，见图 2-75（a）。如果焊接材料为与母材同材质的材料，冷却时焊缝金属和近缝区 b_m 一样发生相变，则其纵向相变应力 σ_{mx} 和最终的纵向残余应力 $\sigma_x+\sigma_{mx}$，如图 2-75（b）所示。

在 b_m 区内，相变所产生的局部纵向膨胀，不但会引起纵向相变应力 σ_{mx}，而且也可以引起横向相变应力 σ_{my}，如果沿相变区 b_m 的中心线将板截开，则相变区的纵向膨胀将使截下部分向内弯曲，为了保持平直，两个端部将出现拉应力，中部将出现压应力，如图 2-76（a）所示。同样相变区 b_m 在厚度方向的膨胀也将产生厚度方向的相变应力 σ_{mz}。σ_{mz} 也将引起横向相变应力 σ_{my}，其在平板表面为拉应力，在板厚中间为压应力，如图 2-76（b）所示。

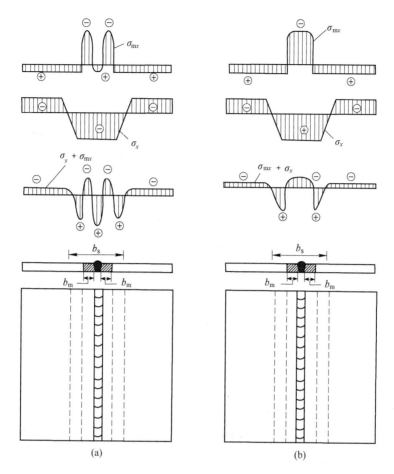

图 2-75 高强钢焊接相变应力对纵向残余应力分布的影响

（a）焊缝金属为奥氏体钢；（b）焊缝成分与母材相近

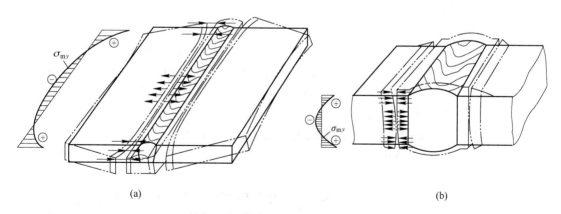

图 2-76 横向相变应力 σ_{my} 的分布

从上述分析可以看出，相变不但在 b_m 区产生拉应力 σ_{mx} 和 σ_{mz}，而且可以引起拉应力 σ_{my}。相变应力的数值可以相当大，这种拉伸应力是产生冷裂纹的原因之一。

三、焊接应力的影响

(一) 焊接应力对构件强度的影响

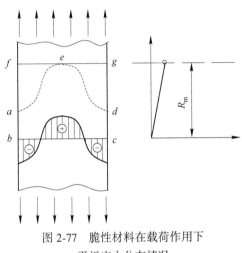

图 2-77　脆性材料在载荷作用下
平板应力分布情况

一般情况下，焊接结构所使用的材料如果塑性较好（如低碳钢、低合金钢等），焊接应力对其静载强度没有不良影响，但焊接应力将消耗材料部分塑性变形的能力。在低温、动载或腐蚀介质下材料处于脆性状态时，由于应力不能重新分配或来不及重新分配，随着外力的增加，内应力与外力叠加在一起，材料中的应力峰值增加，一直达到材料的强度极限 R_m，发生局部破坏，而最后导致整个构件断裂。焊接应力与外力 σ 叠加的情况，如图 2-77 所示。

单向与双向拉伸内应力通常不影响材料的塑性，而三向拉伸内应力的存在，将大幅降低材料的塑性。厚大焊件焊缝及三向焊缝交叉点处，都会产生三向焊接拉伸应力，所以要特别注意。

对于由塑性较低的金属材料焊接而成的焊件，由于在受力过程中，无足够的塑性变形，所以在加载过程中，应力峰值不断增加，直到达到材料的屈服极限后发生破坏。由此可知，焊接残余应力对材料呈脆性状态的焊接结构的静载强度是有不利影响的。

(二) 焊接应力对结构脆性断裂的影响

对于高强度钢构件，残余应力的存在容易导致构件出现脆性断裂，因此如果降低焊接残余应力，将有助于提高构件的抗裂性。在实际应用中，常常采用焊后热处理措施对焊接结构进行消应力处理，以此提高构件的抗裂能力。

(三) 焊接应力对构件刚度的影响

当外载的工作应力为拉应力时，与焊缝中的峰值拉应力相叠加，会发生局部屈服；在随后的卸载过程中，构件的回弹量小于加载时的变形量，构件卸载后不能恢复原始尺寸。尤其在焊接梁形构件时，这种现象会降低结构的刚度。如果随后的重复加载均小于第一次加载，则不再会发生新的残余变形。在对尺寸精度要求较高的重要焊接结构上，这种影响不容忽视。但对于刚度较小且韧性较好的材料，随着加载水平的提高，这种影响趋于减小。

当结构承受压缩外载时，由于焊接内应力中的压应力一般远低于压缩屈服强度，外载应力与它的和未达到压缩屈服强度，结构在弹性范围内工作，不会出现有效截面减小的情况；当结构承受弯曲载荷时，内应力对刚度的影响同焊缝的位置有关，焊缝所在部位的弯曲应力越大，则其影响越大。

对于结构上存在纵向和横向焊缝，或者经过火焰矫正，这两种情况下结构中可能在相当大的截面上产生拉应力，虽然在构件长度方向上拉应力的分布范围并不大，但是它们对刚度仍然具有较大的影响。特别是采用大量火焰校正后的焊接梁，在加载时刚度和卸载时的回弹量可能有较明显的下降。

（四）焊接应力对结构疲劳强度的影响

当构件承受疲劳载荷时，焊接残余拉伸应力阻碍裂纹的闭合，它也等同于增加了疲劳过程中的应力平均值并改变了应力循环特性，从而加剧了应力循环损伤，导致疲劳强度降低。由于焊接接头往往是应力集中区，因此残余拉应力对疲劳结构的影响会更加明显。在工作应力作用下，在疲劳载荷的应力循环中，残余应力的峰值有可能降低，循环次数越多，降低的幅度越大。

提高焊接构件的疲劳强度一方面需要降低残余应力，另一方面还需降低应力集中程度，避免结构几何不完整性和力学不连续性。在重要承载构件的疲劳设计和评定中，对于高拉伸残余应力的部位，应引入有效应力比值，而不能仅考虑实际工作应力比值。

由于焊接构件中的压缩残余应力可以降低应力比值使得裂纹闭合，从而延缓或终止疲劳裂纹的扩展，因此可采用锤击等措施在焊接构件中产生压缩残余应力，从而改善焊接结构抗疲劳性能。

（五）焊接应力对机械加工精度的影响

当构件的设计技术条件及装配精度要求较高时，对复杂焊接构件在焊后还需进行机加工。切削加工是把一部分材料从构件上去除，从而使得截面积相应改变，所释放的残余应力使得构件中原有的残余应力重新平衡，这将引起构件的重新变形。而且，这种变形只能在工件完成切削加工从夹具中取出时才能显示出来，因此会影响构件的精度。

保证焊件的加工精度最有效的办法有两种：一是消除内应力后再机加工，但生产周期长，成本偏高；二是采用分层加工法，即对所要加工的表面分层切割，逐步释放应力，分层的厚度（即加工量）逐渐减少，最终的加工精度就会越高，这种方法足以满足一般结构的精度要求。

（六）焊接应力对受压构件稳定性的影响

当外载引起的压应力与焊接残余压应力叠加之和达到 R_{eL} 时，该部分截面不能继续承载，失去承载能力，等于减小了杆件的有效截面积，并改变了有效截面积的分布，使稳定性有所改变。内应力对受压杆件稳定性的影响与内应力场的分布有关。

图 2-78 所示为 H 形焊接杆件的内应力分布，图 2-79 所示为箱形焊接杆件的内应力分布。对于 H 形焊接杆件，如果翼板是用气割加工的，或者翼板由几块叠焊起来，则可能在翼板边缘产生拉伸内应力，其失稳临界应力比一般的焊接 H 形截面高。杆件内应力的影响同截面形状有关，对于箱形截面的杆件，内应力的影响比 H 形截面要小。内应力的影响只在杆件一定的长细比（λ）范围内起作用。当杆件的 λ 较大，杆件的临界应力比较低，若内应力的数值也比较低，外载应力与内应力之和未达到 R_{eL}，杆件就会失稳，这种情况下内应力对杆件稳定性产生不利影响。

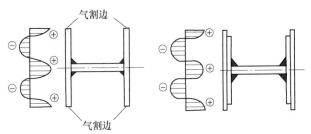
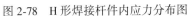
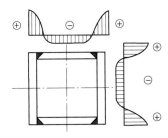

图 2-78　H 形焊接杆件内应力分布图　　　图 2-79　箱形焊接杆件内应力分布

（七）焊接应力对构件应力腐蚀开裂的影响

应力腐蚀开裂（简称应力腐蚀）是拉应力和腐蚀共同作用下产生裂纹的一种现象。它常出现于锅炉用钢、黄铜、高强度铝合金和不锈钢中，凝汽器管、矿山用钢索、飞机紧急刹车用高压气瓶内壁等所产生的应力腐蚀也很显著。应力腐蚀开裂过程大致可分为三个阶段：第一阶段，局部腐蚀逐渐发展成微小裂纹；第二阶段，微小裂纹在应力和腐蚀的交替作用下，即在应力作用下，形成裂纹新界面，新界面又被腐蚀，这样裂纹不断地扩展；第三阶段，当裂纹扩展到一个临界值时，就在应力的作用下以极快的速度迅速扩展而造成脆性断裂。第三阶段在某些结构中不一定发生，例如容器，当裂纹扩展到一定时候就发生泄漏，而应力不再增加，此时裂纹也可能停止扩展。

【典型案例分析】　2011 年 11 月 6 日，松原石化位于气体分馏装置冷换框架一层平台最北侧的脱乙烷塔顶回流罐，突然发生爆炸，罐体西侧封头母材在焊缝附近不规则断裂，导致封头 85% 的部分从安装地点沿西北方向飞出 190 m，落至成品油泵房砖砌围墙处，围墙被砸倒约 4 m²，碰撞产生的冲击波将泵房所有玻璃击碎。其余罐体连同鞍座支架在巨大的反作用力作用下，挣断与平台的焊接，向东飞行 80 m，从二套催化裂化装置操作室及循环水泵房房顶掠过，将操作室顶棚和部分墙体刮塌，将循环水泵房东侧管带处房顶砸塌 5 m² 左右。罐体爆炸后，罐内介质（乙烷与丙烷的液态混合物）四处喷溅、气化，并在空气中扩散、弥漫，与空气中的氧气充分混合达到爆炸极限，间隔 12 s 后，遇明火发生闪爆。

经过事故损失情况统计，此次爆炸事故造成 4 人死亡，1 人重伤，6 人轻伤，直接经济损失 869 万元。

事故直接原因是硫化氢应力腐蚀导致回流罐破裂。具体讲，是由于硫化氢在含有微量水的情况下电离出氢离子，在 0~65 ℃温度范围内，生成氢气。氢原子在压力作用下渗入钢的晶格内部，并融入晶界间，融入晶格中的氢在晶格等处形成很大的应力集中，超过晶界处强度后生成微裂纹。微裂纹不断扩展，致使罐体封头在焊缝附近热影响区发生微小破裂，导致介质小量泄漏，10 min 内罐内压力下降了 0.037 MPa，随着微小裂口的发展增大，使罐体封头强度急剧减弱后，罐体封头突然整体断裂，首先发生物理爆炸，罐内 3 t 介质全部外泄，迅速挥发，变成气体与空气混合达到爆炸极限，12 s 后遇明火发生闪爆（物理爆炸）。

由于焊接拉应力降低构件拉应力腐蚀的能力，所以某些海洋工程结构的焊接接头要采用消除应力措施。而有些结构工作应力比较低，本来不会在规定年限内产生应力腐蚀，但是焊接后由于残余应力较大，并和内应力叠加，这就促使焊缝附近很快产生了应力腐蚀。当然消除内应力不是唯一的办法，还可以从防腐和涂装保护等方面采取措施。

四、在焊接过程中调节内应力的措施

在焊接过程中采用一些简单的工艺措施往往可以调节内应力，降低残余应力的峰值，避免在大面积内产生较大的拉应力，并使内应力分布更为合理。这些措施不但可以降低残余应力，而且也可以降低焊接过程中的内应力，因此有利于消除焊接裂纹。主要措施如下所述。

（一）采用合理的焊接顺序和方向

焊接应力是因为焊缝区域金属在纵向和横向两个方向受到拘束与限制而无法自由收缩造成的。从这一角度出发，减小焊接应力需要根据部件特点选择适宜的装配和焊接顺序。焊接顺序的原则为：减小拘束度，使焊缝能自由地伸缩；多种焊缝时，应先焊收缩量大的焊缝；长焊缝宜采用从中间向两头焊接的方法，避免从两头向中间焊接。

图 2-80 所示为对接焊缝同角焊缝交叉的结构。对接焊缝①的横向收缩量大，因此根据上述原则，应该先焊该焊缝，完成该焊缝焊接后再进行角焊缝②的焊接。如果采用相反的焊接顺序，即先焊角焊缝②后焊对接焊缝①，则在焊接对接焊缝①时，由于此时横向收缩受限，易导致裂纹产生，而且即使不产生裂纹，其残余应力区域及峰值也会增加。

先焊工作时受力较大的焊缝，如图 2-81 所示，在工地焊接梁的接头时，应预先留出一段翼缘角焊缝最后焊接，先焊受力最大的翼缘对接焊缝①，然后焊接腹板对接焊缝②，最后再焊接翼缘角焊缝③。这样的焊接顺序可以使受力较大的翼缘焊缝预先承受压应力，而腹板则为拉应力。翼缘角焊缝留在最后焊接，则可使腹板有一定的收缩余地，同时也可以在焊接翼缘板对接焊缝时采取反变形措施，防止产生角变形。试验证明，用这种焊接顺序焊接的梁，疲劳强度比先焊腹板后焊翼缘板的高 30%。

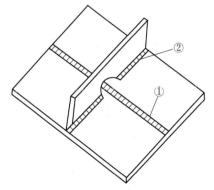

图 2-80 对接焊缝同角焊缝交叉布置结构形式
①—对接焊缝；②—角焊缝

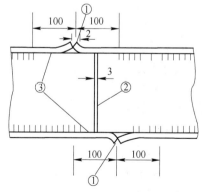

图 2-81 按受力大小确定焊接顺序
①，②—对接焊缝；③—角焊缝

在拼板时，应先焊错开的短焊缝，然后焊直通的长焊缝，如图 2-82 所示。采用相反

的次序，即先焊焊缝③，再焊焊缝①和②，则由于短焊缝的横向收缩受到限制将产生很大的拉应力。在焊接交叉（不论是丁字交叉或十字交叉）焊缝时，应该特别注意交叉处的焊缝质量。如果在附近纵向焊缝的横向焊缝处有缺陷（如未焊透等），则这些缺陷正好位于纵焊缝的拉伸应力场中，如图 2-83 所示，造成复杂的三轴应力状态。此外，缺陷尖端部位的金属，在焊接过程中不但经受了一次焊接热循环，而且由于应力集中，同时又依次受到了比其他没有缺陷的地方大得多的挤压和拉伸塑性变形过程，消耗了材料的塑性，对强度大为不利，这往往是脆性断裂的根源。

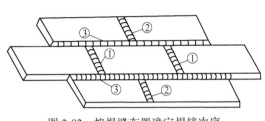

图 2-82   按焊缝布置确定焊接次序

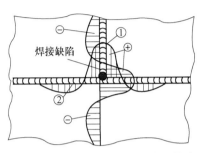

图 2-83   交叉焊缝的应力分布及缺陷

大国工程："鸟巢"控制焊接应力的方法

　　国家体育场"鸟巢"钢结构马鞍形双曲面结构是旋转对称体系，对焊接而言规律性不强，"鸟巢"钢结构焊接工程执行《国家体育场钢结构现场焊接管理规程》的管理重点，实现控制"鸟巢"钢结构的焊接应力与应变，具体方法如下：

　　1. 总体思路

　　协同安装，科学编程；先主后次，先大后小，高能密度，较小输入，分段跳焊。

　　2. 焊接顺序

　　"控制两点，确定方向，单杆双焊，双杆单焊，逐渐向合拢点逼近"。其中最主要的是控制起点和固定口，因为起点是结构安全和稳定的必须控制点，固定口不能设置在构件重心或靠近重心和应力集中的地段。

　　根据主结构"分区安装，分步进行，基本对称，控制合龙"的思想，确定的焊接程序为：第一步，以柱为点，弧线同步，内外并进，分头进行，监测应变，谨慎合龙；第二步，扇形分中，多点同步，分向进行，异向合龙。

　　3. 次结构的焊接顺序

　　按吊装顺序进行，原则上先焊横杆件，后焊竖杆件。"从下向上（立面次结构），以桁架柱（主结构）为中心对称施焊；自由变形控制合拢。"

　　由于焊接顺序编排合理，"鸟巢"钢结构体系应力与应变基本均匀，在卸载工程中得到了充分的检验，应力和变形全部控制在十分理想的范畴以内。

（二）降低局部刚度

在进行平板镶板焊接时，封闭焊缝承受极高的拘束度，焊后焊缝的纵向与横向残余应力均处于较高水平，易造成构件开裂。在锅炉制造和安装行业，具有该结构特征的插入式管座角焊缝产生裂纹时有发生，也反映了该结构应力较高的特点。减小该类结构焊接应力的有效方法为设法减少该封闭焊缝的拘束度。图 2-84 所示为焊前对平板和镶板的边缘适当翻边，做出反变形形状，可有效减少拘束度和变形。在实际应用中，如果反变形量预留合适，焊后残余应力将显著减少，而且镶板和平板可保持平齐。

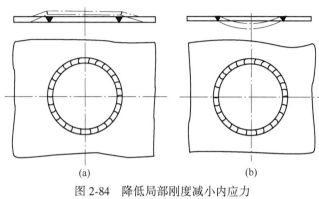

图 2-84　降低局部刚度减小内应力

（a）平板少量翻边；（b）镶板压凹

（三）锤击法

锤击消应力法在焊接过程中具有广泛的应用。它通过在焊接过程中对每道焊缝进行锤击，使焊缝产生塑性变形，抵消一部分收缩变形来减小焊接拉应力。锤击一般以手工操作为主，操作时间一般在拉应力形成时（温度为 $800\sim500\ ℃$）开始，这时金属的塑性和延展性较高。但是对于含碳量及合金含量较高的金属，低于 $500\ ℃$ 时，不宜进行锤击，否则有开裂风险。脆性材料锤击次数不宜过多，一般也不进行打底层（第一层）及表层焊缝的锤击。锤击应保持均匀、适度，避免锤击过分产生裂纹。

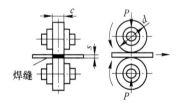

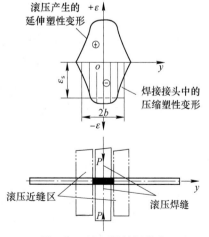

图 2-85　滚压焊缝调节和消除残余应力示意图

（四）碾压法

碾压法又称滚压法，它在焊接过程中用窄轮碾压焊缝和近缝区表面，使被碾压部位发生塑性延伸变形，以达到调节和消除焊接应力与变形的目的。该方法一般适用于薄板对接焊缝，设备结构及原理如图 2-85 所示。通过调节滚轮压力控制变形量，一般而言，焊缝纵向塑性伸长量为 $(1.7\sim2.0)\varepsilon$，即可补偿因焊接所造成的压缩塑性变形。

（五）加热减应区

在焊接过程中对阻碍焊接区自由伸缩的部位被称为"减应区"，在焊接过程中通过控制该区域的受热情况（是指与焊接区同时膨胀和同时收缩），则可起到减少焊接应力的作用。此法被称为加热减应区法。

图 2-86 所示为加热减应区法的原理图。图中中心构件发生断裂需进行修复，如果不采取其他措施而直接进行焊接，则焊缝横向受到较大收缩，会导致开裂。采用加热减应区法，焊前在两侧构件的减应区同时加热，两侧受热膨胀，中心构件的断口膨胀，其间隙增加。在这种情况下进行焊接，焊后停止加热。由于此时焊缝和两侧加热区同时冷却收缩，拘束效应明显减小，因此焊接应力也相应减小。例如图 2-87(a) 所示的大皮带轮或齿轮的某一轮辐需要焊修，为了减少内应力，则在需焊修的轮辐两侧轮缘上进行加热，使轮辐向外产生变形。而图 2-87(b)，焊缝在轮缘上，则应在焊缝两侧的轮辐上进行加热，使轮缘焊缝产生反变形，然后进行焊接，都可取得良好的降低焊接应力的效果。

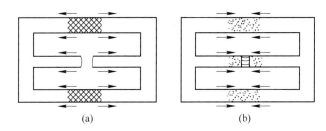

(a)　　　　　　　　　　　　(b)

▨▨▨ 被加热的减应区；⋯⋯ 受热后冷却收缩区；◢ ◣ 热膨胀或冷收缩方向

图 2-86　加热减应区法原理示意图

（a）加热过程；（b）冷却过程

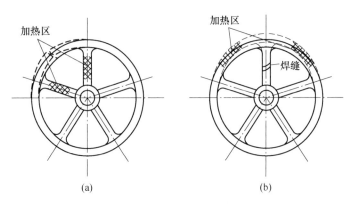

(a)　　　　　　　　　　　　(b)

图 2-87　轮辐、轮缘断口焊接（实线表示加热前，虚线表示加热后）

采用该种方法时，准确选择减应区是关键。减应区的选择原则为：只加热阻碍焊接区膨胀或收缩的部位。在实际操作中，常采用如下方法：用气焊炬对选定区域进行加热，如果焊缝间隙张开，则表明选择正确，反之则表明选择区域错误。图 2-88 所示为典型焊接减应区选择实例。

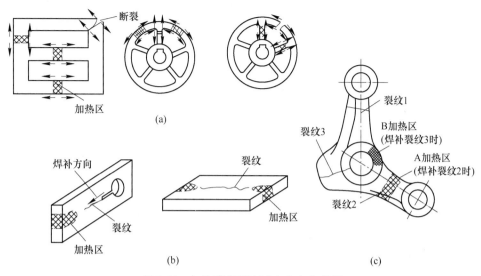

图 2-88　加热感应区法减小内应力实例

（a）框架与杆系类构件加热；（b）以边、角、棱等处作加热区；（c）机车摇臂断裂焊补加热区

五、焊后消除焊接内应力的方法

虽然在结构设计时考虑了焊接残余应力的问题，在工艺上也采取了一定的措施来防止或减小焊接残余应力，但由于焊接应力的复杂性，结构焊接完以后仍然可能存在较大的焊接残余应力。另外，有些结构在装配过程中还可能产生新的残余应力，这些焊接残余应力及装配应力都会影响结构的使用性能。焊后是否需要消除残余应力，通常由设计部门根据钢材的性能、板厚、结构的制造及使用条件等多种因素综合考虑后决定。任何产品，最好是通过必要的科学试验，或者分析同类产品在国内外长期使用中所出现过的问题来确定。在下列情况中一般应考虑消除内应力：

（1）在运输、安装、起动和运行中可能遇到低温，有发生脆性断裂危险的厚截面焊接结构。

（2）厚度超过一定限度的焊接压力容器。例如，《钢制压力容器》（GB 150—2011）规定，碳素钢厚度大于 32 mm，16MnR 钢厚度大于 30 mm，16MnVR 钢厚度大于 28 mm 的焊接容器，焊后应进行热处理。

（3）焊后机械加工量较大，不消除残余应力难以保证加工精度的结构。

（4）对尺寸稳定性要求较高的结构。如精密仪器和量具座架、机床床身、减速箱箱体等。

（5）有应力腐蚀危险的结构。

常用消除残余应力的方法如下：

（1）热处理法。热处理法是利用材料在高温下屈服点下降和蠕变现象来达到松弛焊接残余应力的目的，同时热处理还可改善焊接接头的性能。生产中常用的热处理法有整体热处理和局部热处理两种。

1）整体热处理。整体热处理是将整个构件缓慢加热到一定的温度（低碳钢为 650 ℃），并在该温度下保温一定的时间（一般按每毫米板厚保温 2～4 min，但总时间不少于 30 min），然后空冷或随炉冷却。整体热处理消除焊接残余应力的效果取决于加热温度、保温时间、加热和冷却速度、加热方法和加热范围。一般而言，温度越高、高温时间越长，则应力消除效果越好。但温度过高会造成材料软化，甚至发生相变导致材料性能劣化进而部件报废，这也是实际生产需要关注的问题。通过整体热处理，一般可消除 60%～90% 的焊接残余应力，在生产中应用比较广泛。

2）局部热处理。对于某些不允许或不可能进行整体热处理的焊接结构，可采用局部热处理。局部热处理就是将构件焊缝周围局部应力很大的区域及其周围，缓慢加热到一定温度后保温，然后缓慢冷却。其消除应力的效果不如整体热处理，它只能降低焊接残余应力峰值，不能完全消除焊接残余应力。但是对于电站锅炉管道等部件，在进行安装时其管道无法进行整体热处理，而只能选择局部热处理的措施。实践证明，这种处理方式对于减少焊件残余应力也是一种非常有效的手段。

为了保证加热效果，一般会对热处理时的加热宽度、保温层厚度、热电偶布置进行详细规定。局部热处理加热的热源包括火焰、远红外、工频感应等。同整体热处理类似，局部热处理的主要控制参数同样包括加热速度、保温温度和时间。在进行这些参数的选择时同样需要综合考虑部件的材质、厚度等因素。焊后局部热处理能在一定程度上控制应力状态，达到消除局部应力和改善焊缝韧性的目的。但这种方法不适用于改善尺寸稳定性，因为在多数情况下这种方式只是使得残余应力发生位移和分散。对复杂结构进行局部热处理时，其加热和冷却应当尽量"对称"，以避免产生较大面积的新的残余应力以及可能产生的较大的反作用内应力。

图 2-89 所示为某往复式天然气压缩机机组管道的热处理示意图，该管道材料为 Q345E 钢，部分管道的外径为 168 mm、壁厚为 26 mm。热处理温度为 610～630 ℃，保温时间为 1.04 h。300 ℃ 以上的升温速率应控制在 90～200 ℃/h，降温速率控制在 90～150 ℃/h，300 ℃ 以下空冷。管道局部热处理设备为国产 WCK-C-60 智能温控设备、K 型热电偶、LCD 型履带式加热器和硅酸铝纤维棉。硅酸铝纤维棉保温宽度不小于 2 倍加热器宽度，硅酸铝纤维棉厚度一般不小于 50 mm。管道的两端用硅酸铝纤维棉密封。

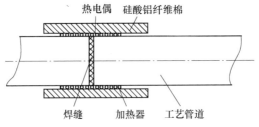

图 2-89 压缩机管道焊接后局部热处理示意图

（2）机械拉伸法。机械拉伸法是采用不同方式在构件上施加一定的拉应力，使焊缝及其附近产生拉伸塑性变形，与焊接时在焊缝及其附近所产生的压缩塑性变形相互抵消一部分，达到松弛焊接残余应力的目的。实践证明，拉伸载荷加得越高，压缩塑性变形量就抵消得越多，残余应力消除得越彻底。在压力容器制造的最后阶段，通常要进行水压试验，其目的之一也是利用加载来消除部分残余应力。

（3）温差拉伸法。温差拉伸法的基本原理与机械拉伸法相同，其不同点是机械拉伸法采用外力进行拉伸；温差拉伸法是采用局部加热膨胀力来拉伸压缩塑性变形区。如图 2-90 为温差拉伸法示意图，在焊缝两侧用一适当宽度（一般为 100~150 mm）的氧乙炔焰喷嘴加热焊件，使焊件表面加热到 200 ℃ 左右，以造成两侧温度高、焊缝区温度低的温度场，两侧金属的热膨胀对中间温度较低的焊缝区进行拉伸，产生拉伸塑性变形抵消焊接时所产生的压缩塑性变形，从而达到消除焊接残余应力的目的。在火焰喷嘴后面一定距离用水管喷头冷却，及时消除温差拉伸区域之后的温

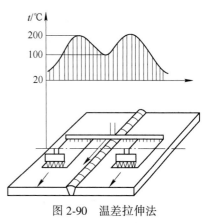

图 2-90　温差拉伸法

度场。如果加热温度和加热范围选择适当，消除焊接残余应力的效果可达 50%~70%。

（4）锤击焊缝。在焊后用锤子或一定直径的半球形风锤锤击焊缝，可使焊缝金属产生延伸变形，能抵消压缩塑性变形，起到减小焊接残余应力的作用。锤击要适度，以免锤击过度产生裂纹。

（5）振动法。振动时效或振动消除应力法（VSR）是利用偏心轮和变速电动机组形成的激振器，使结构发生共振，产生的循环应力与内应力叠加，使内应力较高处产生局部塑性变形，因而内应力减小。其效果取决于激振器、焊件支点位置、激振频率和时间。振动法所用设备简单、价格低，节省能源，处理费用低，时间短（从数分钟到几十分钟），也没有高温回火时的金属表面氧化等问题。故目前在焊件、铸件、锻件中，为了提高尺寸稳定性多采用此方法。

（6）爆炸法。爆炸法消除残余内应力是通过布置在焊缝及其附件的炸药带，引爆产生的冲击波与残余应力的交互作用，使金属产生适量的塑性变形，残余应力因而得到松弛。根据焊件厚度和材料性能，选定恰当的单位焊缝长度上的炸药量以及布置方式是取得良好残余应力消除效果的决定性因素。图 2-91 示出了部分用于大型中厚板焊接结构爆炸消除焊接应力部分布药方式。平板对接多在焊接残余拉应力区布药，曲面板对接的接头，如容器和管道上的焊缝，可以在内外表面布药。爆炸消除焊接残余应力已在国内外压力容器、化工反应塔、管道、水工结构和箱形梁等结构中得到应用。但是这种操作方法对安全性要

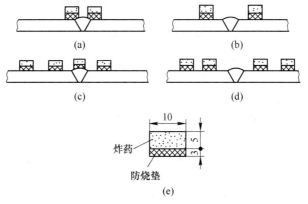

图 2-91　爆炸消除内应力法炸药布置示意图

求极高，操作时必须严格按照国家有关条例和相关操作规程要求进行。

六、焊接残余应力的测定

目前，测定焊接残余应力的方法主要可归结为两类，即机械方法（应力释放法）和物理方法（无损检测法）。

1. 机械方法（应力释放法）

应力释放法是利用机械加工，将试件切开或切去一部分，通过测定由此而释放的弹性应变，来推算构件中原有的残余应力。

（1）切条法。此方法加工麻烦，要完全破坏焊件，但测定残余应力比较准确。所以，该方法只适用于实验室中进行研究工作。

（2）钻孔法。测定残余应力时所钻的孔可以是盲孔，也可以是 $\phi 2 \sim 3\,mm$ 的通孔，它适用于焊缝及其附近小范围内残余应力的测定，并可现场操作，能很快测得指定点的主应力及其方向，测量结果比较准确。由于钻孔法所钻孔径较小，对结构的破坏性很小，特别适用于没有密封要求的结构；对有密封要求的结构，可采用盲孔，测试完毕后用电动砂轮将其磨平。

2. 物理方法（无损检测法）

常用的有磁性法、X 射线衍射法及超声波法等，它们不损坏被测工件。

（1）磁性法。它利用铁磁材料磁化时，应力方向大小不同，其导磁率和磁致伸缩效应也不同的特性，来测量残余应力。该方法目前在生产中已获得了应用，市场上已有仪器出售，测量仪器轻巧、简单，测量方便、迅速，但因集肤效应，可测表面应力，如何消除误差干扰信号是这类测量仪器的关键。

（2）X 射线衍射法。它是根据测定金属晶体的晶格常数在应力作用下发生的变化律来测定残余应力的，我国已生产出了可用于现场操作的轻便型 X 射线残余应力测定仪。这种方法只能测定表面应力，对被测表面精度要求较高，测量仪器的价格也比较高。

（3）超声波法。它是根据超声波在不同应力的试件中传播速度的变化规律来测定残余应力的，它可用于测定三维空间的残余应力，但这种方法目前还处在实验室研究阶段，国外已有仪器出售。

综合练习

2-1　填空题

（1）按焊接变形的特征，可分为＿＿＿＿＿＿、＿＿＿＿＿＿、＿＿＿＿＿＿、＿＿＿＿＿＿和＿＿＿＿＿＿这五种基本变形形式。

（2）当焊接残余变形超出技术要求时，必须矫正焊件的变形。常用的矫形方法有：＿＿＿＿＿、＿＿＿＿＿和＿＿＿＿＿三种基本方法。

（3）在焊接结构中，焊缝及其附近区域的纵向残余应力为＿＿＿＿＿＿＿，一般可到材料的＿＿＿＿＿＿，离开焊缝区，＿＿＿＿＿急剧下降并转为＿＿＿＿＿。

（4）T 形梁、工字梁和箱形梁纵向残余应力的分布情况为：一般情况下焊缝及其附近区域中总是存在＿＿＿＿＿，而在腹板的中部则会产生＿＿＿＿＿。

2-2 解释下列名词术语

应力、内应力、工作应力、热应力、组织应力、拘束应力、变形、弹性变形、塑性变形、自由变形、外观变形、内部变形。

2-3 简答题

(1) 如图 2-92 所示，截面两端固定，试分析并画出 A—A 截面上的应力分布。

(2) 预热法与冷焊法的实质是否一样，为什么？

(3) 预防焊接变形的措施有哪几种？简述其原理。

(4) 防止和减小焊接应力的措施有哪几种？简述其原理。

(5) 消除焊接残余应力的方法有哪几种？简述其原理。

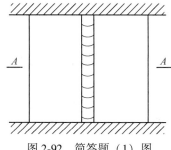

图 2-92 简答题 (1) 图

项目三　焊接符号表示及焊缝强度基础知识

学习目标：通过本章的学习，了解各种焊接接头的类型、符号表示和应力分布情况，掌握焊接接头静载强度计算方法，以及焊接结构疲劳断裂、脆性断裂的特点、提高疲劳强度的主要措施以及预防脆性断裂的主要措施。

任务一　焊接接头及符号表示

在焊接结构中，焊接接头主要起两方面的作用：一是连接作用，即把被焊工件连接成一个整体；二是传力作用，即传递被焊工件所承受的载荷。

一、焊接接头及其组成

（一）焊接接头的基本概念

焊接接头是指用焊接方法连接的接头，它由焊缝、熔合区、热影响区及其邻近的母材组成，如图 3-1 所示。焊接连接形成的焊接接头是焊接结构的最基本要素，在许多情况下，它又是焊接结构上的薄弱环节。影响焊接接头性能的因素较多，如图 3-2 所示。这些因素可归纳为两个方面：一个是力学方面的影响因素，另一个是材质方面的影响因素。

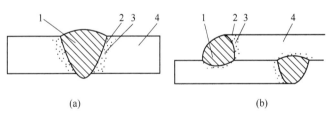

图 3-1　熔化焊焊接接头的组成

（a）对接接头断面图；（b）搭接接头断面图

1—焊缝金属；2—熔合区；3—热影响区；4—母材

在力学方面影响焊接接头性能的因素有接头形状不连续性、焊接缺陷、残余应力和焊接变形等。接头形状的不连续性，如焊缝余高和施焊中可能造成的接头错位等，都是应力集中的根源；特别是未焊透和焊接裂纹等焊接缺陷，往往是接头破坏的起点。

在材质方面影响焊接接头性能的因素主要有：焊接热循环所引起的组织变化，焊接材料引起的焊缝化学成分的变化，焊接过程中的热塑性变形循环所产生的材质变化，焊后热处理所引起的组织变化和矫正变形引起的加工硬化等。

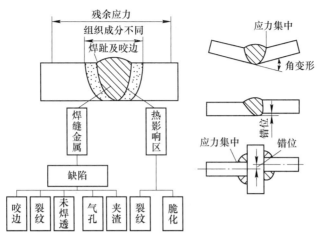

图 3-2　影响焊接接头性能的主要因素示意图

在实际中上述各影响因素可能复杂地交错在一起，导致焊接接头性能劣化，从而增加了结构破坏的可能性。其中影响最突出的问题有：

（1）几何上的不连续性（外形尺寸突变，可能存在各种焊接缺欠）引起应力集中，减小承载面积，形成断裂源。

（2）力学性能上的不均匀性（可能存在脆化区、软化区、各种劣质区）。

（3）焊接变形与残余应力的存在。

（二）焊接接头的基本形式

焊接接头的种类和形式很多，可从不同角度进行分类。例如，可按所采用的焊接方法、接头构造形式以及坡口形状、焊缝类型等进行分类。

根据焊接方法不同，焊接接头可以分为熔焊接头、压焊接头和钎焊接头三大类。根据接头的构造形式不同，焊接接头可分为对接接头、T 形接头、十字接头、搭接接头、盖板接头、套管接头、塞焊（槽焊）接头、角接接头、卷边接头和端接接头 10 种类型，如果同时考虑构造形式和焊缝传力特点，这 10 种接头类型中又有若干类型具有本质上的结构类似性。

在焊接结构中，一般根据结构的形式、钢板的厚度、对强度的要求以及施工条件等情况来选择接头形式，常用焊接接头的基本形式有 4 种：对接接头、T 形（十字）接头、角接接头和搭接接头，如图 3-3 所示。

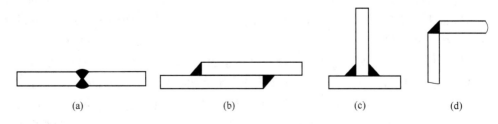

图 3-3　焊接接头的基本类型

（a）对接接头；（b）搭接接头；（c）T 形接头；（d）角接接头

（1）对接接头。由两焊接面相对平行连接的接头称为对接接头。与其他类型的接头相比，它的受力状况最好，应力集中程度较小，能承受较大的静载荷或动载荷，是最广泛使用的一种焊接接头基本形式。从焊接力学角度来讲也是比较理想的接头形式，一般重要结构的焊接接头大多采用对接接头。焊接对接接头时，为了保证焊接质量、减小焊接变形和焊接材料消耗，根据板厚或壁厚的不同，往往把被焊工件的对接边缘加工成各种形式的坡口，进行坡口对焊。对接接头常用的坡口形式有单边卷边、双边卷边、I 形、V 形、单边 V 形、带钝边 U 形、带钝边 J 形、双 V 形、带钝边双 V 形以及双 J 形等，如图 3-4 所示。

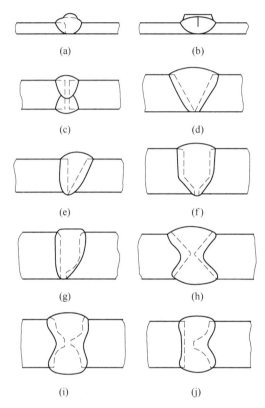

图 3-4　对接接头坡口形式

（a）单边卷边；（b）双边卷边；（c）I 形；（d）V 形；（e）单边 V 形；（f）带钝边 U 形；

（g）带钝边 J 形；（h）双 V 形；（i）带钝边双 U 形；（j）带钝边双 J 形

（2）角接接头。由两焊件端部构成大于 30°、小于 135°的夹角，以角度连接的接头形式称为角接接头。角接接头多用于箱形构件上，常见的连接形式如图 3-5 所示。它的承载能力视其连接形式不同而各异，图 3-5（a）所示为最简单的角接接头，但承载能力最差，特别是当接头处承受弯曲力矩时焊根处会产生严重的应力集中，焊缝容易自根部断裂；图 3-5（b）所示为采用双面角焊缝连接，其承载能力可大幅提高；图 3-5（c）和图 3-5（d）所示为开坡口焊透的角接接头，有较高的强度，而且在外观上具有良好的棱角，但厚板时可能出现层状撕裂；图 3-5（e）和图 3-5（f）所示结构易装配，省工时，是最经济的角接接头；图 3-5（g）所示为保证接头具有准确直角的角接接头，并且刚性大，但角钢厚度应大于板厚；图 3-5(h) 所示为最不合理的角接接头，焊缝多而且不易施焊，结构的总质量也较大，浪费大量材料。

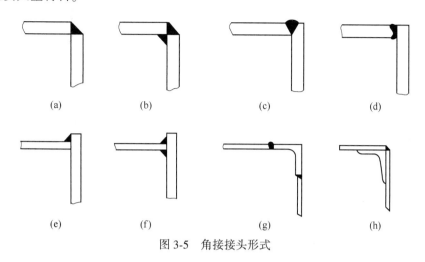

(a)　　　　　(b)　　　　　(c)　　　　　(d)

(e)　　　　　(f)　　　　　(g)　　　　　(h)

图 3-5　角接接头形式

（3）T 形接头。由一焊件的端面与另一焊件表面构成直角或近似直角的接头形式称为 T 形接头，如图 3-6 所示。这种接头是典型的电弧焊接头，能承受各种方向的力和力矩，如图 3-7(b) 所示。它的种类较多，常见的如图 3-6 所示。在计算接头强度时，开坡口焊透的 T 形及十字接头的接头强度可按对接接头计算，特别适用于承受动载的结构。这类接头在钢结构中应用较多，其适用范围仅次于对接接头，特别是船体结构中约 70% 的焊缝是T 形接头。

T 形接头应避免采用单面角焊缝，因其根部有很深的缺口，承载能力非常低。对较厚的板可采用 K 形坡口（图 3-6(b)），根据受力情况决定是否需要焊透，这样做与不开坡口（图 3-6(a)）而用大尺寸角焊缝相比，不仅经济性好，而且接头疲劳强度高。对要求完全焊透的 T 形接头，采用单边 V 形坡口（图 3-6(c)）从一面施焊、焊后在背面清根焊满，比采用 K 形坡口施焊更加可靠。

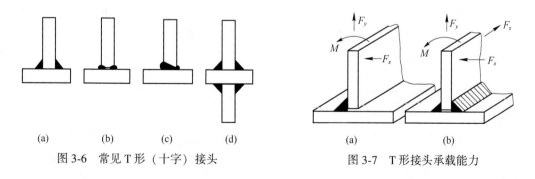

(a)　　(b)　　(c)　　(d)

图 3-6　常见 T 形（十字）接头

(a)　　　　　(b)

图 3-7　T 形接头承载能力

（4）搭接接头。由两焊件部分搭叠构成的连接接头形式称为搭接接头。搭接接头的应力分布不均匀，疲劳强度低，是一种不十分理想的接头形式。但是它的焊前准备和装配工作比对接接头简单得多，其横向收缩量也比对接接头小，所以在受力较小的焊接结构中仍能得到较广泛的应用。

搭接接头有多种连接形式，最常见的是角焊缝组成的搭接接头，一般用于厚度在

12 mm 以下的钢板焊接。除此之外，还有开槽焊、塞焊、锯齿缝搭接等多种形式。不带搭接件的搭接接头一般采用正面角焊缝、侧面角焊缝或正面、侧面联合角焊缝连接，有时也用塞焊缝、槽焊缝连接，见图 3-8。

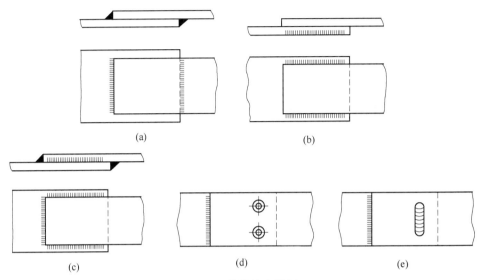

图 3-8　搭接接头举例

（a）正面角焊缝连接；（b）侧面角焊缝连接；（c）联合角焊缝连接；

（d）正面角焊缝+塞焊缝连接；（e）正面角焊缝+槽焊缝连接

开槽焊搭接接头的构造见图 3-9，先将被连接件冲切成槽，然后用焊缝金属填满该槽，槽焊焊缝断面为矩形，其宽为被连接件厚度的两倍，开槽长度应比搭接长度稍短一些。当被连接件的厚度不大时，可采用大功率的埋弧焊或 CO_2 气体保护焊，不开槽也有可能熔透，使两个焊件连接起来。

塞焊是在被连接的钢板上钻孔来代替开槽焊的槽形孔，用焊缝金属将孔填满使两板连接起来，有时也叫电铆焊，见图 3-10。塞焊可分为圆孔内槽焊和长孔内塞焊两种。当被连接板厚小于 5 mm 时，可以采用大功率的埋弧焊或 CO_2 气体保护焊直接将钢板熔透而不必钻孔。这种接头施焊简单，特别对于一薄一厚的两焊件连接最为方便，生产效率较高。

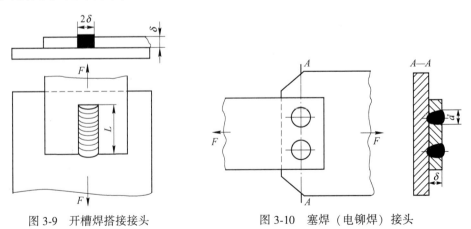

图 3-9　开槽焊搭接接头　　　　　图 3-10　塞焊（电铆焊）接头

锯齿缝搭接接头如图 3-11 所示,这是单面搭接接头的一种形式。直缝单面搭接接头的焊接接头强度和刚度比双面搭接接头低得多,所以只能用在受力很小的次要部位。对背面不能施焊的接头采用锯齿形焊缝搭接,有利于提高强度和刚度。若在背面施焊很困难时,用这种接头形式比较合理。

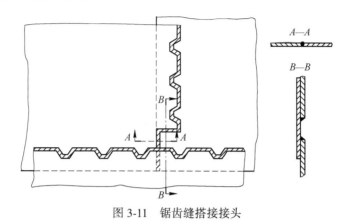

图 3-11　锯齿缝搭接接头

二、焊缝与坡口形式

根据焊接接头传力情况,将焊缝分为联系焊缝与承载焊缝两种。联系焊缝:焊缝与被焊工件并联的接头,传递载荷小;承载焊缝:焊缝与被焊工件串联的接头,传递全部载荷。

当焊件厚度超过一定尺寸时,应在焊件的待焊部位加工成一定几何形状的坡口。焊前加工坡口的目的在于使焊接容易进行,保证焊接接头达到良好的根部焊透和完善的焊接质量,并带来较好的经济效果。

（一）坡口形式分类

坡口根据其形状的不同,可分为基本型、组合型、特殊型。

（1）基本型坡口。形状简单、加工容易、应用普遍,包括 I 形坡口、V 形坡口、单边 V 形坡口、U 形坡口、J 形坡口。

（2）组合型坡口。由两种或两种以上基本型坡口组成,包括 Y 形坡口、VY 形坡口、UY 形坡口、双 Y 形坡口、双 V 形坡口、2/3 双 V 形坡口、双单边 V 形坡口、带钝边双 U 形坡口、带钝边双 J 形坡口、带钝边 J 形坡口、带钝边单边 V 形坡口、带钝边双单边 V 形坡口、带钝边 J 形单边 V 形坡口等。

（3）特殊型坡口。不属于基本型又不同于组合型的形状特殊的坡口,如卷边坡口、带垫板坡口、锁边坡口、塞（槽）焊坡口等。

双面不对称坡口用于下列情况:

（1）需清根的焊接接头,为做到焊缝两侧的熔敷金属量相等,清根一侧的坡口要小一些;

（2）固定接头必须仰焊时,可将仰焊一侧的坡口设计小一些;

（3）为防止清根后产生根部深沟槽,浅坡口一侧的坡口角度应增大。

（二）坡口尺寸

坡口尺寸如图 3-12 所示。

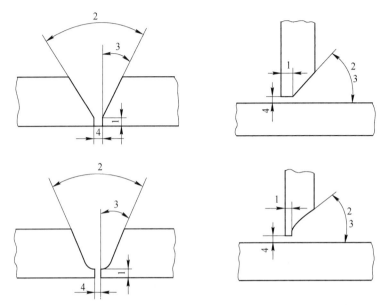

图 3-12 焊缝坡口几何尺寸

1—钝边；2—坡口角度；3—坡口面角度；4—根部间隙

（1）坡口面角度和坡口角度。焊件表面的垂直面与坡口面之间的夹角称为坡口面角度，两坡口面之间的夹角称为坡口角度。坡口角度由坡口形式和焊件厚度确定。

（2）根部间隙。焊接前，在焊接接头根部之间预留的空隙称为根部间隙。目的在于保证焊缝根部焊透。

（3）钝边。焊件开坡口时，沿焊件厚度方向未开坡口的端面部分称为钝边。目的在于防止焊接时根部被焊穿。

（4）根部半径。J 形和 U 形坡口底部的半径称为根部半径。目的在于增大坡口根部的空间，保证焊缝根部的焊透。

（三）坡口形式和尺寸的选择

依据焊接结构的特征、工件材质及厚度、焊缝质量要求、焊接方法和施焊条件等因素进行选定。一般来说，选择坡口形式与尺寸应考虑下列条件：

（1）坡口形式和尺寸应满足焊接工艺可操作性，保证焊接接头质量达到技术条件规定的要求。

（2）焊接质量的检查实施可行性。

（3）坡口加工设备条件。

（4）减少焊接材料的消耗量。

（5）减小焊接变形和焊接应力。

（6）提高生产效率，降低成本。

各种焊接接头的坡口形式及尺寸可按照《气焊、焊条电弧焊、气体保护焊和高能束焊的推荐坡口》(GB/T 985.1)、《埋弧焊的推荐坡口》(GB/T 985.2) 所列出的坡口形式和尺寸或根据工厂实际条件和经验选定。

三、焊缝符号标注方法

完整的焊缝符号包括基本符号、指引线、补充符号、尺寸符号及数据等。为了简化，在图样上标注焊缝时，通常只采用基本符号和指引线，其他内容一般在有关文件（如焊接工艺规程等）中明确。所标注的焊缝符号，应能清晰地表述所要说明的信息，不应使图样增加更多的注解。

（一）基本符号

基本符号是表示焊缝横截面的基本形式或特征的符号。表 3-1 为 GB/T 324—2008 标准中规定的基本符号。表 3-2 为在标注双面焊焊缝或接头时，基本符号的组合使用。

表 3-1　焊接基本符号

序号	名　称	示　意　图	符　号
1	卷边焊缝（卷边完全熔化）	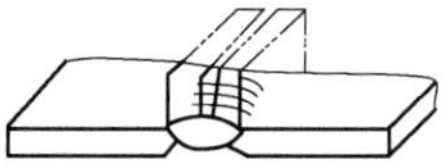	 八
2	I 形焊缝	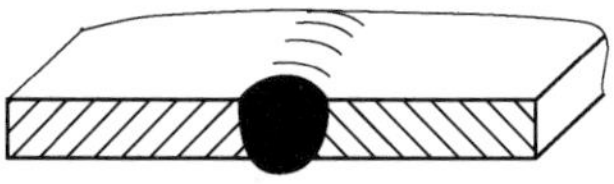	 ‖
3	V 形焊缝		 V
4	单边 V 形焊缝		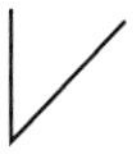 V
5	带钝边 V 形焊缝	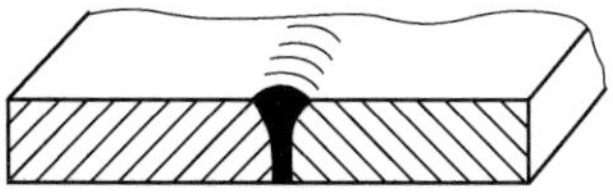	 Y
6	带钝边单边 V 形焊缝	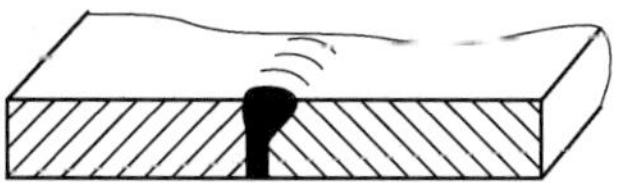	 Y

序号	名　称	示　意　图	符　号
7	带钝边 U 形焊缝	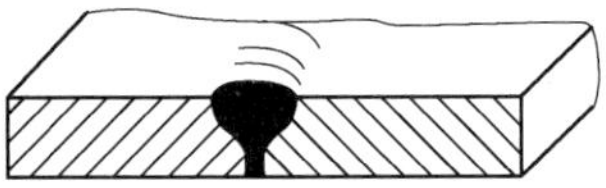	
8	带钝边 J 形焊缝	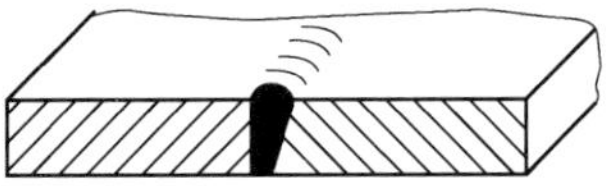	
9	封底焊缝	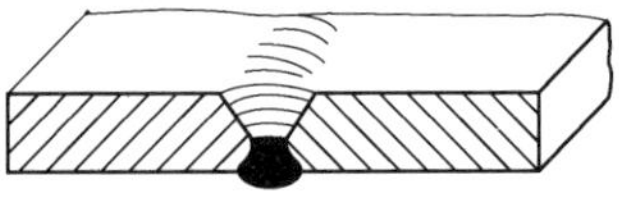	
10	角焊缝	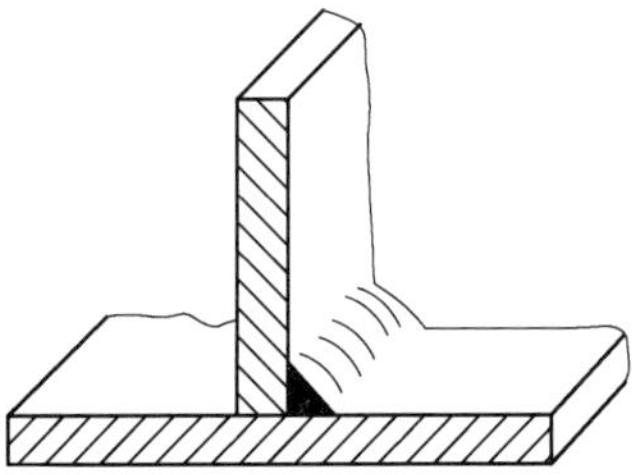	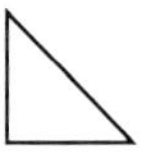
11	塞焊缝或槽焊缝	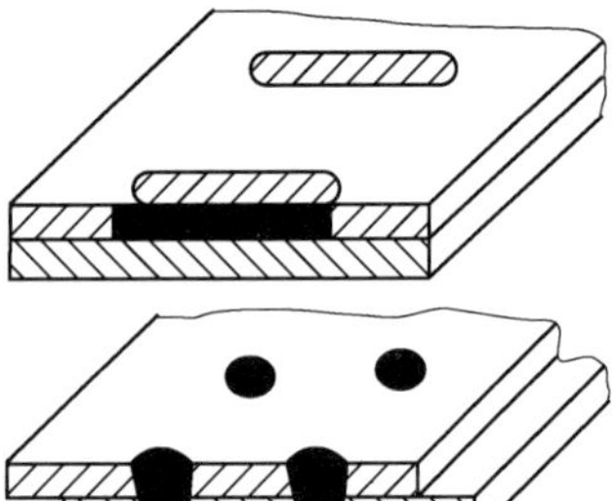	
12	点焊缝	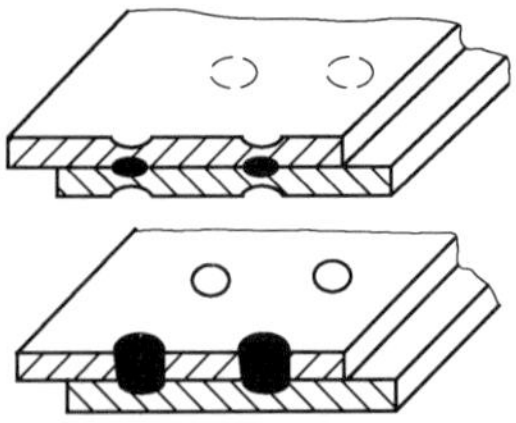	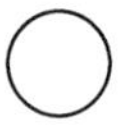

序号	名 称	示 意 图	符 号
13	缝焊缝	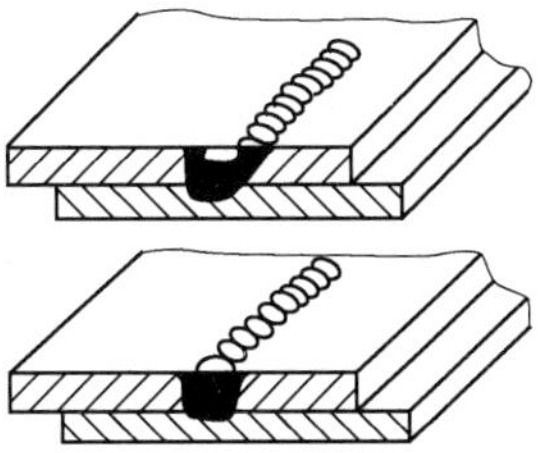	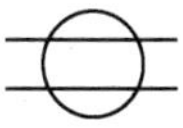
14	陡边 V 形焊缝	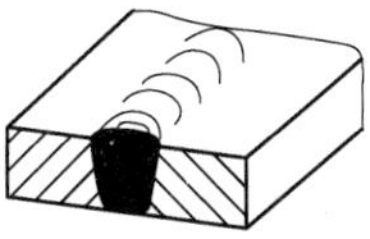	
15	陡边单 V 形焊缝	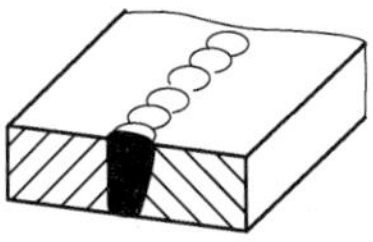	
16	端焊缝	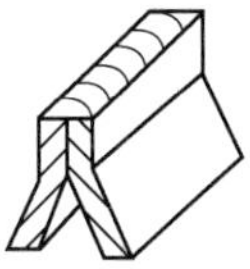	
17	堆焊缝	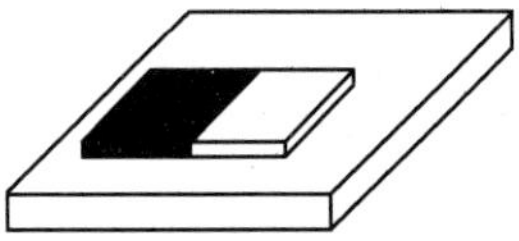	
18	平面连接（钎焊）	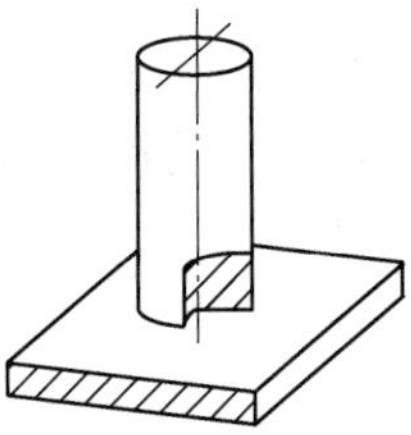 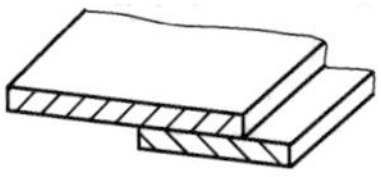	
19	斜面连接（钎焊）	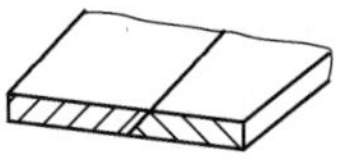	
20	折叠连接（钎焊）		

表 3-2　焊接基本符号的组合

序号	名　　称	示意图	符　号
1	双面 V 形焊缝（X 焊缝）	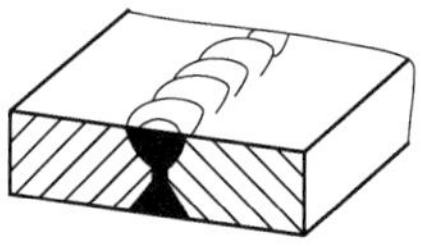	 X
2	双面单 V 形焊缝（K 焊缝）	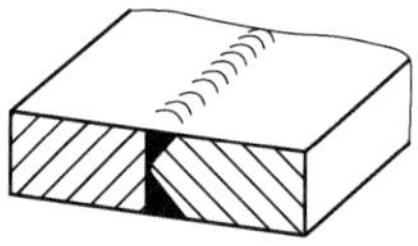	 K
3	带钝边的双面 V 形焊缝	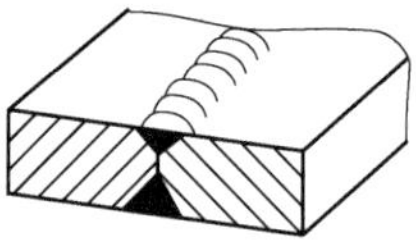	 Y
4	带钝边的双面单 V 形焊缝	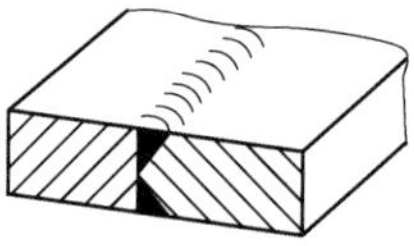	 K
5	双面 U 形焊缝	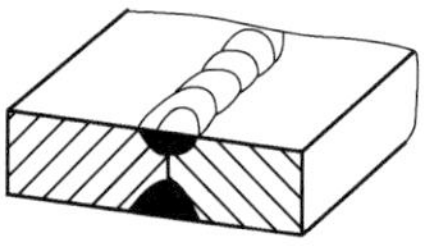	

（二）补充符号

补充符号是用来补充说明有关焊缝或接头的某些特征（诸如表面形状、衬垫、焊缝分布、施焊地点等）的符号。表 3-3 所示为 GB/T 324—2008 标准中规定的补充符号。

表 3-3　补充符号

序号	名称	示意图	符号	说　　明
1	平面	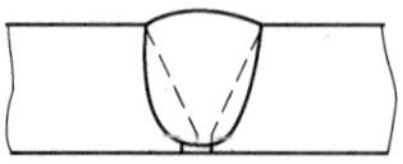	—	焊缝表面通过加工后平整
2	凹面	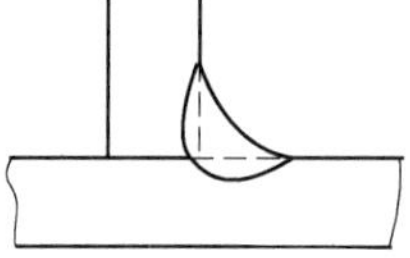	 ⌣	焊缝表面凹陷

序号	名称	示意图	符号	说 明
3	凸面			焊缝表面凸起
4	圆滑过渡	—		焊趾处过渡圆滑
5	永久衬垫		M	衬垫永久保留
6	临时衬垫	—	MR	衬垫在焊接完成后拆除
7	三面焊缝			三面带有焊缝
8	周围焊缝		○	沿着工件周边施焊的焊缝标注位置为基准线与箭头线的交点处
9	现场焊缝	—		在现场焊接的焊缝
10	尾部	—		可以表示所需的信息

注：—表示无示意图。

（三）指引线

按 GB/T 324—2008 的规定，指引线由箭头线和基准线（实线和虚线）组成（图 3-13）。在焊缝符号中，基本符号和指引线为基本要素。焊缝的准确位置通常由基本符号和指引线之间的相对位置决定。

箭头线中的箭头直接指向的接头侧为"接头的箭头侧"，与之相对的则为"接头的非箭头侧"（图 3-14）。

基准线一般应与图样的底边平行，必要时也可以

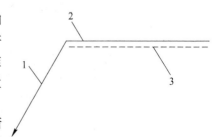

图 3-13　指引线
1—箭头线；2—基准线（实线）；
3—基准线（虚线）

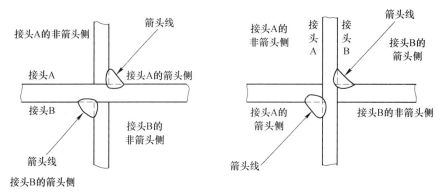

图 3-14   接头的"箭头侧"及"非箭头侧"示例

与底边垂直。基准线上的实线与虚线位置可根据需要互换。

（四）基本符号与指引线的位置规定

为了在图样中明确表明焊缝位置，基本符号相对于基准线的位置按下列规定：
（1）基本符号在基准线的实线侧时，表示焊缝在接头的箭头侧（图 3-15(a)）。

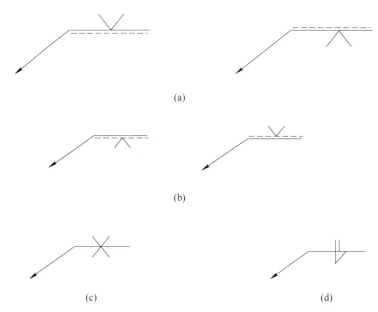

图 3-15   基本符号相对于基准线的位置举例

（a）焊缝在接头的箭头侧；（b）焊缝在接头的非箭头侧；（c）对称焊缝；（d）双面焊缝

（2）基本符号在基准线的虚线侧时，表示焊缝在接头的非箭头侧（图 3-15(b)）。
（3）对于对称焊缝，允许省略基准线上的虚线（图 3-15(c)）。
（4）当已明确焊缝分布位置时，有些双面焊缝也可省略基准线上的虚线（图 3-15(d)）。

（五）焊缝符号中尺寸的标注

按 GB/T 324—2008 规定，必要时，可以在焊缝符号中标注尺寸。有关尺寸符号见表 3-4。

表 3-4 焊缝尺寸符号

符号	名称	示 意 图	符号	名称	示 意 图
δ	工件厚度	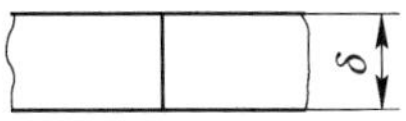	R	根部半径	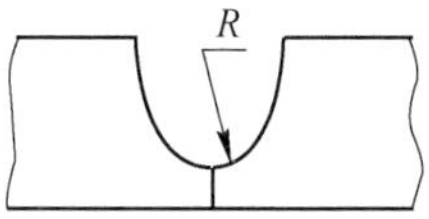
α	坡口角度	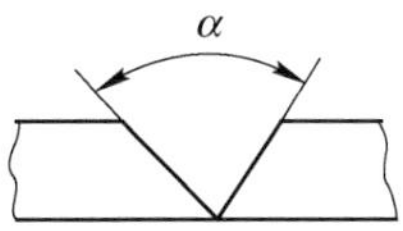	l	焊缝长度	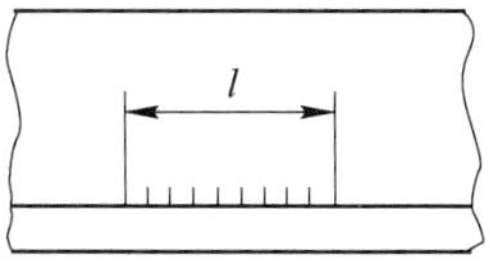
b	根部间隙	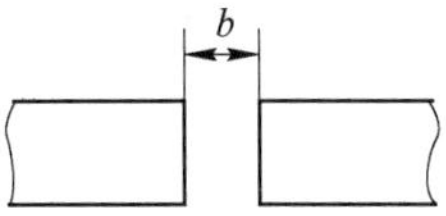	n	焊缝段数	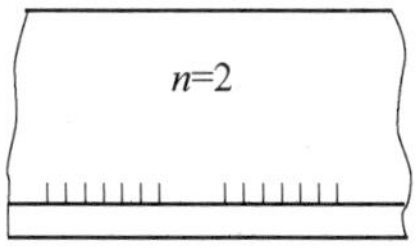 $n=2$
P	钝边	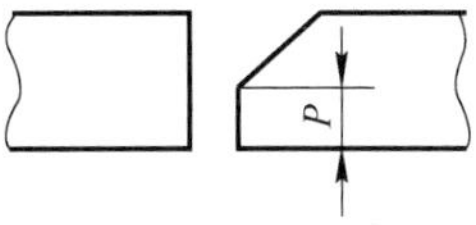	e	焊缝间距	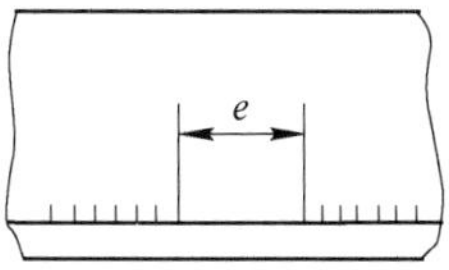
c	焊缝宽度	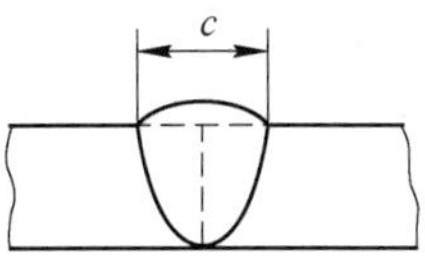	K	焊脚尺寸	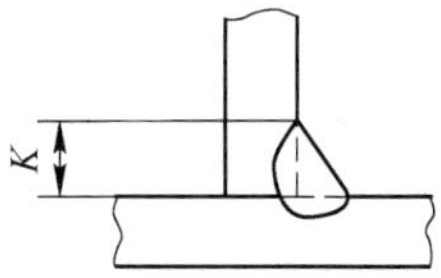
d	点焊：熔核直径 塞焊：孔径	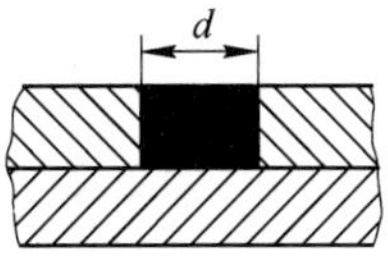	H	坡口深度	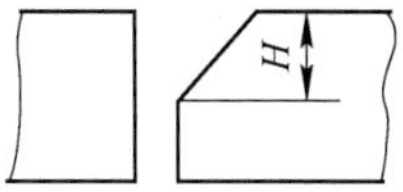
S	焊缝有效厚度	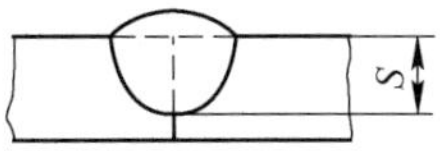	h	余高	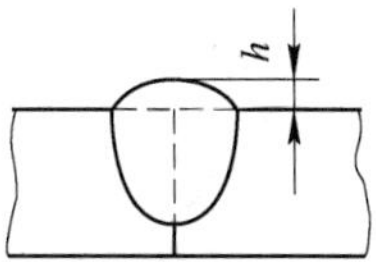
N	相同焊缝数量	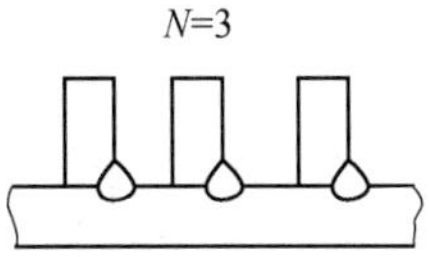 $N=3$	β	坡口面角度	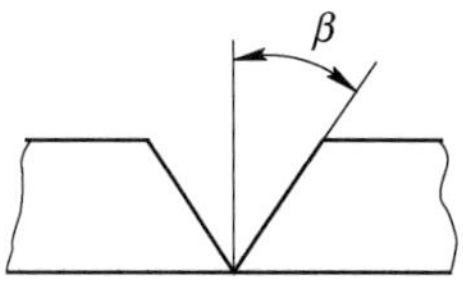

尺寸的标注方法见图 3-16。其标注规则如下：

（1）焊缝横向尺寸标注在基本符号的左侧。

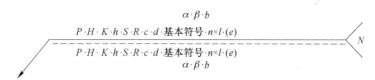

图 3-16　尺寸标注方法

（2）焊缝纵向尺寸标注在基本符号的右侧。

（3）坡口角度、坡口面角度、根部间隙标注在基本符号的上侧或下侧。

（4）相同焊缝数量标注在尾部。

（5）当尺寸较多不易分辨时，可在尺寸数据前标注相应的尺寸符号。

（6）当箭头线方向改变时，上述规则不变。

（7）关于确定焊缝位置的尺寸不在焊缝符号中标注，应将其标注在图样上。

（8）如果在基本符号的右侧无任何尺寸标注，又无其他说明时，表明焊缝在工件的整个长度方向上是连续的。

（9）当在基本符号的左侧无任何尺寸标注，又无其他说明时，意味着对接焊缝应完全焊透。

（10）对于塞焊缝、槽焊缝带有斜边时，应标注其底部的尺寸。

（六）焊缝符号应用示例

（1）基本符号应用示例。表 3-5 给出了基本符号的应用示例。

表 3-5　基本符号应用示例

序号	符　号	示　意　图	标注示例
1		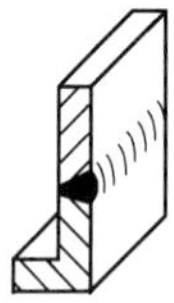	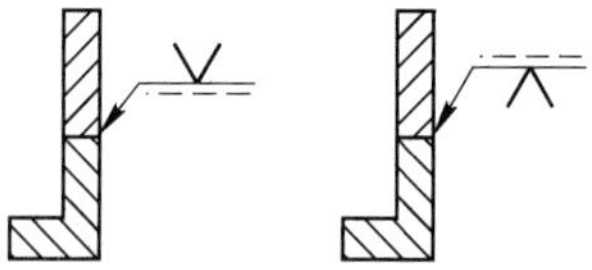
2		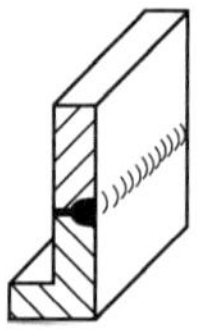	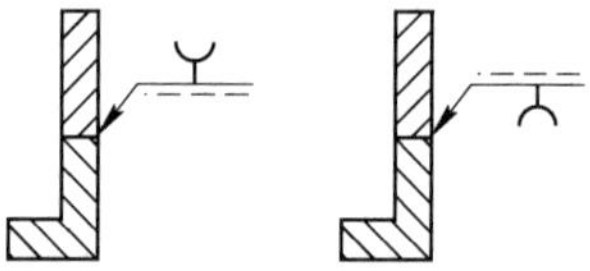
3	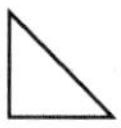	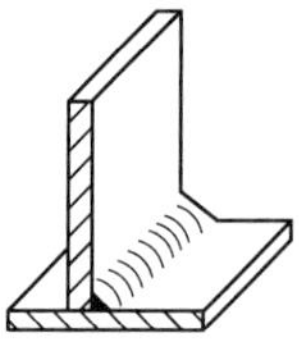	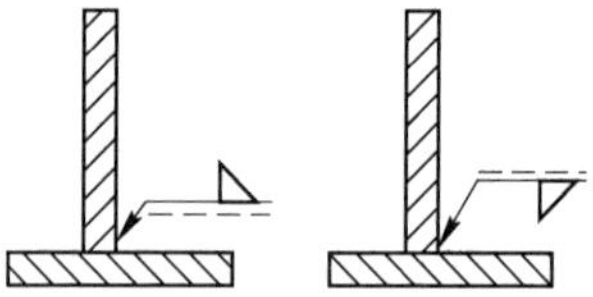

续表 3-5

序号	符　号	示 意 图	标注示例
4	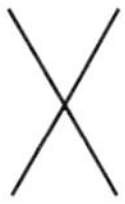	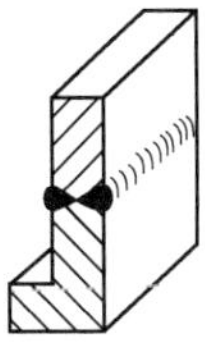	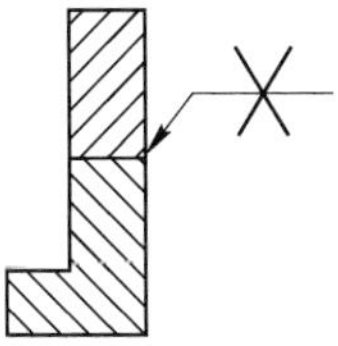
5	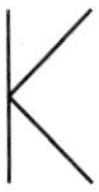	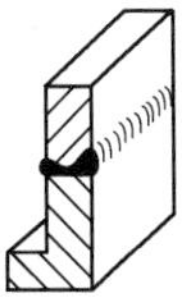	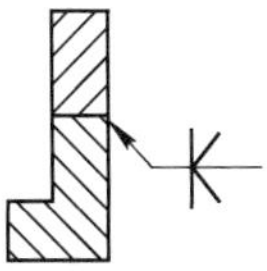

（2）补充符号应用示例。表 3-6 给出了补充符号的应用示例。

表 3-6　补充符号的应用示例

序号	名　称	示 意 图	符　号
1	平齐的 V 形焊缝	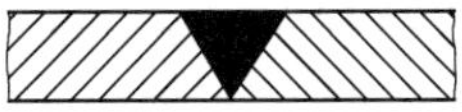	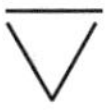
2	凸起的双面 V 形焊缝	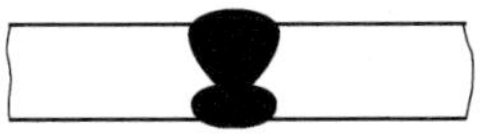	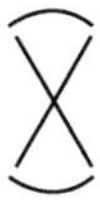
3	凹陷的角焊缝	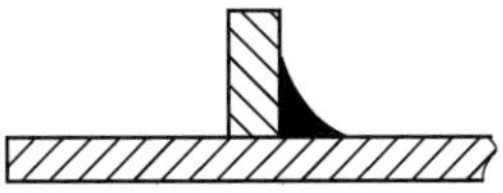	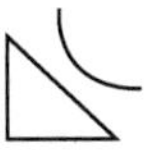
4	平齐的 V 形焊缝和封底焊缝	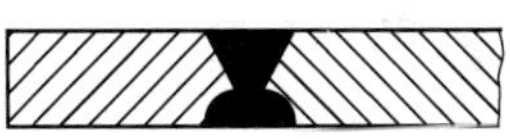	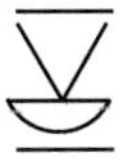
5	表面过渡平滑的角焊缝	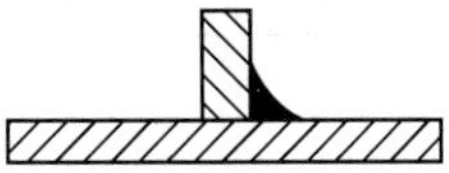	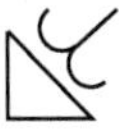

（七）标注示例

（1）补充符号标注示例。表 3-7 给出了补充符号的标注示例。

表 3-7　补充符号的标注示例

序号	符　号	示意图	标注示例
1		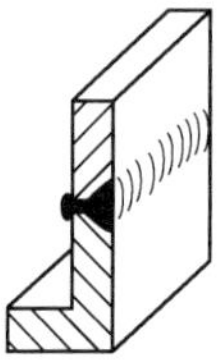	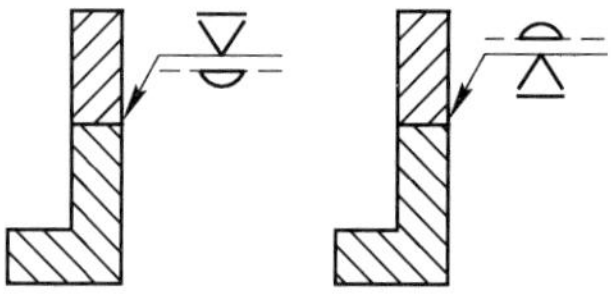
2		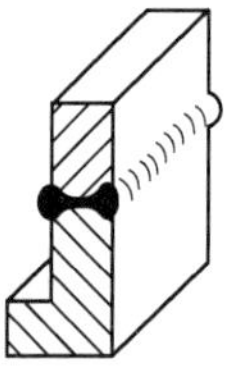	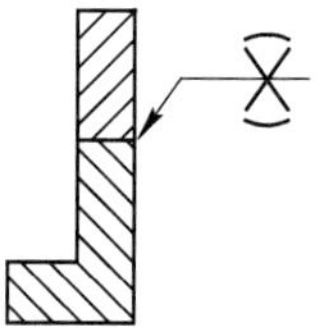
3		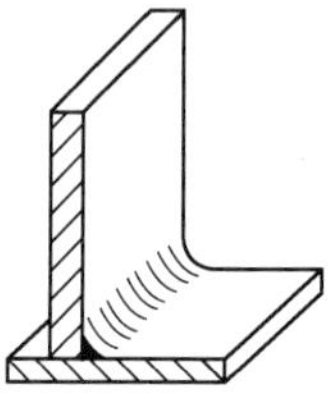	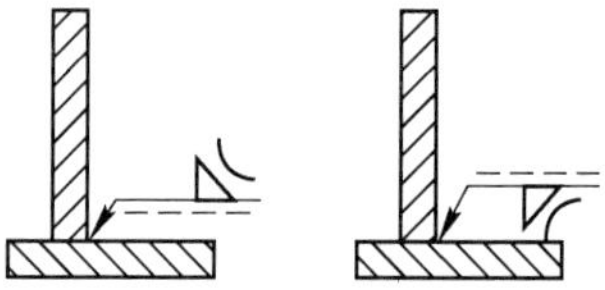

（2）焊缝尺寸标注示例。表 3-8 给出了焊缝尺寸的标注示例。

表 3-8　焊缝尺寸的标注示例

序号	名称	示意图	焊缝尺寸符号	示例
1	对接焊缝	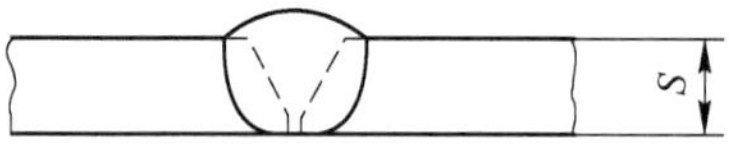	S—焊缝有效厚度	 S
2	连续角焊缝	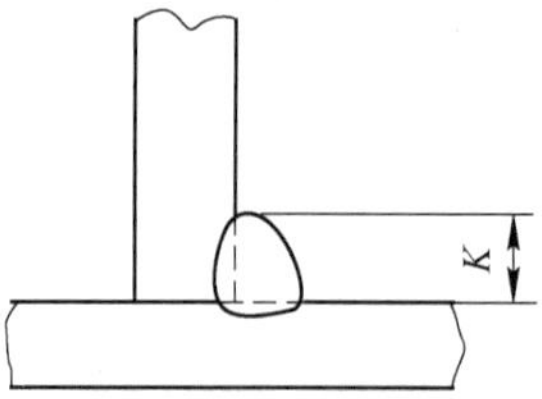	K—焊脚尺寸	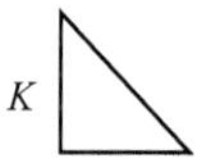 K

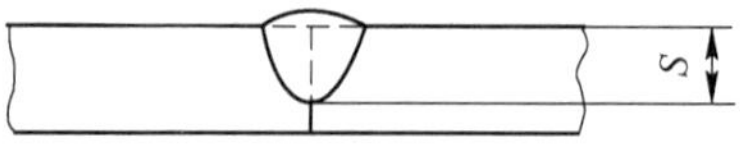

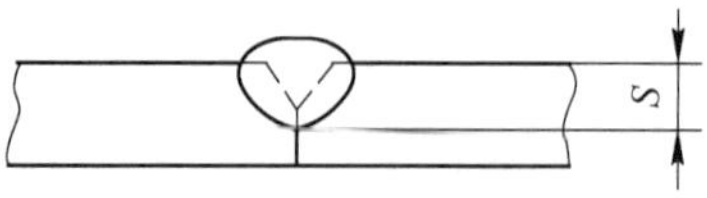

序号	名称	示 意 图	焊缝尺寸符号	示　例
3	断续角焊缝	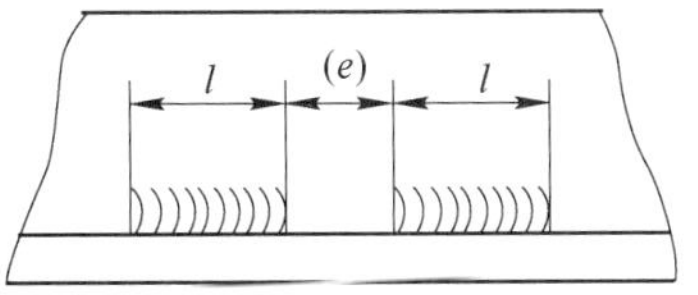	l—焊缝长度 e—焊缝间距 n—焊缝段数 K—焊脚尺寸	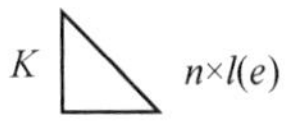
4	交错断续角焊缝	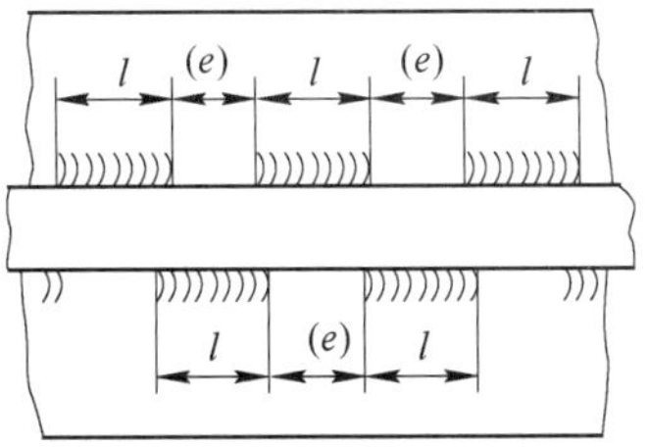	l—焊缝长度 e—焊缝间距 n—焊缝段数 K—焊脚尺寸	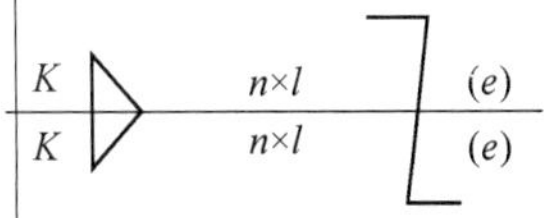
5	塞焊缝或槽焊缝	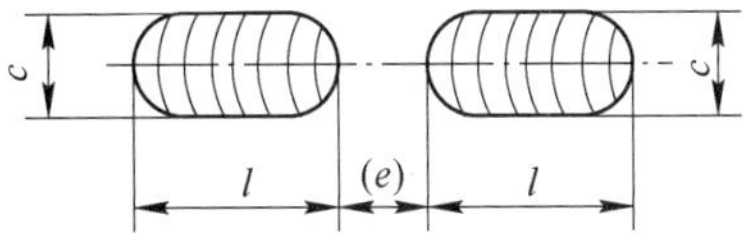	l—焊缝长度 e—焊缝间距 n—焊缝段数 c—槽宽	
		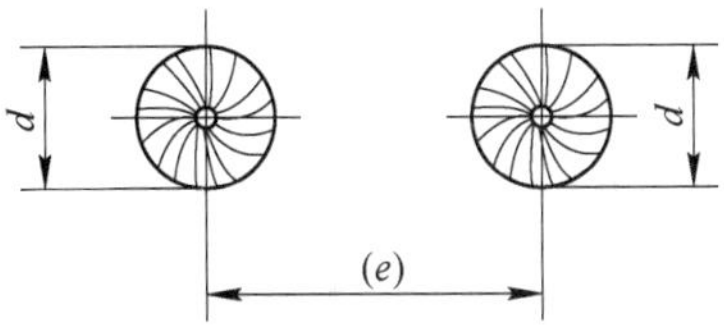	d—孔的直径	
6	缝焊缝	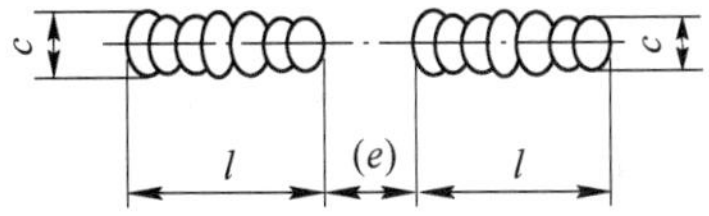	l—焊缝长度 e—焊缝间距 n—焊缝段数 c—焊缝宽度	
7	点焊缝	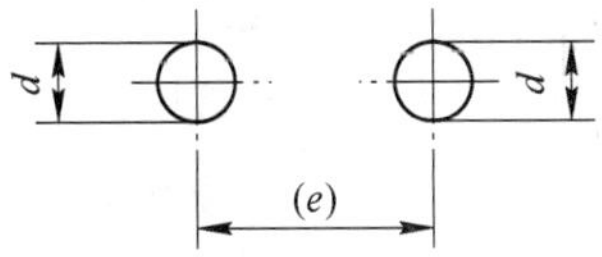	n—焊点数量 e—焊点间距 d—熔核直径	

（八）补充说明

（1）当焊缝围绕工件周边（即周围焊缝）时，可采用圆形符号（图 3-17(a)）。

（2）用一个小旗表示野外或现场焊缝（图 3-17(b)）。

（3）必要时，可以在基准线的尾部标注焊接方法代号（图 3-17(c)）。

（4）由于基准线尾部需要标注的内容较多，通常可参照如下次序排列，每项之间用斜线"/"分开：相同焊缝数量/焊接方法代号/缺欠质量等级/焊接位置/焊接材料/其他。

（5）为了简化图样，也可将上述有关内容包含在某个文件中，采用封闭尾部给出该文件的编号，见图 3-17(d)。

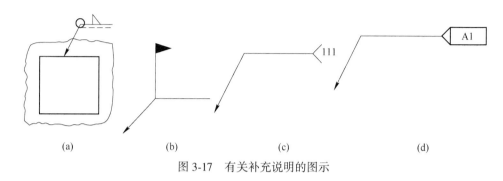

图 3-17　有关补充说明的图示

四、焊缝方法标注

（一）常用焊接方法代号及名称

在图样上用数字表示焊接方法，使图样更为简单清晰。国家标准《焊接及相关工艺方法代号》(GB/T 5185—2005) 采用阿拉伯数字代号表示各种焊接方法。表 3-9 为标准规定的常用焊接方法代号及名称。

表 3-9　常用焊接方法代号及名称

焊接方法名称	代号	焊接方法名称	代号
电弧焊	1	高频电阻焊	2 9 1
焊条电弧焊	1 1 1	气焊	3
埋弧焊	1 2	氧燃气焊	3 1
熔化极惰性气体保护电弧焊（MIG）	1 3 1	氧乙炔焊	3 1 1
熔化极非惰性气体保护电弧焊（MAG）	1 3 5	氧丙烷焊	3 1 2
钨极惰性气体保护电弧焊（TIG 焊）	1 4 1	压力焊	4
等离子弧焊	1 5	超声波焊	4 1
电阻焊	2	摩擦焊	4 2
点焊	2 1	爆炸焊	4 4 1
缝焊	2 2	扩散焊	4 5
凸焊	2 3	冷压焊	4 8
闪光焊	2 4	其他焊接方法	7
电阻对焊	2 5	铝热焊	7 1

焊接方法名称	代号	焊接方法名称	代号
电渣焊	72	炉中硬钎焊	913
气电立焊	73	盐浴硬钎焊	915
激光焊	751	扩散硬钎焊	919
电子束焊	76	软钎焊	94
储能焊	77	火焰软钎焊	942
螺柱焊	78	炉中软钎焊	943
硬钎焊、软钎焊、钎接焊	9	盐浴软钎焊	945
硬钎焊	91	扩散软钎焊	949
火焰硬钎焊	912	钎接焊	97

（二）焊接方法代号在图样上标注示例

1. 焊条电弧焊（代号 111）

表示焊脚尺寸为 4 mm，单面周围角焊缝，采用焊条电弧焊。

表示 I 形坡口对接接头，间隙为 2 mm，单面周围焊缝，采用焊条电弧焊。

表示焊脚尺寸为 5 mm，双面角焊缝，采用焊条电弧焊。

2. 埋弧焊（代号 12）

表示坡口角度为 60°，钝边为 2 mm，间隙为 2 mm，Y 形坡口对接，封底焊，采用埋弧焊。

表示周围焊缝坡口角度为 50°，钝边为 2 mm，间隙为 3 mm，Y 形坡口对接，背面底部有垫板，采用埋弧焊。

表示板厚 10 mm，对接缝隙 2 mm，坡口角度 60°，4 段焊缝，每段焊缝 100 mm 长，采用埋弧焊。

3. CO_2 气体保护焊（代号 135）

表示正面焊缝为带钝边单边 V 形坡口。坡口角度 40°，钝边 4 mm，间隙 2 mm。背面焊缝为单面角焊缝，焊脚尺寸为 2 mm，采用 CO_2 气体保护焊。

表示双面角焊缝，焊脚尺寸为 5 mm，采用 CO_2 气体保护焊。

表示周围均为单面角焊缝，焊脚尺寸为 2 mm，采用 CO_2 气体保护焊。

4. 熔化极惰性气体保护焊（MIG 焊，代号 131）

4◣⟨131　表示周围均为单面角焊缝，焊脚尺寸为 4 mm，采用 MIG 焊。

4◣⟨131　表示周围均为单面角焊缝，焊脚尺寸为 4 mm，采用 MIG 焊，现场施焊。

131⟩◣4　表示双面角焊缝，焊脚尺寸为 4 mm，采用 MIG 焊。

5. 钨极惰性气体保护电弧焊（TIG 焊，代号 141）

4◺⟨141　表示周围为双面角焊缝，焊脚尺寸为 4 mm，采用 TIG 焊。

60°⟨141　表示焊缝开 V 形坡口对接，坡口角度 60°，间隙 1 mm，采用 TIG 焊。

141⟩4◣　表示周围为单面角焊缝，焊脚尺寸为 4 mm，采用 TIG 焊。

6. 氧乙炔焊（代号 311）

2◣⟨131　表示周围为单面角焊缝，焊脚尺寸为 2 mm，采用氧乙炔焊。

311⟩1◣　表示周围为单面角焊缝，焊脚尺寸为 1 mm，采用氧乙炔焊。

60°⟨311　表示周围采用 V 形坡口对接，坡口角度 60°，间隙 1 mm，采用氧乙炔焊。

7. 其他焊接方法

6○20×(15)⟨21　表示焊缝采用电阻点焊方法，焊点直径 6 mm，20 个焊点，焊点间距为 15 mm。

22⟩⊕　表示采用电阻缝焊。

‖⟨15　表示周围焊缝，I 形坡口对接，采用等离子弧焊。

○⟨912　表示工件之间的环焊缝，采用火焰硬钎焊。

五、焊接结构施工图识读举例

在焊接结构生产过程中，作为施焊人员除了对焊接结构施工图样中的结构形状、尺寸等有一定的了解外，最重要的是要弄清图样中对焊接的要求。下面将列举数例，解读不同结构中对焊接的要求，帮助施焊人员更好地看懂焊接结构施工图。

（一）组件式施工图焊接符号识读

这种图样主要用于复杂的焊接构件，焊接图相当于装配工作图，图中着重表达焊接件之间的相对位置及其尺寸、焊缝代号和焊接要求等，而其中的每一个零件或构件则需另画零件图，表示其结构形状和尺寸等。也就是说，这种图样相当于一张组件装配图，其中的零件或构件则需通过另画零件图来表明其具体情况。

组件式施工图具有图面清晰，易于阅读，并能突出焊接要求的优点，适用于批量生产时使用，参见图 3-18。

图 3-18 所示为化工厂生产设备反应釜的釜盖，由 4 个零件组成，材料均为 Q235-A。

主视图中的 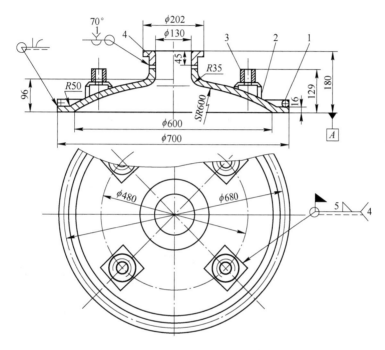 表示管口（序号 4）与盖体（序号 2）的焊接为带钝边的 V 形焊缝，对接间隙为 1 mm，坡口角度为 70°，焊缝为环绕一周的封底焊；主视图中的 表示卡圈（序号 1）与盖体（序号 2）的平面之间的单边喇叭形环绕一周的焊缝。俯视图中的 表示 4 个吊架（序号 3）与盖体（序号 2）的周边角焊缝，焊角高度为 5 mm，共有 4 处，三角小旗表示焊接在现场进行。其他尺寸及相对位置以及技术条件等均按机械制图国标关于装配图的要求标注。

4		管口	1	Q235-A		
3		吊架	4	Q235-A		
2		盖体	1	Q235-A		
1		卡圈	1	Q235-A		
序号	件号	名称	数量	材料	重量	备注
制图						
校对		反应釜盖				
审核				比例	1:5	

技术要求
1. 制造技术条件按HG 2432—2002 规定执行。
2. 内侧焊缝磨平。
3. 所有焊缝须经X射线探伤检验。

图 3-18　组件式施工图示例

（二）整体式施工图焊接符号识读

这种图样的特点是图上不仅表达了各零件的装配、焊接要求，还表达了其他加工所需的全部内容，因此要求图中把零件或构件的全部结构形状、尺寸和技术要求都应表达得完整、清晰，不需要再画零件图。整体式施工图具有内容集中，出图快的优点，因而适用于焊接结构简单，单件或小批量生产的构件，参见图 3-19。

图 3-19 为化工设备上的一个构件，由 3 个零件组成，其材料均为 Q235-A，主视图中

⟨6 表示法兰盘（序号 1）与弯管（序号 2）的焊接为环绕一周的角焊缝，焊角高度为 6 mm，并在现场施焊；⟨4 表示法兰盘（序号 1）与弯管（序号 2）在端部的焊接为环绕一周的角焊缝，焊角高度为 4 mm，角焊缝表面略凹陷，且在现场施焊；⟨2 ⟨111 表示弯管（序号 2）与底盘（序号 3）的焊接。其中"2"表示该焊缝为 I 形圆周焊缝，对接间隙为 2 mm，焊缝环绕构件周围，且在现场施焊，全部采用焊条电弧焊进行。其他尺寸、相对位置、表面粗糙度要求、公差配合及技术条件等均按机械制图国家标准表达。

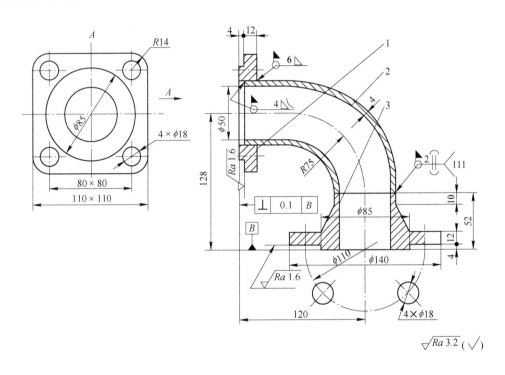

技术要求

1. 所有焊缝焊后修后整形。
2. 焊后焊缝经磁粉检验。

3		底盘	1	Q235-A		
2		弯管	1	Q235-A		
1		法兰盘	1	Q235-A		
序号	件号	名称	数量	材料	重量	备注
制图			弯管头			
校对						
审核				比例		

图 3-19 整体式施工图示例

（三）具体焊接结构施工图解读示例

图 3-20 所示为某大型水力发电机组下机架结构简图，下面将对该图中的焊接要求进行解读。

由于系超大型机组，采用大厚度钢板（材质 St52、最大厚度达 180 mm）在电站现场组焊而成。图样只对外形尺寸作简要标注，但图中对各处连接接头的焊接坡口形式、尺寸及检验要求等，通过符号（或代号）作了具体的标注。其中：$\underset{6条}{MT}\searrow^{12}$ 表示环绕工件周围的单面角焊缝，焊脚尺寸为 12 mm，焊后对六条焊缝进行磁粉探伤检验。

$\underset{上下两端}{UT+MT}\frac{12}{12}$ 表示环绕工件周围的 K 形坡口焊缝，坡口深度为 12 mm，焊后对上下两端焊缝进行超声波探伤及磁粉探伤检验。

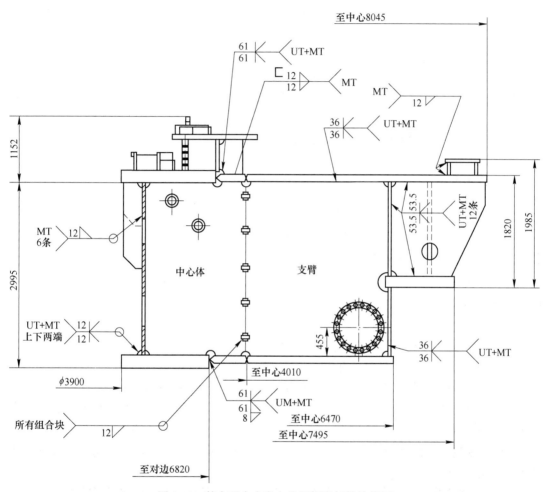

图 3-20 某大型水力发电机组下机架结构简图

$\frac{61}{61}$UT+MT 表示坡口深度为 61 mm 的 K 形坡口焊缝，焊后进行超声波探伤及磁粉探伤检验。

$\frac{12}{12}$MT 表示焊脚尺寸为 12 mm 的双面角焊缝，焊后对焊缝进行磁粉探伤检验。

$\frac{36}{36}$UT+MT 表示坡口深度为 36 mm 的 K 形坡口焊缝，焊后对焊缝进行超声波探伤及磁粉探伤检验。

MT$\searrow^{12}$ 表示上下两处均为单面角焊缝，焊脚尺寸为 12 mm，焊后对焊缝进行磁粉探伤检验。

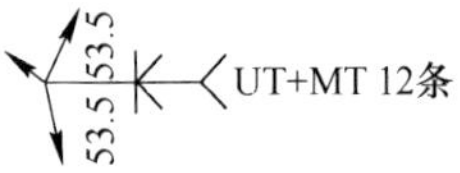

　　表示三处均为 K 形坡口焊缝，坡口深度为 53.5 mm，焊后焊缝进行超声波探伤及磁粉探伤检验。

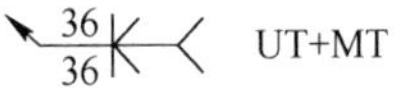

　　表示坡口深度为 36 mm 的 K 形坡口焊缝，焊后对焊缝进行超声波探伤及磁粉探伤检验。

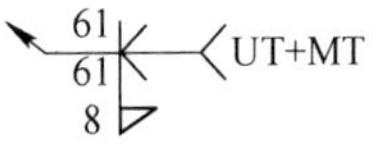

　　表示两板对接处需施焊坡口深度为 61 mm 的 K 形坡口焊缝，焊后对焊缝进行超声波探伤及磁粉探伤。另一侧辅以焊脚尺寸为 8 mm 的单面角焊缝，使过渡平缓，以降低应力集中。

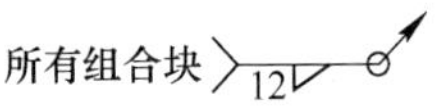

　　表示环绕所有组合块周围实施焊脚尺寸为 12 mm 的单面角焊缝。

任务二　焊接接头的工作应力分布

一、应力集中

1. 应力集中的概念

由于焊缝的形状和焊缝布置的特点，焊接接头工作应力的分布是不均匀的，为表示这种不均匀程度，这里引入应力集中的概念。

所谓应力集中，是指接头局部的最大应力值（σ_{max}）比平均应力值（σ_{av}）高的现象。应力集中的大小常以应力集中系数 K_T 表示：

$$K_T = \frac{\sigma_{max}}{\sigma_{av}}$$

2. 焊接接头产生应力集中的原因

引起焊接接头应力集中的原因涉及结构方面、工艺方面等多种因素。

（1）焊缝中的工艺缺陷。如气孔、夹渣、裂纹和未焊透等，其中裂纹和未焊透引起的应力集中较严重。

（2）焊接接头处几何形状的改变。如对接接头中，由于余高的存在，在母材与余高过渡处有应力集中。

（3）不合理的接头形式和焊缝外形。如接头处截面突变、加盖板的对接接头、单侧焊缝的 T 形接头等，这些都会引起较大的应力集中。

二、电弧焊接头的工作应力分布

不同的焊接方法，接头的工作应力的分布特点是不相同的。下面以电弧焊焊接接头来分析工作应力的分布特点。

（一）对接接头的工作应力分布

对接接头是工作应力分布比较均匀的一种接头类型，其受力状态较好，应力集中程度较小，这是由于对接接头的几何形状变化较小的缘故。通过试验发现，应力集中主要发生在焊缝的余高及焊缝与母材的过渡区（半径为 r），如图 3-21 所示。在焊缝与母材的过渡区应力集中系数为 1.6，在焊缝背面与母材的过渡区的应力集中系数为 1.5。

由余高引起的应力集中，对动载结构的疲劳强度影响最大，例如，对接接头在 2×10^6 周交变载荷作用下，其疲劳强度值随着 θ 角增大而减小。当 θ 角从 0°增加到 80°时，疲劳强度值几乎减少了 60%，所以此时要求它越小越好，国家标准规定：在承受动载荷情况下，焊接头的焊缝余高应趋于零。因此，对于重要的动载结构，可采用削平余高或增大过渡区半径的措施来降低应力集中系数，以提高接头的疲劳强度。一般情况下，对接接头由于余高引起的应力集中系数不大于 2（$K_T \le 2$）。

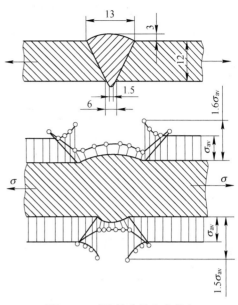

图 3-21 对接接头的应力分布

（二）搭接接头的工作应力分布

搭接接头中的角焊缝根据其受力方向的不同可以分为：与受力方向垂直的角焊缝——正面角焊缝，图 3-22 中 l_3 段；与受力方向平行的角焊缝——侧面角焊缝（图中 l_1、l_5 段）；与受力方向成一定夹角的角焊缝——斜向角焊缝（图中 l_2、l_4 段）。

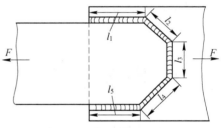

图 3-22 搭接接头角焊缝

（1）正面角焊缝。正面角焊缝的应力集中主要在角焊缝的焊根 A 点和焊趾 B 点。其大小与许多因素有关，其中改变角焊缝的外形和尺寸，可以极大改变焊趾处的应力集中程度；同时，能使焊根处的应力集中情况发生变化。焊趾 B 点的应力集中系数随角焊缝的斜边与直角边间的夹角而变化，减小夹角 θ 和增大熔深焊透根部，可以降低焊趾处和焊根处的应力集中系数，如图 3-23 所示。

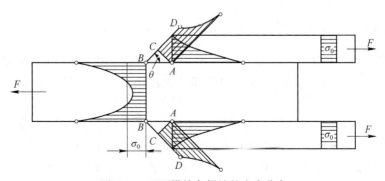

图 3-23 正面搭接角焊缝的应力分布

（2）侧面角焊缝。侧面角焊缝的工作应力分布更为复杂，见图 3-24。焊缝中既有正应力又有剪应力，剪应力沿着焊缝长度上的分布是不均匀的。其特点是最大应力在两端，中部应力最小，而且焊缝较短时应力分布较为均匀，焊缝较长时应力分布不均匀程度增加。所以，采用过长的侧面角焊缝是不合理的，规范规定侧面角焊缝长度一般不得大于 $50K$（K 为焊角尺寸）。

（3）联合角焊缝。既有侧面角焊缝又有正面角焊缝的搭接接头称为联合角焊缝搭接接头。由于同时采用了正面和侧面角焊缝，增加了受力焊缝的总长度，从而可以使搭接部分的长度减小，同时可以减小搭接接头中工作应力分布的不均匀性。在只有侧面角焊缝焊成的搭接接头中，母材金属横截面上的应力分布不均匀（见图 3-24），在横截面 A—A 的焊缝附近分布着最大的正应力 σ_{max}，其应力集中程度非常严重。增添正面角焊缝后的联合角焊缝的工作应力分布见图 3-25，在 A—A 横截面上正应力分布较为均匀，最大剪应力 τ_{max} 降低，导致 A—A 截面两端点上的应力集中得到改善。

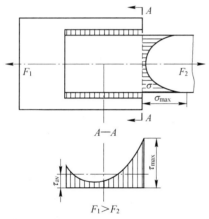 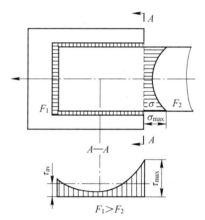

图 3-24 侧面角焊缝的工作应力分布　　　图 3-25 联合角焊缝的工作应力分布

由于作用在正面角焊缝和侧面角焊缝上的作用力方向不同，两种角焊缝的刚度和变形量也不同，在外力作用下，其应力大小并不按照截面积的大小平均分配，而是正面角焊缝比侧面角焊缝中的工作应力大些。当这两种角焊缝具有完全相同的力学性能和截面尺寸时，如果角焊缝的塑性变形能力不足，正面角焊缝将首先产生裂纹，接头可能在低于设计的承载能力的情况下破坏。

（三）T 形接头（十字接头）的工作应力分布

由于 T 形接头工作截面发生急剧的变化，接头在外力作用下力流线偏转很大，造成应力集中分布极不均匀，在角焊缝的根部和过渡区都有很大的应力集中，如图 3-26 所示。

图 3-26(a) 是 I 形坡口（未开坡口）的 T 形（十字）接头中正面角焊缝的工作应力分布情况。由于水平板与垂直板之间存在间隙，整个厚度没有焊透，这相当于在焊缝根部存在一个原始裂纹，使焊缝根部的应力集中十分严重。在焊趾截面 B—B 上应力分布也不均匀，B 点的应力集中系数 K_T 值随角焊缝的形状不同而变化。

图 3-26(b) 为开坡口并焊透的 T 形（十字）接头，其应力集中程度大幅降低。原因是焊缝工作截面的变化趋于均匀，另外由于在整个厚度上焊透，消除了焊缝根部的原始裂纹。可见，保证焊透是降低 T 形（十字）接头应力集中的重要措施之一。

在 T 形（十字）接头中，应尽可能将其焊缝形式由承载状态转化为非承载状态。若两个方向都受拉力，则宜采用圆形、方形或特殊形状的轧制、锻造插入件，把角焊缝变成对接焊缝，如图 3-27 所示。

综上所述，各种电弧焊接头，都有不同程度的应力集中。实践证明，并不是所有情况下应力集中都将影响强度。当材料具有足够的塑性时，结构在静载破坏之前就有显著的塑性变形，使接头发生应力均匀化，应力集中对静载强度没有影响。

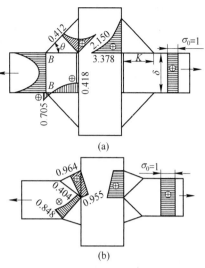

图 3-26 T 形（十字）接头的应力分布

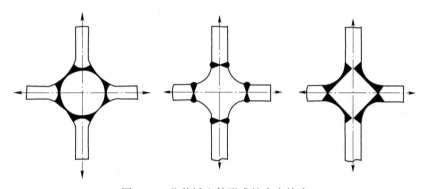

图 3-27 几种插入件形成的十字接头

任务三 焊接接头的静载强度计算

焊接接头是组成焊接结构的关键元件，它的强度和可靠性直接影响整个焊接结构的安全使用。对焊接接头的强度计算，实际上是对连接这些接头的焊缝进行工作应力的分析与计算，然后按不同准则建立强度条件，满足这些条件就被认为该焊接接头工作安全可靠。

一、工作焊缝和联系焊缝

焊接结构中的所有焊缝，根据传递载荷的方式和重要程度大致可分为两种：一种是工作焊缝，它与被连接材料是串联的，如图 3-28（a）、（b），工作焊缝承担着传递全部载荷的作用，焊缝上的应力为工作应力，一旦焊缝断裂，结构立即失效；另一种是联系焊缝，它与被连接材料是并联的，如图 3-28（c）、（d），联系焊缝仅传递很小的载荷，主要起构件之间相互联系作用，焊缝一旦断裂，结构不会立即失效，焊缝上的应力为联系应力。在设计焊接结构时，必须计算工作焊缝的强度，不必计算联系焊缝的强度。对于既有工作应力又有联系应力的焊缝，则只计算工作应力而忽略联系应力。

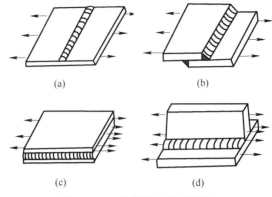

(a)　　　　　　　　　　　　　(b)

(c)　　　　　　　　　　　　　(d)

图 3-28　工作焊缝和联系焊缝

二、焊接接头的组配

焊接接头通常有 3 种组配形式，即：

（1）高组配。焊缝金属的强度高于母材金属的强度时称为高组配。高组配的焊接接头中，断裂多发生在母材金属上。

（2）等强度组配。焊缝金属的强度等于母材金属的强度时称为等强度组配。等强度组配的焊接接头中，断裂可能发生在母材金属上，也可能发生在焊缝金属上。

（3）低组配。焊缝金属的强度低于母材金属的强度时称为低组配。低组配的焊接接头中，断裂多发生在焊缝金属上。

三、焊接接头静载强度计算的基本假设

焊接接头在外力作用下其焊缝上的工作应力分布往往是不均匀的，特别是由角焊缝构成的 T 形接头和搭接接头等应力分布非常复杂，从理论上精确计算焊接接头的强度十分困难，工程上往往采用近似计算的方法，即在一些假设的前提下进行计算。在静载条件下为了计算方便常做如下假设：

（1）残余应力对接头强度没有影响。

（2）由于几何不连续性而引起局部的应力集中（如焊趾处和余高过渡区）对接头强度没有影响。

（3）接头的工作应力是均匀分布的，以平均应力计算。

（4）正面角焊缝与侧面角焊缝的强度没有差别。

（5）焊角尺寸的大小对角焊缝的强度没有影响。

（6）角焊缝都是在切应力的作用下破坏，按切应力计算强度。

（7）角焊缝的破断面（计算断面）在角焊缝截面的最小高度上，其值等于内接三角形高 a，a 称为计算高度，直角等腰角焊缝的计算高度：

$$a = \frac{K}{\sqrt{2}} = 0.7K$$

（8）余高和少量的熔深对接头的强度没有影响，当熔深较大时（如熔深较大的埋弧

焊和 CO_2 气体保护焊）应予以考虑，见图 3-29。角焊缝计算高度 a 为：

$$a = (K + p)\cos45°$$

当 $K \leqslant 8$ mm 时，可取 a 等于 K；当 $K > 8$ mm 时，可取 $p = 3$ mm。

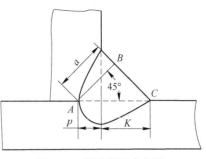

图 3-29　深熔焊的角焊缝

四、电弧焊接头的静载强度计算

静载强度的计算方法从根本上说与材料力学中计算方法是相同的，只是这里计算的对象是焊缝金属，目前仍然采用许用应力法。因此，强度计算时的许用应力值均为焊缝的许用应力。

电弧焊接头静载强度计算的一般表达式为：

$$\sigma \leqslant [\sigma'] \quad 或 \quad \tau \leqslant [\tau']$$

式中　σ，τ——平均工作应力；

$[\sigma']$，$[\tau']$——焊缝的许用应力。

下面对各类接头静载强度进行分析。

（一）对接接头的静载强度计算

计算对接接头的静载强度时，由于不考虑余高，所以计算母材强度的公式完全可以使用。焊缝长度取实际有效长度，计算厚度取两板中较薄者，如果为异种钢焊接，则选用低强度材料等强应力为计算依据。如果焊缝金属的许用应力与母材金属基本相同，则不必进行强度计算。

全部焊透的对接接头承受的外载情况见图 3-30。图中 F 为接头所受的拉（或压）力，F_S 为剪切力，M_1 为平面内弯矩，M_2 为非平面内弯矩。

由焊缝强度计算的假设和对接接头静载强度计算的基本方法，根据图 3-30 所示对接接头的承载情况可得：

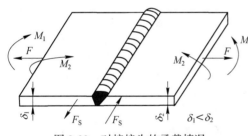

图 3-30　对接接头的承载情况

（1）受拉力 F 　　　　　$\sigma_t = \dfrac{F}{l\delta_1} \leqslant [\sigma_t']$

（2）受压力 F 　　　　　$\sigma_p = \dfrac{F}{l\delta_1} \leqslant [\sigma_p']$

（3）受剪切力 F_S 　　　　$\tau = \dfrac{F_S}{l\delta_1} \leqslant [\tau']$

（4）平面内弯矩 M_1 　　　$\sigma = \dfrac{6M_1}{\delta_1 l^2} \leqslant [\sigma_t']$

（5）非平面内弯矩 M_2 　　$\sigma = \dfrac{6M_2}{\delta_1^2 l} \leqslant [\sigma_t']$

式中　σ_t，σ_p，τ，σ——焊缝所承受的工作应力，MPa；

F，F_s——接头所受的力，N；

M_1，M_2——接头所受的弯矩，N·mm；

l——焊缝长度，mm；

δ_1——接头中较薄板的板厚，mm；

$[\sigma'_t]$，$[\sigma'_p]$，$[\tau']$——焊缝许用应力，MPa。

（二）搭接接头的静载强度计算

各种搭接接头受拉、压的情况见图 3-31。由于焊缝和受力方向相对位置的不同，可分为正面搭接受拉或受压、侧面搭接受拉或受压和联合搭接受拉或受压 3 种情况。

（1）正面搭接焊缝受拉或受压时，

$$\tau = \frac{F}{1.4Kl} \leqslant [\tau']$$

（2）侧面搭接焊缝受拉或受压时，

$$\tau = \frac{F}{1.4Kl} \leqslant [\tau']$$

（3）联合搭接焊缝受拉或受压时，

$$\tau = \frac{F}{0.7K \sum l} \leqslant [\tau']$$

式中　F——搭接接头所受的拉力或压力，N；

K——焊角尺寸，mm；

l——焊缝长度，mm；

$\sum l$——正、侧面焊缝总长度，mm；

τ——搭接接头焊缝所承受的切应力，MPa；

$[\tau']$——焊缝金属的许用应力，MPa。

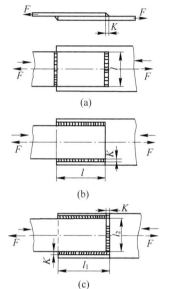

图 3-31　各种搭接接头受力情况
（a）正面搭接受压或拉；
（b）侧面搭接受拉或压；
（c）联合搭接受拉或压

任务四　焊接结构疲劳破坏

焊接结构在使用中除了结构强度不够时会产生失效外，疲劳断裂也是一种主要的失效形式。大量统计资料表明，工程结构失效约 80% 以上是由疲劳引起的，对于承受循环载荷的焊接构件有 90% 以上的失效归咎于疲劳破坏。

一般说来，在结构承受重复载荷的应力集中部位，构件所受的最大应力低于材料的抗拉强度，甚至低于材料的屈服点，因此，断裂往往是无明显塑性变形的低应力断裂。疲劳断裂是突然发生的，没有明显的预兆，难以采取预防措施，所以疲劳裂纹对结构的安全性具有严重的威胁。

一、疲劳断裂事故案例

疲劳断裂事故最早发生在 19 世纪初期，随着铁路运输的发展，机车车辆的疲劳破坏称为工程上遇到的第一个疲劳强度问题。以后在第二次世界大战期间发生多起飞机疲劳失事事故。1953—1954 年英国德-哈维兰飞机公司设计制造的"彗星"号民用喷气机接连发生了 3 次坠毁事故，经大量研究确认为压力舱构件疲劳失效所致。"彗星"号事故引起了人们对低周疲劳的重视，并使疲劳研究上升到新的高度。1998 年 6 月 3 日，德国高速列车脱轨，造成 100 多人遇难，就是由于一个双壳车轮的钢制轮箍发生疲劳损伤而引发的。图 3-32 和图 3-33 所示是焊接结构产生的疲劳破坏事例。

图 3-32 为直升机起落架的疲劳断裂图，裂纹是从应力集中很高的角接板尖端开始的。该机飞行着陆 2118 次后发生破坏，属于低周疲劳。图 3-33 所示为载重汽车底架纵梁的疲劳断裂，该梁板厚 5 mm，承受反复的弯曲应力。在角钢和纵梁的焊接处，因应力集中很高而产生裂纹。该车破坏时已运行 30000 km。

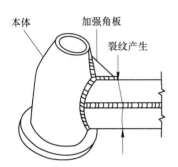

图 3-32　直升机起落架的疲劳断裂

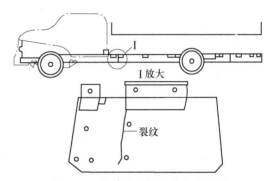

图 3-33　载重汽车纵梁的疲劳断裂

从上述几个焊接结构的疲劳断裂事故中，可以清楚地看到焊接接头的重要影响。因此采用合理的接头设计、提高焊缝质量、消除焊接缺陷是防止和减少结构疲劳断裂事故的重要措施。应当指出，近年来，虽然在这方面的研究已经取得了很大成绩，但是焊接结构疲劳断裂事故仍然不断发生，而且随着焊接结构的广泛应用有所增加。

随着现代机械结构日益向高温、高压、高速方向发展，采用高强钢的结构日益增多。高强钢对应力集中的敏感性比低碳钢高，如果处理不当，高强钢焊接结构的疲劳强度反而比低碳钢结构低。随着新材料新工艺的不断出现，将会提出许多疲劳强度的新问题，材料或结构的疲劳研究和抗疲劳设计任重而道远。

二、疲劳的概念

在循环应力和应变作用下，在一处或几处产生局部永久性累积损伤，经一定循环次数后产生的裂纹或突然发生完全断裂的过程称为疲劳。在承受交变载荷结构的应力集中部位，当构件所受的应力低于屈服强度时也有可能产生疲劳裂纹，由于疲劳裂纹发展的最后阶段——失稳扩展（断裂）是突然发生的，没有预兆，也没有明显的塑性变形，难以检测和预防，所以疲劳裂纹对结构的安全性具有严重的威胁。

疲劳强度是指材料经受无数次的应力循环仍不断裂的最大应力，用来表示材料抵抗疲劳断裂的能力。结构由铆接连接发展到焊接连接后，对疲劳的敏感性和产生裂纹的危险性更大。焊接结构的疲劳往往是从焊接接头处产生的，因疲劳断裂而酿成灾难性事故时有发生。

三、影响焊接结构疲劳强度的因素

影响母材疲劳强度的因素（如应力集中、截面尺寸、表面状态、加载情况等）同样对焊接结构的疲劳强度有影响，特别是应力集中的影响，不合理的接头形式和焊接缺陷（如未焊透、咬边等）是产生应力集中的主要原因。除此之外，焊接结构本身的一些特点，如接头性能的不均匀性、焊接残余应力等也可能对焊接结构的疲劳强度产生影响。

（一）应力集中的影响

焊接结构中，不同的接头形式有不同的应力集中，将对接头的疲劳强度产生不同程度的影响。

1. 焊缝表面机加工造成的应力集中影响

未经机加工的焊缝应力集中较大，如对焊缝表面进行机加工，应力集中程度将大幅降低，对接接头的疲劳强度也相应提高。但有时机加工成本较高，因此不宜广泛采用。而且带有严重缺陷和不用打底焊的焊缝，其缺陷处或焊缝根部应力集中要比焊缝表面的应力集中严重得多，所以在这种情况下焊缝表面的机械加工是毫无意义的。

2. 接头形式造成的应力集中的影响

（1）对接接头。对接接头与其他形式的接头相比，其疲劳强度最高，原因是焊缝形状变化不大，应力集中系数最低。对接接头的疲劳强度主要取决于焊缝向基本金属过渡的形状，过大的余高和过大的基本金属与焊缝金属间的过渡角 θ 都会使接头的疲劳极限下降。过渡角 θ 以及过渡圆弧半径 R 对疲劳强度的影响如图3-34所示。

（2）T形和十字接头。由于在焊缝向基本金属过渡处有明显的截面变化，T形和十字接头的应力集中系数要比对接接头高，因此疲劳强度也低于对接接头。T形和十字接头的疲劳极限的试验结果表明：提高T形和十字接头的疲劳强度的根本措施是开坡口焊接和加工焊缝过渡区呈圆滑过渡。

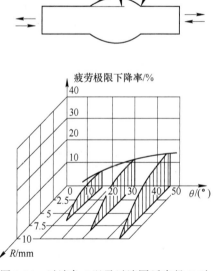

图3-34　过渡角 θ 以及过渡圆弧半径 R 对对接接头疲劳极限的影响

（3）搭接接头。图3-35所示为低碳钢搭接接头的疲劳试验结果比较。仅有侧面焊缝的搭接接头的疲劳强度最低，只达到母材的34%（见图3-35（a））。焊角尺寸为1∶1的正面焊缝的搭接接头（见图3-35（b）），其疲劳强度虽然比只有侧面焊缝的接头稍高一些，但仍然很低。正面焊缝焊角尺寸为1∶2的搭接接头，应力集中稍有降低，因而其疲劳强度有所提高，但效果不大（见图3-35（c））。即使在焊缝向母材过渡区进行表面机械加工（见图3-35（d）），也不能显著提高接头的疲劳强度。只有当盖板的厚度比按强度条件所要求的增加1倍，焊角尺寸比例为1∶3.8，并采用机械加工使焊缝向母材平滑地过渡（见图3-35（e）），才可达到与母材一样的疲劳强度，但这样的接头已经丧失了搭接接头简单易行的特点，成本太高，不宜采用。值得提出的是采用所谓"加强"盖板的对接接头是极不合理的，把原来疲劳强度较高的对接接头极大地削弱了（见图 3-35(f)）。

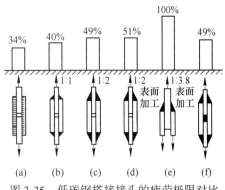

图 3-35　低碳钢搭接接头的疲劳极限对比

（二）焊接缺陷的影响

焊接缺陷对焊接结构承载能力有非常显著的影响，其主要原因是缺陷减小了结构承载截面的有效面积，并且在缺陷周围产生了应力集中，在交变载荷作用下很容易引发疲劳裂纹。在同样材料制成的焊接结构中，缺陷对疲劳强度的影响比对静载强度的影响大得多。

焊接缺陷对疲劳强度的影响大小与缺陷的种类、尺寸、方向和位置有关。即使缺陷相同，片状缺陷（如裂纹、未熔合、未焊透等）比带圆角的缺陷（如气孔等）影响大；表面缺陷比内部缺陷影响大；与作用力方向垂直的片状缺陷的影响比其他方向的大；位于残余拉应力场内的缺陷影响比在残余压应力区内的大；位于应力集中区的缺陷（如焊缝趾部裂纹）的影响比在均匀应力场中同样缺陷影响大。图 3-36 及图 3-37 所示为几种典型的不同位置不同载荷下的影响，A 组的影响大，B 组的影响小。

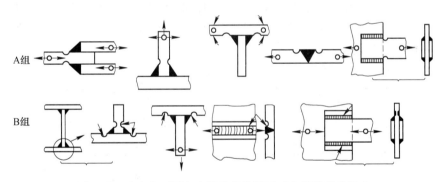

图 3-36　咬边在不同方向的载荷作用下对疲劳强度的影响

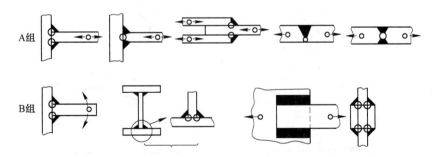

图 3-37　未焊透在不同方向的载荷作用下对疲劳强度的影响

（三）焊接残余应力的影响

焊接残余应力对于结构疲劳强度的影响是人们广泛关心的问题，对于这个问题人们进行了大量的试验研究工作。焊接残余应力对结构疲劳强度的影响是比较复杂的。一般而言，焊接残余应力与疲劳载荷相叠加（图 3-38），如果是压缩残余应力，就降低原来的应力水平，其效果表现为提高疲劳强度；反之若是残余拉应力，就提高原来的应力水平，因此降低焊接构件的疲劳强度。由于焊接构件中的拉、压残余应力是同时存在的，因此其疲劳强度分析要考虑拉伸残余应力的作用。

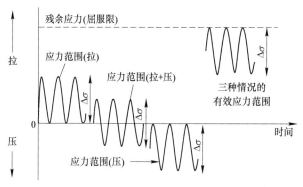

图 3-38　外载应力与残余应力的叠加

　　焊接残余应力分布对疲劳强度的影响如图 3-39 所示，若焊接残余应力与疲劳载荷叠加后在材料表面形成压缩应力，则有利于提高构件的疲劳强度；若焊接残余应力与疲劳载荷叠加后在材料表面形成拉伸应力，则不利于构件的疲劳强度。焊后消除应力处理有利于提高焊接结构的疲劳强度，如图 3-40 所示。

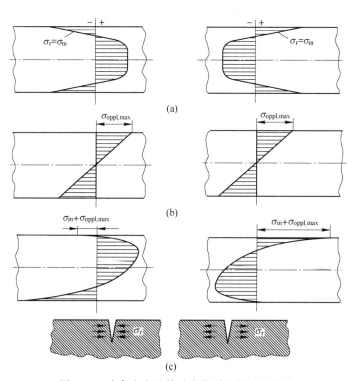

图 3-39　残余应力及其对疲劳裂纹扩展的影响

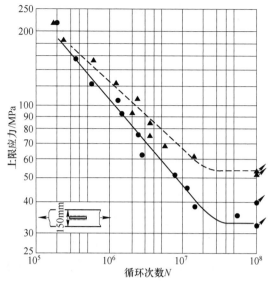

图 3-40　焊后消除应力处理对焊接接头疲劳强度的影响

　　残余应力在交变载荷的作用过程中会逐渐衰减（图 3-41），这是因为在循环应力的作用下材料的屈服点比单调应力低，容易产生屈服和应力的重分布，使原来的残余应力峰值减小并趋于均匀化，残余应力的影响也就随之减弱。

　　在高温环境下，焊件的残余应力会发生松弛，材料的组织性能也会变化，这些因素的交叉作用使得残余应力的影响常常可以忽略。这种情况下，应注意温度变化引起的热应力疲劳所产生的影响。

（四）构件尺寸的影响

　　在疲劳强度试验中早就注意到了试样尺寸越大疲劳强度就越低这一现象。在以往的疲劳试验中，由于经费、试验设备的能力和时间的限制等因素，有相当数量的试验资料是从小试样取得的，应用这些试验资料时需考虑试样尺寸效应。导致大小试样疲劳强度有差别的主要

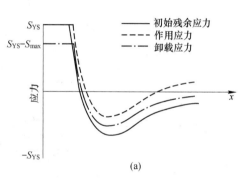

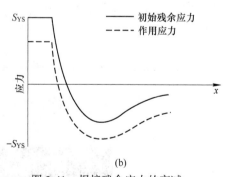

图 3-41　焊接残余应力的衰减

原因有两个方面：一是对处于均匀应力场的试样，大尺寸试样比小尺寸试样含有更多的疲劳损伤源；二是对处于非均匀应力场的试样，大尺寸试样疲劳损伤区中的应力比小尺寸试样更加严重。显然前者属于统计的范畴，后者则属于传统宏观力学的范畴。

四、提高焊接结构疲劳强度的措施

　　由上述分析可知，应力集中是降低焊接接头和结构疲劳强度的主要原因，只有当焊接

接头和结构的构造合理、焊接工艺完善、焊缝质量完好时，才能保证焊接接头和结构具有较高的疲劳强度，提高焊接和结构的疲劳强度，一般可采取下列措施：

（一）降低应力集中

1. 采用合理的结构形式

合理的结构形式可以减小应力集中，提高疲劳强度，图 3-42 所示为几种设计方案的正误比较。

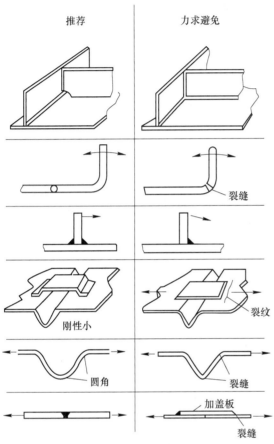

图 3-42　典型结构设计比较

（1）优先选用对接接头，尽量不用搭接接头；凡是结构中承受交变载荷的构件，尽量采用对接接头或开坡口的 T 形接头。图 3-43 是某发电车下油箱的焊接吊钩，在使用过程中吊钩角焊缝发现了疲劳裂纹。从静强度设计的角度看，该焊接吊钩的强度是安全的，但是由于焊缝处的弯曲刚度不协调，在一条较差的轨道线路上服役不久角焊缝的焊趾处就出现了疲劳裂纹。后来，按照图 3-44 示意的那样修改了该吊钩的局部结构，即将原角焊缝接头用一个无焊缝的角钢替代，接着用对接焊缝形成一个新的接头，对该焊缝而言，新接头的拉伸刚度是协调的，因此疲劳问题得到了解决。

并且对接接头焊缝的余高应尽可能小，最好能削平而不留余高。例如，国家体育馆"鸟巢"在焊接施工时，为了避免余高过大而影响疲劳强度，就采用了可视焊缝全部磨平，虽然其初衷不是完全考虑降低应力集中系数，但是客观上减少了钢结构体系的应力集中。

图 3-43　某发电车下油箱吊钩的角焊缝疲劳开裂

（2）尽量避免偏心受载的设计，使构件内力线传递流畅、分布均匀，不引起附加应力。

（3）减小断面突变，当板厚或板宽相差悬殊而必须对接时，过渡区应平缓；结构上的尖角或拐角处应设计成圆弧状，其曲率半径越大越好。

（4）避免三向焊缝空间汇交，焊缝尽量不设置在应力集中区。

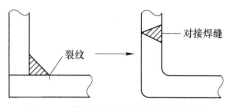

图 3-44 角焊缝移走为对接焊缝示意

2. 采取妥善的工艺措施

（1）虽然对接焊缝一般具有较高的疲劳强度，但如果焊缝质量不高，其中存在严重的缺陷，则疲劳强度将下降很多，甚至低于搭接接头。这是应当引起注意的。因此应尽可能地消除各种焊接缺陷，特别是平面形状缺陷，如裂纹、未熔合、未焊透等对疲劳强度的影响最大。

（2）当采用角焊缝时，需采取综合措施，如机械加工焊缝端部、合理选择角接板形状、焊缝根部保证熔透等来提高接头的疲劳强度。采取这些措施可以降低应力集中，并消除残余应力的不利影响。试验证明，采用综合处理后，低碳钢接头处的疲劳强度可提高3~13倍，对低碳合金钢的效果更加显著。

（3）用表面机械加工的方法消除焊缝及其附近的各种缺口和刻槽，可以大幅降低构件中的应力集中程度。需要指出的是这种方式成本高，只有在真正有益和便于加工的地方，才适合采用。

此外采用电弧整形的方法来代替机械加工，使焊缝与母材之间平滑过渡。这种方法常采用钨极氩弧焊在焊接接头的过渡区重熔一次，使焊缝与母材之间平滑过渡，同时还减少该部位的微小非金属夹杂物，从而提高了接头的疲劳强度。

（4）对某些结构，可以通过开缓和槽使力线绕开焊缝的应力集中处来提高接头的疲劳强度。

（二）调整残余应力场

消除接头应力集中处的残余拉应力或使该处产生残余压应力都可以提高接头的疲劳强度。

（1）整体处理。实践证明，采用整体退火热处理不一定都能提高构件的疲劳强度，在某些情况下反而使构件的疲劳强度降低。超载预拉伸方法可降低残余拉应力，甚至在某些条件下可在缺口尖端处产生残余压应力。因此它往往可以提高接头的疲劳强度。

（2）局部处理。采用局部加热或挤压可以调节焊接残余应力场，在应力集中处产生残余压应力。

（三）表面强化处理，改善材料性能

表面强化处理，用小轮挤压和用锤轻打焊缝表面及过渡区，或用小钢丸喷射（即喷丸处理）焊缝区等。经过这样处理后，不但形成有利的表面压应力，而且使材料局部加工硬化，从而提高了接头的疲劳强度。

此外，尽量减少焊缝中的夹渣、裂纹、气孔、未熔合、未焊透等缺陷，同时控制其数量、尺寸和形状能有效地提高疲劳强度。大气及介质侵蚀往往对材料的疲劳强度有影响，因此采用一定的保护涂层是有利的，例如在应力集中处涂上加填料的塑料层。

任务五　焊接结构的脆性断裂

自从焊接结构广泛应用以来，脆性断裂（简称脆断）、疲劳、应力腐蚀等造成的焊接结构的失效常常给人类带来灾难性的危害和巨大的损失，必须引起高度重视。疲劳破坏在前面已经讲述过，本节主要介绍脆断、应力腐蚀断裂产生的原因及防止脆断的措施。

一、脆性断裂事故分析

第二次世界大战前，比利时阿尔拜特（Albert）运河上建造了 50 余座威廉德式（Vierendeel）桥梁，从桥梁的设计上看，此种形式桥梁的刚性很大，材料为比利时当时生产的 St-42 钢（转炉钢），桥梁为全焊结构。1938 年 3 月 14 日，跨度为 74.2 m 的哈塞尔特桥（Hasselt，表 3-10 所示为桥梁简图及数据）在使用 14 个月以后，在载荷不大的情况下突然断为三截并落入运河中，事故发生时气温为 -20 ℃。在 1940 年 1 月 19 日和 25 日该运河上另外两座桥梁又发生局部脆断事故。从 1938 年到 1940 年间，所有 50 余座桥梁中共有十多座先后发生了脆断事故。由于战争原因，调查这些事故的委员会并没有公开发表完整的报告，只是在一些国家中部分地发表了有关这个问题的研究情况。

表 3-10　Vierendeel 桥梁简图及数据

//：典型裂纹部位

地名（桥名）	类　型	中间跨度/m	宽度/m	下弦杆	日　期	
					建成年份	失效
Hasselt	轻轨铁路和道路	74.2	14.3		1936	1938 年 3 月
Herenthalsoolen	轻轨铁路和道路	60	9.4		1937	1940 年 1 月
Kaulille	道路	48	8.7		1935	1940 年 1 月

1946 年，美国海军部发表资料表明，在第二次世界大战期间，美国制造的 4694 艘船只中，在 970 艘船上发现有 1442 处裂纹。这些裂纹多出现在万吨级的自由轮上，其中 24 艘甲板全部横断，1 艘船底发生完全断裂，8 艘从中腰断为两半，其中 4 艘沉没。值得注意的是，Schenectady 号 T-2 型油轮，该船建成于 1942 年 10 月，1943 年 1 月 16 日在码头停泊时发生突然断裂事故，当时海面平静，天气温和，其甲板的计算应力只有 70 MPa。

圆筒形储罐和球形储罐的破坏事故更为严重。一起事故发生在 1944 年 10 月 20 日美国东部的俄亥俄煤气公司液化天然气储存基地，该基地装有 3 台内径为 17.4 m 的球形储罐，一台直径为 21.3 m、高为 12.8 m 的圆筒形储罐。事故是由圆筒形储罐开始的，首先在其 1/3~1/2 的高度的断裂处喷出气体和液体，接着听见雷鸣般的响声，气体化为火焰，然后储罐爆炸，酿成大火。20 min 后，一台球罐因底脚过热而倒塌爆炸，使灾情进一步扩大，这次事故造成 128 人死亡，经济损失达 680 万美元。另一起事故发生在 1971 年西班牙马德里，一台 5000 m³ 球形煤气储罐，在水压试验时三处开裂而破坏，死伤 15 人。

随着焊接技术的发展，特别是材料科学的发展，焊接接头发生脆性破坏事故日益减少，但并未杜绝。20 世纪 70 年代以来仍发生过桥梁、压力容器、采油平台、球形容器等一些结构的脆性破坏事故。1995 年 1 月 17 日在日本阪神大地震中，一些按当时日本有关标准设计的钢结构的梁柱焊接接头发生了一系列脆性断裂，它们多起源于垫板。而在 1994 年的 1 月 17 日美国洛杉矶发生的里氏 6.8 级地震中，也造成了大量的梁-柱接头的脆性事故。与阪神地震结构损失不同，洛杉矶地区的梁-柱接头脆断前几乎未发生任何塑性变形，日本和美国梁柱接头品质有区别，但无一例外均出现上述脆断事故。

二、焊接结构的脆断

（一）焊接结构脆断的基本现象和特征

通过大量的焊接结构脆断事故分析，发现焊接结构脆断有下述一些现象和特征：
（1）通常在较低温度下发生，故称为低温脆断。
（2）结构在破坏时的应力远远小于结构设计的许用应力。
（3）破坏总是从焊接缺陷处或几何形状突变、应力和应变集中处开始的。
（4）断裂一般都在没有显著塑性变形的情况下发生，具有突然破坏的性质。
（5）破坏一经发生，瞬时就能扩展到结构的大部分或全体，因此脆断不易发现和预防。

（二）焊接结构脆断的原因

对各种焊接结构脆断事故进行分析和研究表明，焊接结构发生脆断是材料（包括母材和焊材）、结构设计及制造工艺三方面因素综合作用的结果。

1. 影响金属材料脆断的主要因素

同一种材料在不同条件下可以显示出不同的破坏形式。研究表明，最重要的影响因素是温度、应力状态和加载速度。这就是说，在一定温度、应力状态和加载速度下，材料呈延性破坏，而在另外的温度、应力状态和加载速度下材料又可能呈脆性破坏。

（1）应力状态的影响。试验证明，许多材料处于单向或双向拉应力时，呈现塑性；当材料处于三向拉应力时，不易发生塑性断裂而呈现脆性。在实际结构中，三向应力可能由三向载荷产生，但更多的情况下是由于结构的几何不连续性引起的。裂纹尖端或结构上其他应力集中点和焊接残余应力容易出现三向应力状态。

（2）温度的影响。金属的脆断在很大程度上取决于温度。一般而言，金属在高温时具有良好的变形能力，当温度降低时，其变形能力就减小，金属这种低温脆化的性质称为

"低温脆性"。把一组开有同样缺口的试样在不同温度下进行试验，随着温度降低，它们的破坏方式从塑性破坏变为脆性破坏。材料从塑性向脆性断裂转变的温度称为韧脆转变温度，又称临界温度。

（3）加载速度的影响。随着加载速度的增大，材料的屈服点提高，因而促使材料向脆性转变，其作用相当于降低温度。

（4）材料状态的影响。前述三个因素均属于引起材料脆断的外因，材料本身的状态对其韧-脆性的转变也有重要影响。

1）厚度的影响。厚度对脆断的不利影响可由两种因素决定：其一，厚板在缺口处容易形成三向拉应力，沿厚度方向的收缩和变形受到较大的限制而形成平面应变状态，如前所述，平面应变状态的三向应力使材料变脆；其二，厚板相对于薄板受轧制次数少，终轧温度较高，组织疏松，内外层均匀性较差，因而抗脆断能力较低，不像生产薄板时压延量大，终轧温度低，组织细密而具有较高的抗脆断能力。

2）晶粒度的影响。对于低碳钢和低合金钢来说，晶粒度对钢的韧脆转变温度有很大影响，晶粒度越细，转变温度越低，越不容易发生脆断。

3）化学成分的影响。钢中的碳、氮、氧、氢、硫、磷增加钢的脆性，另一些元素如锰、镍、铬、钒，如果加入量适当，则有助于减小钢的脆性。

4）显微组织的影响。一般情况下，在给定的强度水平下，钢的韧-脆转变温度由它的显微组织来决定。例如钢中存在的主要显微组织的组成物铁素体具有最高的韧-脆转变温度，随后是珠光体、上贝氏体、下贝氏体和回火马氏体。其中每种组成物的转变温度又随组成物形成时的温度以及在需经回火时的回火温度发生转变。

2. 影响焊接结构脆断的设计因素

焊接结构脆性断裂事故的发生，除了选材不当，结构的设计和制造不合理也是发生脆断的重要原因。在设计上，焊接结构的固有特点及某些不合理的设计都可能引起脆断。现分述如下：

（1）焊接结构是刚性连接。焊接为刚性连接，连接构件不能产生相对位移，结构一旦开裂，裂纹很容易从一个构件穿越焊缝传播到另一构件，进而扩展到结构整体，造成整体断裂；铆钉连接和螺栓连接由于接头处采用搭接，有一定相对位移的可能性，而使其刚度相对降低，万一有一构件开裂，裂纹扩展到接头处因不能跨越而自动停止，不会导致整体结构的断裂。

（2）焊接结构具有整体性。这一特点为设计合理的结构提供了广泛的可能性，因而是焊接结构的优点之一，但是如果设计不当，反而增加结构脆断的危险性。如采用应力集中程度较大的搭接接头、T形接头或角接接头，端面突变处不作过渡处理，造成三向拉应力状态，在高工作应力区布置焊缝等。

3. 影响焊接结构脆断的工艺因素

在焊接结构脆性破坏事故中，裂纹起源于焊接接头的情况是很多的，因此在制造时有必要对焊接接头部位给予充分的注意。

（1）两类应变时效引起的局部脆性。钢材随时间发生脆化的现象称为时效。钢材经一定塑性变形后发生的时效称为应变时效。焊接生产过程中一般包括切割、冷热成形（剪切、弯曲、矫正等）、焊接等工序，其中一些工序可能提高材料的韧-脆转变温度，使材料变脆。例如钢材经过剪切、冷作矫形、弯曲等工序产生了一定的塑性变形后经160~450 ℃温度范围的加热而引起应变时效，使钢材变脆。另一类应变时效是，在焊接时，近缝区的金属，尤其是在近缝区上尖锐刻槽附近或多层焊道中已焊完焊道中的缺陷附近的金属，受到热循环和热塑变循环（150~450 ℃）的作用，产生焊接应力-应变集中，产生较大的塑性变形，也会引起应变时效，这种时效称为热应变时效或动应变时效。

焊后热处理（550~650 ℃）可消除两类应变时效对低碳钢和一些合金结构钢的影响，可恢复其韧性。因此对应变时效敏感的一些钢材，焊后热处理既可以消除焊接残余应力，也可以消除应变时效的脆化影响，对防止结构脆断有利。

（2）焊接接头金相组织改变对脆性的影响。焊接过程是一个不均匀的加热过程，在快速加热和冷却条件下，使焊缝和热影响区发生了一系列金相组织的变化，因而相应地改变了接头部位的缺口韧性。热影响区的显微组织主要取决于母材的原始显微组织、材料的化学成分、焊接方法和焊接热输入。当焊接方法和钢种选定后，主要取决于焊接热输入。因此，合理地选择焊接热输入是十分重要的，对高强度钢更是如此。实践证明，对高强度钢的焊接，过小的焊接热输入造成淬硬组织并易产生裂纹，过大的焊接热输入又易造成晶粒粗大和脆化，降低其韧性。通常需要通过工艺试验，确定最佳的焊接热输入。可以采用多层焊，以适当的焊接参数焊接，来减小焊接热输入，可以获得满意的韧性。如日本德山球形容器（2226 m³）的脆性断裂事故就是由于采用了过大的焊接热输入而造成的。该容器采用高强度钢焊接，按工艺规定应采用的焊接热输入为48 kJ/cm，但在冬季施工，预热温度偏高，焊接热输入也偏大。事故分析表明，脆性断裂起源点的焊接热输入为80 kJ/cm，明显超过规定的热输入，使焊缝和热影响区的韧性显著降低。

（3）焊接残余应力的影响。焊接残余应力对结构脆断的影响是有条件的，当工作温度高于材料的韧-脆转变温度时，拉伸残余应力对结构的强度无不利影响，但是当低于韧-脆转变温度时，拉伸残余应力则有不利影响，它与工作应力叠加，可以形成结构的低应力脆性破坏。

（4）焊接缺陷的影响。在焊接接头中，焊缝和热影响区是最容易产生各种缺陷的地方。据美国在二战中对船舶脆断事故的调查表明，40%的脆断事故是从焊缝缺陷处开始的。焊接缺陷如裂纹、未熔合、未焊透、夹渣、咬边等都可以成为脆断的发源地。我国吉林某液化石油气厂的球罐破坏事故表明，断裂的发源地就是有潜在裂纹的焊缝的焊趾部位，在使用中进一步扩展而导致脆断。

焊接缺陷均是应力集中部位，尤其是裂纹，裂纹尖端应力应变集中严重，最易导致脆性断裂。裂纹的影响程度不但与尺寸、形状有关，而且与其所在的位置有关。若裂纹位于高值拉应力区，就更容易引起低应力破坏。若在结构的应力集中区（如压力容器的接管处、钢结构节点上等）产生缺陷就更加危险，因此最好将焊缝布置在应力集中区以外。

（三）防止焊接结构脆性断裂的措施

综上所述，造成结构脆性断裂的主要因素是：材料在工作条件下韧性不足，结构上存在严重应力集中（包括设计和工艺上的）和过大的拉应力（包括工作应力、残余应力和温度应力等）。若能有效地减少或控制其中某一因素，则发生脆断的可能性将显著减小。通常从选材、设计和制造三方面采取措施来防止结构的脆性断裂。

1. 正确选用材料

选择材料的基本原则是既要保证结构的安全性，又要考虑经济效益。一般而言，应使所选钢材和焊接填充金属材料保证在工作温度下具有合格的缺口韧性。因此选材应注意以下几点：

（1）在结构工作条件下，焊缝、熔合区和热影响区应具有足够的抗开裂性能，母材应具有一定的止裂性能。也就是说，不能让接头首先开裂，万一开裂，母材能够制止裂纹的传播。

（2）钢材的强度和韧度要兼顾，不能片面追求强度指标。

（3）充分了解结构的工作条件（如最低气温和气温变化以及载荷条件）。

2. 采用合理的结构设计

为减少和防止脆断，焊接结构设计必须遵守以下几项原则：

（1）尽量减少结构和接头的应力集中：①在结构中一些截面需要改变的地方，必须设计成平滑过渡，不允许有突变和尖角，如图3-45所示；②在设计中应尽量采用应力集中系数小的对接接头，搭接接头由于应力集中系数大，应尽量避免，如图3-46所示；③不同厚度的构件对接时，应尽可能采用圆滑过渡，见图3-47所示，其中以3-47(b)为最好，它的焊缝部位应力集中最小；④避免焊缝密集和采用十字交叉焊缝，相邻焊缝应保持一定的距离；⑤焊缝应布置在便于施焊和检验的部位，以减少焊接缺陷。

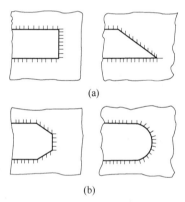

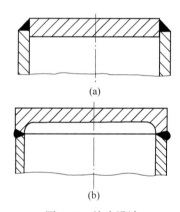

图 3-45　尖角过渡和平滑过渡的接头　　　　图 3-46　接头设计
(a) 不可采用；(b) 可以采用　　　　　　　(a) 不合理；(b) 合理

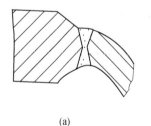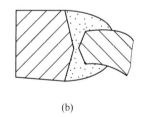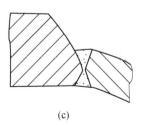

图 3-47　不同板厚的接头设计方案
(a) 合理；(b) 最好；(c) 不合理

（2）尽量减少结构的刚度。在满足结构的使用条件下，应当尽量减少结构的刚度，降低应力集中和附加应力的影响。如在压力容器的焊接接管中，为减少焊接部位的刚性，可采用开"缓和槽"的方法使其拘束度降低，如图 3-48 所示。

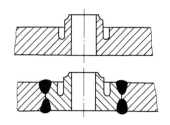

图 3-48　压力容器开缓和槽举例

（3）不采用过厚的截面，厚截面结构增大了结构的刚度，同时容易形成三向拉应力状态，限制了塑性变形，从而降低断裂韧度并提高脆性转变温度，增加脆断风险。此外，厚板轧制程度少，冶金质量不如薄板。

（4）对附件或不受力焊缝的设计，应和主要承力焊缝一样给予足够重视，因为脆性裂纹一旦从这些不受重视部位产生，就会扩展到主要受力的构件中，使结构破坏。

3. 全面控制制造质量

焊接结构制造中留下的严重缺陷是结构脆断的主要根源之一，因此应精心制造，注意以下问题：

（1）提高生产质量，严格执行制造工艺规程，按规定的工艺参数进行焊接，在保证焊透的前提下尽可能减小焊接热输入，禁止使用过大的焊接热输入。因为焊缝金属和热影响区过热会降低冲击韧度，焊接高强度钢时更应该注意。

（2）充分考虑应变时效引起局部脆性的不良影响。对应变时效敏感的材料，不应造成过大的塑性变形量，并在加热温度上予以注意或采用热处理来消除之。

（3）减小或消除焊接残余应力。焊后热处理不仅可以消除焊接残余应力，而且还可以消除两类应变时效的不良影响。

（4）保证焊接质量，加强生产管理，不能随意在构件上点焊或引弧，因为任何弧坑都是微裂纹源，在制造中应将可能产生的缺陷减小到最低程度。

此外，在生产中要减少造成应力集中的几何不连续性，如角变形和错边，还要采取措施防止焊接缺陷，如裂纹、未焊透、咬边等。在制造过程中还要加强质量检查，采用多种无损检测手段，及时发现缺陷，但返修时应慎重，对超标的裂纹尖缺陷应及时返修，而对气孔、夹渣类内部缺陷应格外慎重，以免有可能因修复引起新的问题。

三、焊接结构的应力腐蚀破坏

（一）应力腐蚀破坏概述

1. 应力腐蚀的概念

应力腐蚀破坏又简称为应力腐蚀，常简写为 SCC（stress corresion cracking），指材料或结构在腐蚀介质和静拉应力共同作用下引起的断裂。应力腐蚀破坏是一个自发的过程，只要把金属材料置于特定的腐蚀介质中，同时承受一定的应力，就可能产生应力腐蚀破坏。它往往在远低于材料屈服点的低应力作用下和即使很微弱的腐蚀环境中以裂纹的形式出现，是一种低应力下的脆性破坏，危害极大。特定的金属材料、特定的介质环境及足够的应力是产生应力腐蚀的三大条件，现分述如下：

（1）有拉应力存在。拉应力可以是外加载荷引起的，也可以是残余应力，如焊接残余应力。在发生应力腐蚀时，拉应力一般都很低，如果没有腐蚀介质的共同作用，该构件可以在该应力水平下长期工作而不断裂。

（2）总是存在腐蚀介质。腐蚀介质一般都很弱，如果没有拉应力同时作用，材料或构件的腐蚀速度一般很慢。

（3）一般只有合金才会产生应力腐蚀，纯金属不会发生这种现象，合金也只有在拉应力与腐蚀介质的共同作用下才会发生应力腐蚀。

2. 焊接结构的应力腐蚀破坏

（1）焊接结构的应力腐蚀。由于焊接过程中焊件受热不均匀等因素，使得焊接结构存在残余应力，其拉伸残余应力与腐蚀介质共同作用，就有可能导致焊接结构的应力腐蚀破坏。

焊接残余应力引起的结构应力腐蚀破坏事故占绝大部分，可达80%左右，并且主要集中在焊缝附近，特别是热影响区中。其次，弧坑、打弧及电弧擦伤等部位都会诱发应力腐蚀开裂。另外，焊接缺陷、未经消除应力处理的修补及现场组焊都有可能导致应力腐蚀开裂。

（2）焊接结构的应力腐蚀破坏事例。应力腐蚀是一种灾难性的腐蚀，是一种事先不易察觉的脆性断裂，即它使焊接结构等突然破坏，会引起多种不幸事故，如爆炸、火灾及环境污染等。据统计，英、美原子能容器及系统配管破坏事故 1/3 以上是由应力腐蚀引起的，德国一家化工厂在 1968～1972 年，应力腐蚀破坏超过全部腐蚀破坏事故的 1/4。在 1962 年 12 月，美国西弗吉尼亚州和俄亥俄州的一座桥梁突然断裂，正在过桥的车辆连同行人坠入河中，死亡 46 人。事后调查发现，钢梁因应力腐蚀和腐蚀疲劳的共同作用，产生裂纹而断裂，据报道，引起应力腐蚀的环境是大气中含有微量的 SO_2 或 H_2S。

（二）防止焊接结构产生应力腐蚀的措施

从上述事故可以看出，应力腐蚀破坏是危害最大的腐蚀形态之一，不仅造成经济上的重大损失，还经常引发灾难性事故，因此，应力腐蚀破坏应引起我们高度重视，有必要采取防护措施，尽量避免和消除应力腐蚀破坏。具体措施分析有以下几点。

1. 正确选材

由于引起应力腐蚀的腐蚀介质随着材料的种类不同而不同，因此应针对特定腐蚀环境选择合适的金属材料。选材时应尽量选用耐应力腐蚀性好的，价格适宜的金属与介质的组合。

2. 合理的结构设计

合理的结构设计有利于减小应力腐蚀破坏，设计时应考虑以下问题：

（1）在设计时应尽量避免和减小局部应力集中，尽可能使截面平滑过渡，应力分布均匀。图 3-49 为结构上的改进示例。

（2）在设计槽及容器等时，在施焊部位焊接时应采用连续焊而不用断续焊，避免产生缝隙，同时应考虑易于清洗和将液体排放干净，如槽底与排液口应有坡度。

（3）尽量采用同类材料，避免不同金属接触以防止电偶腐蚀，如必须采用不同金属材料，应注意它们之间必须绝缘。

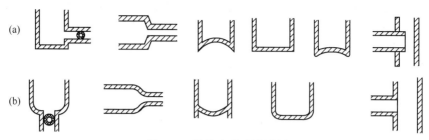

图 3-49 结构上的改进示例

（4）操作中应避免局部过热点，设计时应保证有均匀的温度梯度。因为温度不均会引起局部过热和高腐蚀速率，过热点产生的应力会引起应力腐蚀破坏。

3. 消除或调节焊接残余应力

（1）采用合理的施焊工艺减低焊接残余应力，并在加工过程中避免由于装配不当等所造成的局部应力。

（2）采用焊后热处理减小或消除焊接残余应力。对于一般的焊接钢结构采用消除应力退火处理。

（3）调节残余应力场使构件表面产生压应力。如果热处理消除残余应力实行起来有困难，可以采用水冷法焊接或在接头表面上进行喷丸、滚压、锤击等处理，使与介质接触的金属表面上产生压应力可以减小甚至避免应力腐蚀破坏。

4. 控制电位——阴极和阳极保护

使金属在介质中的电位远离应力腐蚀断裂的敏感电位区域，从而完成电化学保护。

此外，其他的措施包括使用镀层或涂层来隔离环境、加缓蚀剂以及改变介质条件可以减小或消除材料对应力腐蚀断裂敏感性。

综 合 练 习

3-1 填空题

（1）对于动载荷结构，可采用_____或_____的措施来降低应力集中，以提高接头的疲劳强度。

（2）由于 T 形接头焊缝向母材金属过渡较急剧，接头中应力分布极其不均匀，_____处，易产生很大的应力集中。

（3）在各种角焊缝构成的搭接接头中，在相同的焊脚尺寸的条件下，_____角焊缝的单位长度强度较_____角焊缝高，而_____角焊缝的单位长度强度介于两者之间。

3-2 简答题

（1）从强度观点看，为什么说对接接头是最好的接头形式？

（2）为什么说搭接接头不是一种理想的接头形式？

（3）搭接接头为什么宜采用联合搭接接头形式？

（4）设计搭接接头时，增加正面角焊缝有什么好处？

（5）为什么焊接结构中最好不要采用盖板接头？

（6）什么是应力集中？焊缝外形上什么地方容易产生应力集中？

（7）焊接接头产生应力集中的原因有哪些？为什么说应力集中对塑性材料的静载强度无影响？

（8）T形接头在什么地方有较大的应力集中？怎样减小T形接头的应力集中？

（9）应力集中系数 $K = 1.8$，表示什么意思？

（10）某对接接头，板厚10 mm，宽600 mm，两端受400000 N的拉力，材料为Q235-A钢，焊缝质量用普通方法检查，试校核其焊缝强度？

（11）悬臂梁搭接接头，$h = 400$ mm，$K = 8$ mm，在梁的端头作用一个弯矩 $M = 3000000$ N·mm，焊缝金属的许用应力 $[\tau'] = 100$ MPa，试设计焊缝长度 L。

（12）什么是疲劳破坏？影响焊接结构疲劳强度的因素有哪些？

（13）预防疲劳破坏和提高焊接结构疲劳强度的措施有哪些？

（14）影响焊接结构脆性断裂的设计因素有哪些？

（15）防止焊接结构脆性断裂的措施有哪些？

项目四　焊接结构备料及成形加工

学习目标：通过本章的学习，了解焊接结构的矫正及预处理的方法，掌握其划线、放样、下料与边缘加工的方法，掌握零件加工中几种常用的成形工艺。

任务一　钢材的矫正及预处理

焊接结构的制造，除了焊接外，还需经过许多工序，才能把各种类型的钢材制成符合设计要求的结构，达到使用性能的要求。尽管焊接结构形式各种各样，但生产工艺的一般步骤基本上是相似的。

焊接结构的生产必须在原材料合格的基础上进行，一般要经过原材料入厂检验→钢材的矫正→预处理→划线→放样→下料→成形→装配与焊接→产品检验等工序，这对保证产品质量、缩短生产周期、节约材料等均有重要的影响。但是由于各种原因，使钢材受到外力、加热等因素的影响，而产生不平、弯曲、扭曲、波浪等变形缺陷，这些变形将直接影响零部件和产品的制造质量，因此，必须对变形的钢材进行矫正。矫正就是对几何形状不符合产品要求的原材料进行修正，使其发生一定程度的塑性变形，从而达到技术要求所规定的正确几何形状的工艺过程。

一、钢材产生变形的原因

引起钢材变形的原因很多，从钢材的生产到零件加工的各个环节，都可能因各种原因而导致钢材的变形。钢材的变形主要来自以下几个方面。

（一）钢材在轧制过程中引起的变形

钢材在轧制过程中可能产生残余应力而变形。例如，在轧制钢板时，由于轧辊沿长度方向受热不均匀、轧辊弯曲、轧辊间隙不一致，而使板料在宽度方向的压缩不均匀，导致长度方向延伸不相等而产生变形。

热轧厚钢板时，由于金属的良好塑性和较大的横向刚度，延伸较多的部分克服了相邻延伸较少部分的作用，而产生板材的不均匀伸长。

（二）钢材因运输和不正确堆放产生的变形

生产压力容器所用的钢材，如果吊装、运输和存放不当，钢材就会因自重而产生弯曲、扭曲和局部变形。

（二）钢材在下料过程中引起的变形

钢材在划线以后，一般要经过气割、剪切、冲裁、等离子弧切割等工序。而气割、等离子弧切割过程是对钢材的局部进行加热而使其分离的过程。对钢材的不均匀加热必然会产生残余应力，进而导致钢材产生变形，尤其是在气割窄而长的钢板时，边上的一条钢板弯曲得最明显。在剪切、冲裁等工序时，由于工件的边缘受到剪切，必然产生很大的塑性变形。

综上所述，造成钢材变形的原因是多方面的。当钢材的变形大于技术规定或大于表 4-1 中的允许偏差时，划线前必须进行矫正。

表 4-1　钢材在划线前允许的偏差

偏 差 名 称	简　　图	允 许 值
钢板、扁钢的局部挠度	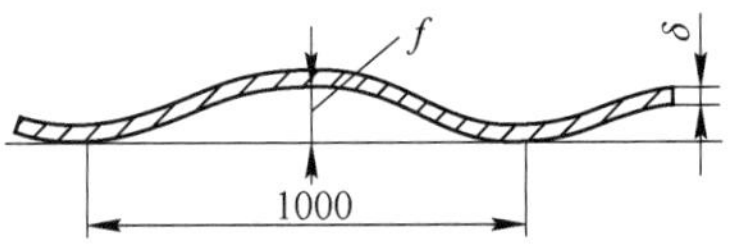	$\delta \geqslant 14,\ f \leqslant 1$ $\delta < 14,\ f \leqslant 1.5$
角钢、槽钢、工字钢、管的垂直度	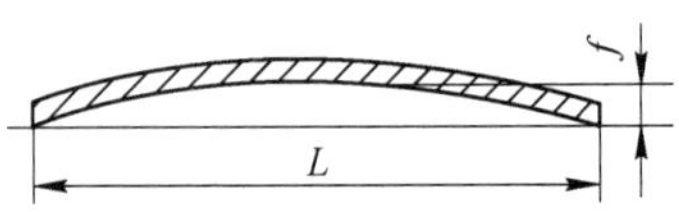	$f = \dfrac{L}{1000} \leqslant 5$
角钢两边的垂直度		$\Delta \leqslant \dfrac{b}{100}$
工字钢、槽钢翼缘的倾斜度	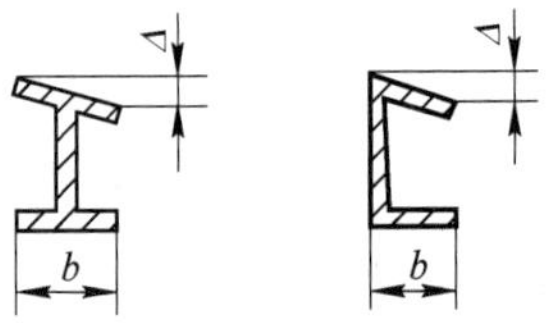	$\Delta \leqslant \dfrac{b}{80}$

二、钢材的矫正原理

钢材在厚度方向上可以假设是由多层纤维组成的，如图 4-1(a)。钢材平直时，各层纤维长度都相等，即 $ab = cd$。钢材弯曲后，各层纤维长度不一致，即 $a'b' \neq c'd'$ 见图 4-1(b)。可见，钢材的变形就是其中一部分纤维与另一部分纤维长短不一致造成的。矫正是通过采用加压或加热的方式进行的，其过程是把已伸长的纤维缩短，把已缩短的纤维拉长。最终使钢板厚度方向的纤维趋于一致。生产表明，10% ~ 100%的钢板、扁钢及 15% ~ 20%的型钢都需要矫正后才能使用。

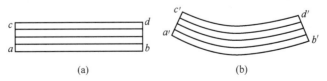

(a)　　　　　　　　　　　(b)

图 4-1　钢材平直和弯曲时纤维长度的变化

三、钢材的矫正方法

钢材的矫正可以在冷态下进行，也可以在热态下进行。冷态矫正简称冷矫形，热态矫正简称热矫形。根据外力的性质分为手工矫正、机械矫正、火焰矫正和高频热点矫正4种。矫正方法的选用，与工件的形状、材料的性能和工件的变形程度有关，同时与制造厂拥有的设备有关。一些机械类手册都有对冷矫正后允许变形量的规定值。为避免在低温下冷矫正或冷弯时产生脆裂，对于工程上广泛应用的碳素结构钢和低合金结构钢，当环境温度分别低于-16 ℃和-12 ℃时，不得进行冷矫正或冷弯曲。而当采用热矫正时，其加热温度不得超过 900 ℃。矫正后的钢材表面不应有明显的凹面或损伤，划痕深度应小于0.5 mm，且小于钢板厚度负偏差的1/2。

（一）手工矫形

手工矫正是采用手工工具，对已变形的钢材施加外力，以达到矫正变形的目的。手工矫正由于矫正力小，劳动强度大，效率低，所以常用于矫正尺寸较小的薄板钢材。手工矫正时，根据刚度大小和变形情况不同，有反向变形法和锤展伸长法。

（1）反向变形法。钢材弯曲变形时，对于刚性较好的钢材，可采用反向进行矫正。由于钢板在塑性变形的同时，还存在弹性变形，当外力消除后会产生回弹，因此为获得较好的矫正效果，反向弯曲矫正时应适当过量。反向弯曲矫正的应用见表4-2。

表4-2　反向弯曲矫正的应用

名称	变形示意图	矫正示意图	矫　正　要　点
钢板		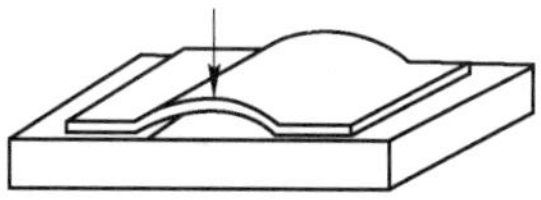	对于刚性较好的钢材，其弯曲变形可采用反向弯曲进行矫正。由于钢板在塑性变形的同时，还存在弹性变形，当外力消除后会产生回弹，因此为获得较好的矫正效果，反向弯曲矫正时应适当过量
角钢	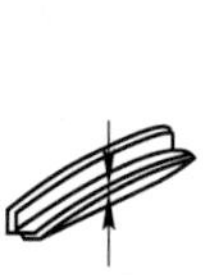	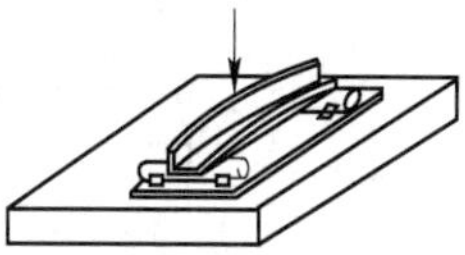	

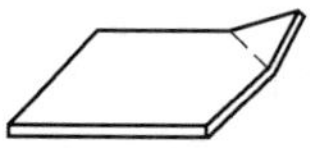

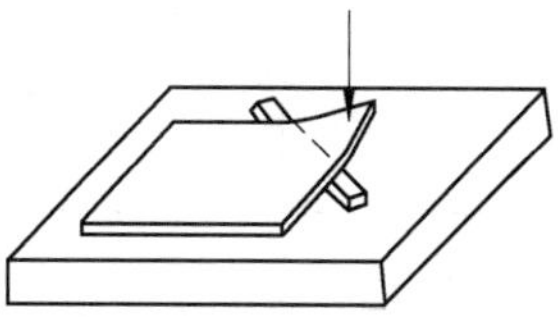

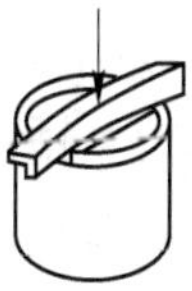

名称	变形示意图	矫正示意图	矫 正 要 点
圆钢			对于刚性较好的钢材，其弯曲变形可采用反向弯曲进行矫正。由于钢板在塑性变形的同时，还存在弹性变形，当外力消除后会产生回弹，因此为获得较好的矫正效果，反向弯曲矫正时应适当过量
槽钢			

当钢材产生扭曲变形时，可对扭曲部分施加反扭矩，使其产生反向扭曲，从而消除变形。反向扭曲矫正的应用见表 4-3。

表 4-3　反向扭曲矫正的应用

名称	变形示意图	矫正示意图	矫正要点
角钢			
扁钢			当钢材产生扭曲变形时，可对扭曲部分施加反扭矩，使其产生反向扭曲，从而消除变形
槽钢			

（2）锤展伸长法。对于变形较小或刚性较小的钢材，可锤击纤维较短处，使其伸长与较长纤维趋于一致，从而达到矫正目的。锤展伸长法矫正的应用见表 4-4。工件出现较复杂的变形时，其矫正的步骤为：先矫正扭曲，后矫正弯曲，再矫正不平。如果被矫正钢材表面不允许有损伤，矫正时应用衬板或用型锤衬垫。

表 4-4　锤展伸长法矫正的应用

变形名称		矫正示意图	矫 正 要 点
薄板	中间凸起	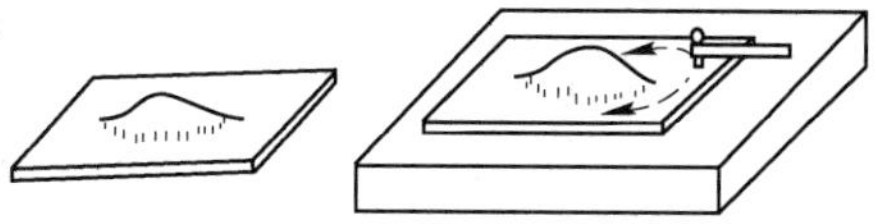	锤击由中间逐渐向四周，锤击力由中间轻至四周重
	边缘波浪形		锤击由四周逐渐移向中间，锤击力由四周轻向中间重
	纵向波浪形	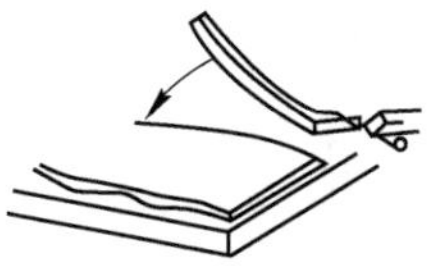	用拍板抽打，仅适用初矫的钢板
	对角翘起	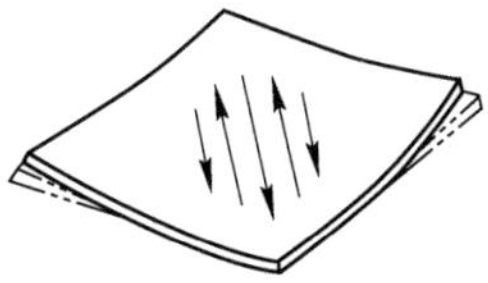	沿无翘起的对角线进行线状锤击，先中间后两侧依次进行
扁钢	旁弯	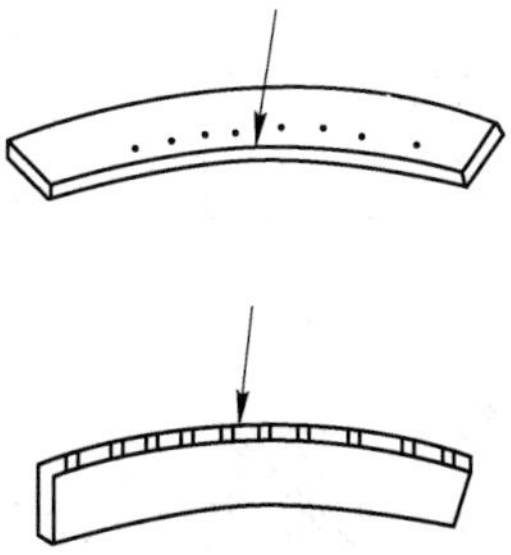	平放时，锤击弯曲凹部或竖起锤击弯曲的凸部
	扭曲	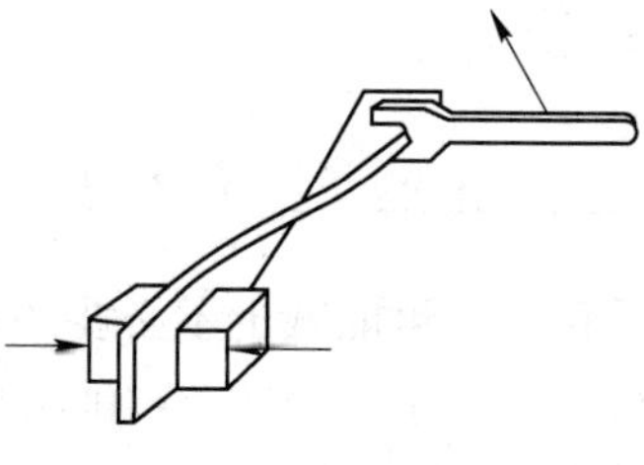	将扭曲扁钢的一端固定，另一端用叉形扳手反向扭曲

变形名称		矫正示意图	矫 正 要 点
角钢	外弯	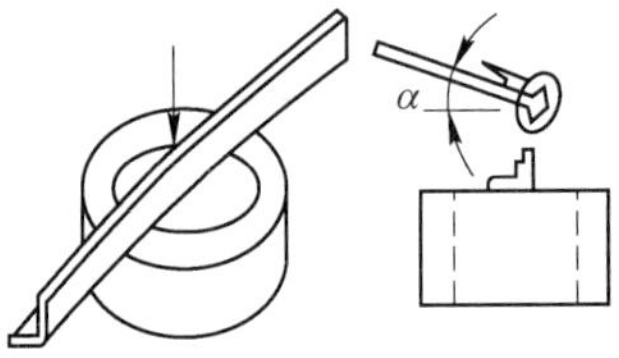	将角钢一翼边固定在平台上，锤击外弯角钢的凸部
	内弯	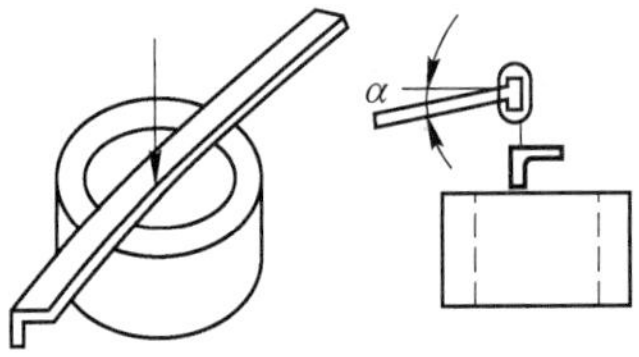	将内弯角钢放置于钢圈的上面，锤击角钢靠立肋处的凸部
	扭曲	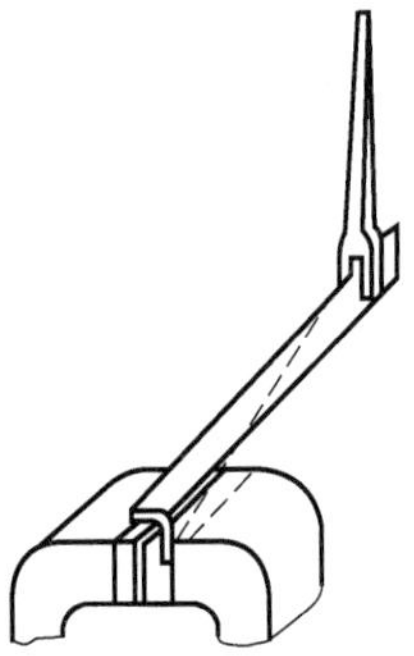	将角钢一端的翼边夹紧，另一端用叉形扳手反向扭曲，最后再用锤子矫直
	角变形	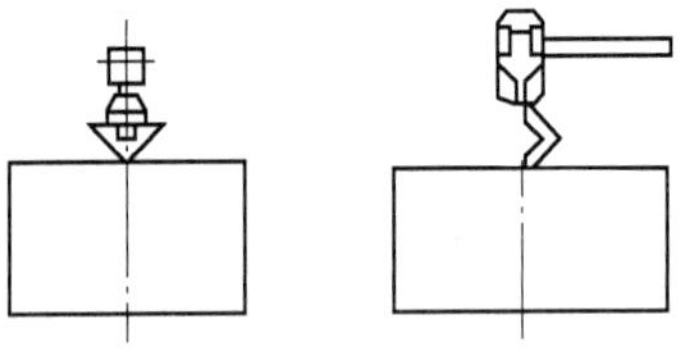	角钢翼边小于 90°，用型锤扩张角钢内角；角钢翼边大于 90°，将角钢一翼边固定，锤击另一翼边
槽钢	弯曲变形	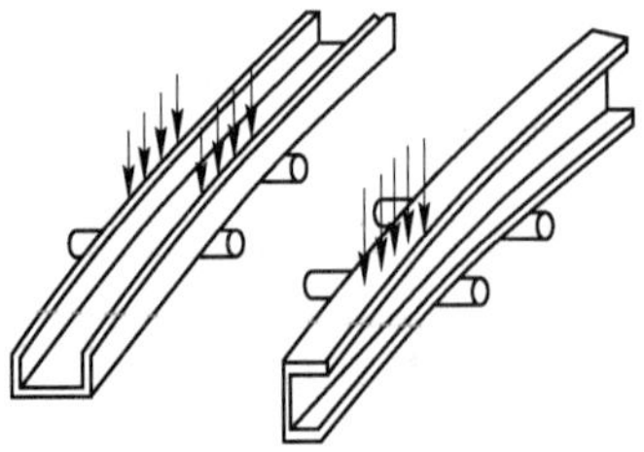	槽钢旁弯，锤击两翼边凸起处；槽钢上拱，锤击靠立肋上拱的凸起处

　　手工矫正一般在常温下进行，在矫正中尽可能减少不必要的锤击和变形，防止钢材产生加工硬化。对于强度较高的钢材，可将钢材加热至 750~1000 ℃ 的高温，以降低其强度、提高塑性，减小变形抗力，提高矫正效率。

（二）机械矫正

因手工矫正的作用力有限，劳动强度大，效率低，表面损伤大，不能满足生产需要；另一方面，冷作用的轧制钢材和工件的变形情况都比较有规律，所以许多钢材和工件一般采用机械方法进行矫正。机械矫正是利用三点弯曲使构件产生一个与变形方向相反的变形，使结构件恢复平直。机械矫正使用的设备有专用设备和通用设备。专用设备有钢板矫正机、圆钢与钢管矫正机、型钢矫正机、型钢撑直机等；通用设备指一般的压力机、卷板机等。

通过机械动力或液压力，对不平直的材料给予拉伸、压缩或弯曲作用，可使材料恢复平直状态。机械矫正的分类及适用范围见表 4-5。

表 4-5　机械矫正的分类及适用范围

矫正方法	简　图	适 用 范 围
拉伸机矫正	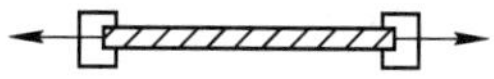	薄板、型钢扭曲的矫正、钢管、扁钢和线材弯曲的矫正
压力机矫正	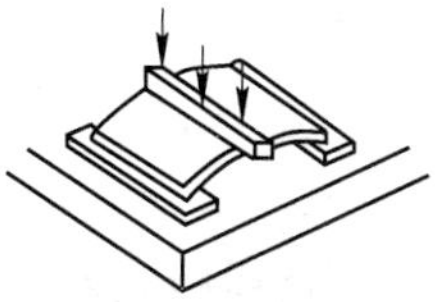	中厚板弯曲矫正
	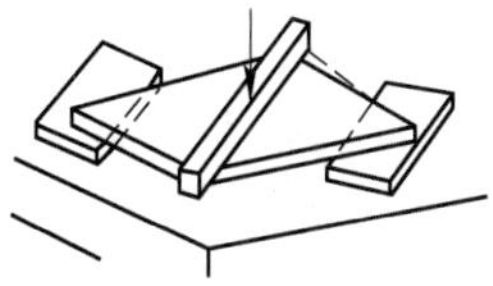	中厚板扭曲矫正
	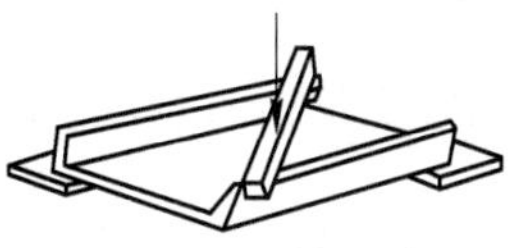	型钢的扭曲矫正
	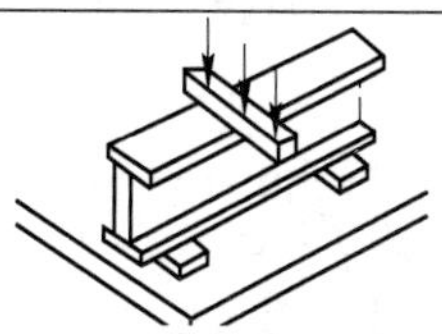	工字钢、箱形梁等的上拱矫正
	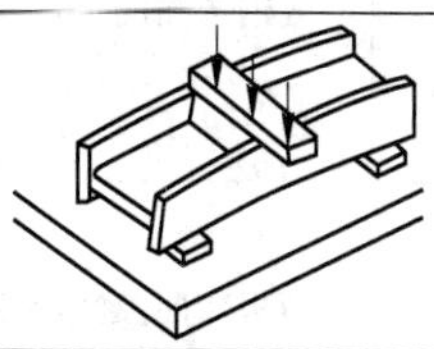	工字钢、箱形梁等的上旁弯矫正
	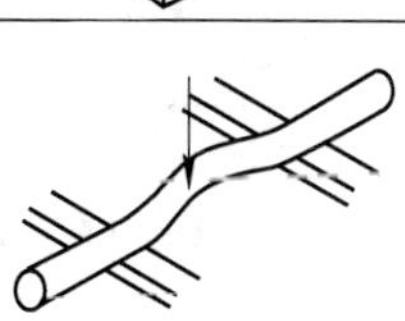	较大直径圆钢、钢管的弯曲矫正

矫正方法	简　图	适　用　范　围
撑直机矫正	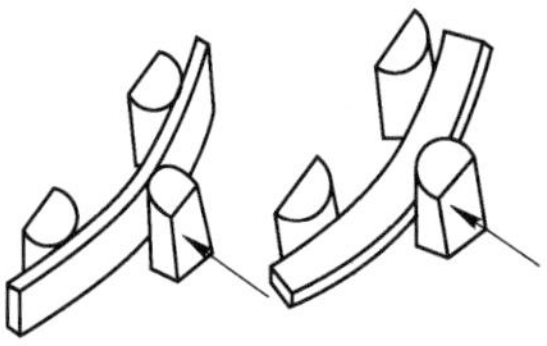	较长、面窄的钢板弯曲及旁弯的矫正
		槽钢、工字钢等上拱及旁弯的矫正
	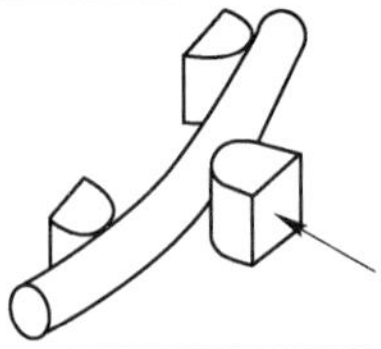	圆钢等较大尺寸圆弧的弯曲矫正
卷板机矫正	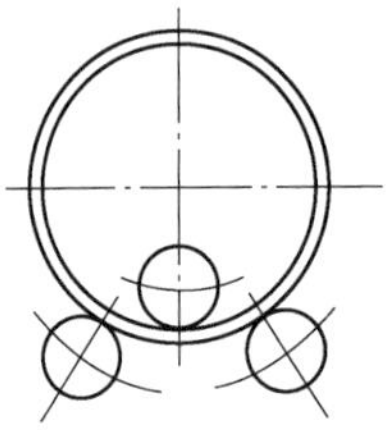	钢板拼接而成的圆筒体,在焊缝处产生凹凸、椭圆等缺陷的矫正
型钢矫正机矫正	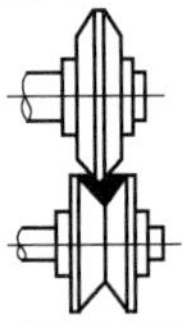	角钢翼边变形及弯曲的矫正
	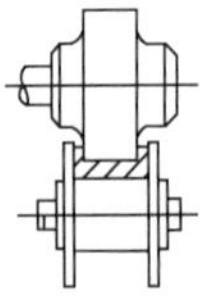	槽钢翼边变形及弯曲的矫正
	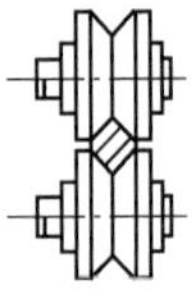	方钢弯曲的矫正
平板机矫正	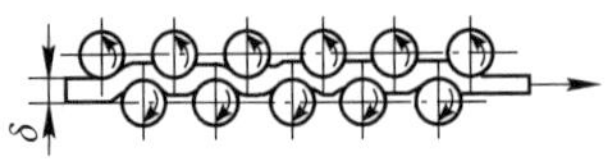	薄板弯曲及波浪变形的矫正
	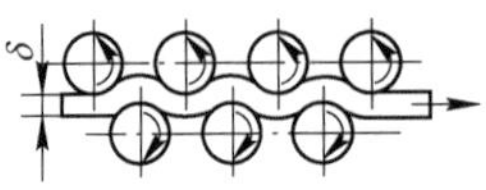	中厚板弯曲的矫正

续表 4-5

矫正方法	简　图	适 用 范 围
多辊机矫正		薄壁管和圆钢的矫正
		厚壁管和圆钢的矫正

钢板的矫正在矫正机上进行，其矫正原理为：矫正时钢板受轴辊的摩擦力所带动，当钢板通过上、下轴辊时，被强行反复弯曲，其弯曲应力超过材料的屈服极限，使其纤维产生塑性伸长，最后趋于平直。上、下轴辊呈交叉排列，下排轴辊为主动辊，由电动机驱动，它的位置不可调整。上排轴辊中，辊 2 为被动辊，它可作上、下调整。上排轴辊两边的轴辊为导向辊，它在钢板矫正时，不对钢板起弯曲作用，而是引导钢板进入矫正辊中或将钢板引出矫正辊，由于导向辊受力不大，其直径也相应较小。导向辊可上、下调整，也可单独驱动，如图 4-2 所示。

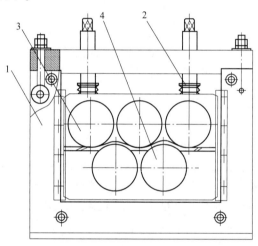

图 4-2　上、下排轴辊平行的矫正机工作示意图
1—机架；2—压辊升降装置；3—上压辊；4—下托辊

上排辊倾斜的矫正机上排辊除可作上、下调整外，还可作倾斜调整，即将上排辊中心线与下排中心线调整成一个夹角 φ，因而上、下轴辊间的距离向出口端渐增，使钢板在矫正时轴辊间弯曲的曲率逐渐减小，以至于在最后一个轴辊前钢板的弯曲已接近于弹性弯曲。在钢板矫正时，头几对轴辊使钢板产生弯曲，其余各辊则产生附加拉力，因而可大幅提高薄钢板的矫正质量，如图 4-3 所示。

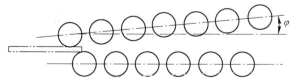

图 4-3　上排辊倾斜的矫正机工作示意图

具有成对导向辊的矫正机用于矫正薄钢板，这种矫正机所不同的是两端设有成对导向

轴辊 1，导向辊的一端或两端做成可驱动的，板材被压在导向辊间，并使进料导向辊的圆周速度比中间工作辊低，钢板在导向辊与工作辊 2 间被拉紧。同样，使出料导向辊的圆周速度等于或稍大于工作辊的圆周速度，所以钢板在矫正过程中，除发生弯曲外，还有附加的拉力，这种矫正机矫正薄钢板，效果较好，如图 4-4 所示。

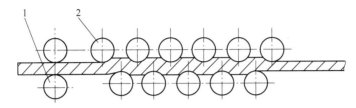

图 4-4　具有成对导向辊的矫正机工作示意图

1—导向轴辊；2—工作辊

扁钢和小块钢板也可以在矫正机上矫平，将扁钢和小块钢板放在一块衬垫的钢板上一起进行辊矫即可，如图 4-5 所示。

图 4-5　小块钢板的辊矫

型钢矫正原理和钢板矫正原理基本相同，当型钢通过上、下辊轮之间使其反复弯曲时，型钢纤维被拉长而矫正。在矫正时，型钢进入辊轮后要来回滚动几次便能矫直，这种矫正机不但能使弯曲型钢矫直，还能矫正型钢断面的几何形状。图 4-6 所示为型钢矫正机工作辊示意图，其上、下两列辊交错排列，上列辊的位置可以上、下调整，辊的形状与被矫正型钢的断面形状相同。当矫正断面形状不同的型钢时，辊轮可按型钢断面形状调换。

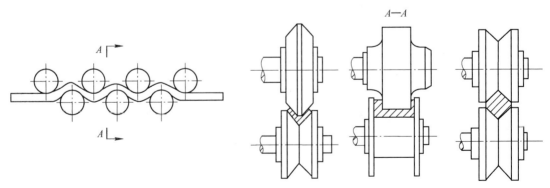

图 4-6　型钢矫正示意图

钢板有特殊变形情况时，需采取一定措施才能矫正，钢板特殊变形的矫正方法见表 4-6。

表 4-6 钢板特殊变形的矫正方法

钢板特征	矫 正 方 法	
	简 图	说 明
松边钢板（中部较平，而两侧纵向呈波浪形）		调整托辊，使上辊向下挠曲
		在钢板的中部加垫板
紧边钢板（中部纵向呈波浪形，而两侧较平）		调整托辊，使上辊向上挠曲
	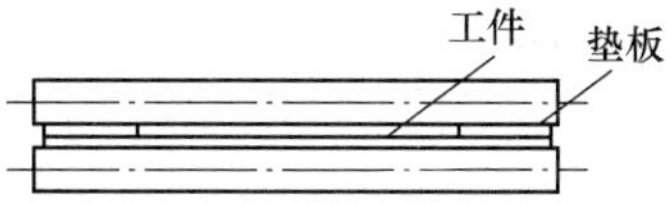	在钢板两侧加垫板
单边钢板（一侧纵向呈波浪形，而另一侧较平）	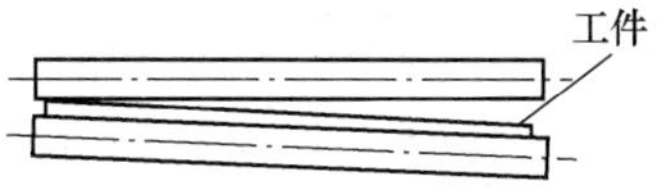	调整托辊，使上辊倾斜
	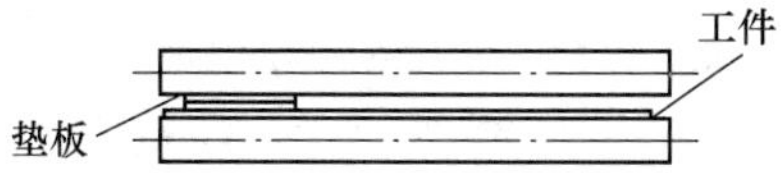	在紧边一侧加垫板
小块钢板	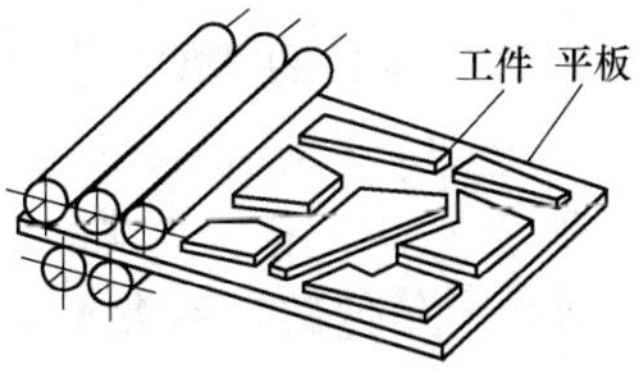	将许多厚度相同的小块钢板均布于大平板上矫正，然后翻身再矫

（三）火焰矫正

火焰矫正法是利用火焰对钢材的伸长部位进行局部加热，使其在较高温度下发生塑性变形，冷却后收缩而变短，这样使构件变形得到矫正。火焰矫正操作方便灵活，所以应用比较广泛。

1. 火焰矫正的原理

火焰矫正是采用火焰对钢材的变形部位进行局部加热，利用钢材热胀冷缩的特性，使加热部分的纤维在四周较低温度部分的阻碍下膨胀，产生压缩塑性变形，冷却后纤维缩短，使纤维长度趋于一致，从而使变形得以矫正。

2. 决定火焰矫正效果的因素

决定火焰矫正效果的因素主要有以下几点：

（1）火焰加热的方式。火焰加热的方式主要有点状加热、线状加热和三角形加热，如图 4-7 所示。加热方式、适用范围及加热要领见表 4-7。

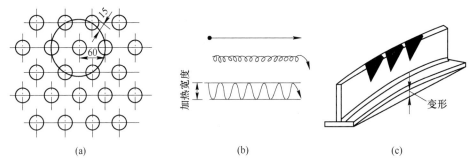

图 4-7　火焰加热的方式

（a）点状加热；（b）线状加热；（c）三角形加热

表 4-7　加热方式、适用范围及加热要领

加热方式	适 用 范 围	加 热 要 领
点状加热	薄板凹凸不平，钢管弯曲等矫正	变形量大，加热点距小，加热点直径适当大些；反之，则点距大，点径小些。薄板加热温度低些，厚板加热温度高些
线状加热	中厚板的弯曲、T 形架、工字梁焊后角变形等的矫正	一般加热线宽度为板厚的 0.5~2 倍，加热深度是板厚的 1/3~1/2。变形越大、加热深度应越大一些
三角形加热	变形较严重，刚度较大的构件变形的矫正	一般加热三角形高度约为材料宽度的 0.2 倍，加热三角形底部宽应依变形程度而定，加热区域大，收缩量也较大

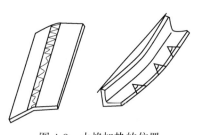

图 4-8　火焰加热的位置

（2）火焰加热的位置。火焰加热的位置应选择在金属纤维较长的部位或者凸出部位，如图 4-8 所示。

（3）火焰加热的温度。生产中常采用氧-乙炔火焰加热，应采用中性焰。一般钢材的加热温度应在 600~800 ℃，低碳钢不大于 850 ℃；厚钢板和变形较大的工件，加热温度取 700~850 ℃，加热速度要缓慢；薄钢板和变形较小的工件，加热温度取 600~700 ℃，加热速度要快；严禁在 300~500 ℃时进行矫正，以防钢材脆裂。

为了提高矫正质量和矫正效果，还可施加外力作用或在加热区域用水急冷，以提高矫正效率。但对厚钢板和具有淬硬倾向的钢材（如低合金高强度钢、合金钢等），不能用水急冷，以防止产生裂纹和淬硬。常用钢材和简单焊接结构件变形的火焰矫正要点见表 4-8。

表 4-8　常用钢材和简单焊接结构件变形的火焰矫正要点

变形情况		简　图	矫正要点
薄钢板	中部凸起	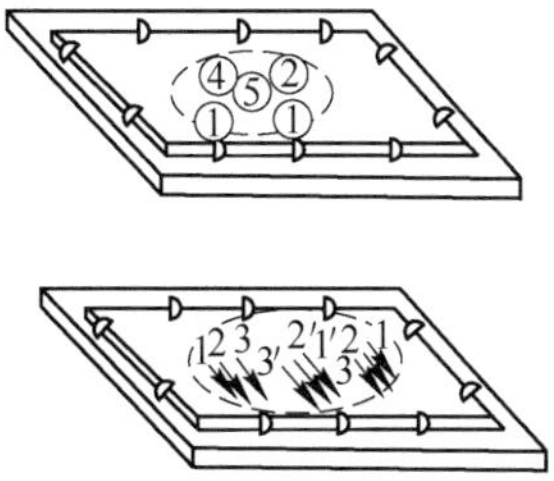	中间凸部较小，将钢板四周固定在平台上，点状加热在凸起四周，加热顺序如图中数字 凸部较大，可用线状加热，先从中间凸起的两侧开始，然后向凸起中间围绕
	边缘呈波浪形		将三条边固定在平台上，使波浪形集中在一边上，用线状加热，先从凸起的两侧处开始，然后向凸起处围绕。加热长度为板宽的 1/3~1/2，加热间距视凸起的程度而定，如一次加热不能矫平，则进行第二次矫正，但加热位置应与第一次错开，必要时，可用浇水冷却，以提高矫正的效率
型钢	局部弯曲变形	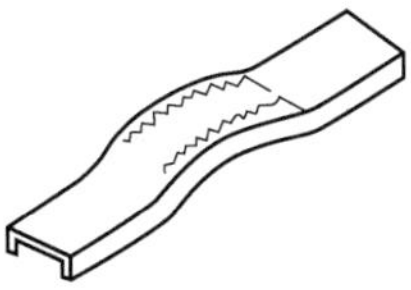	矫正时，在槽钢的两翼边处同时向一个方向作线状加热，加热宽度按变形程度的大小确定，变形大，加热宽度大些
	旁弯	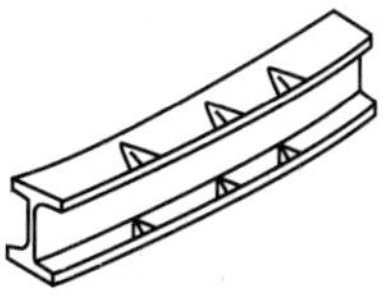	在旁翼边凸起处，进行若干三角形状加热矫正
	上拱	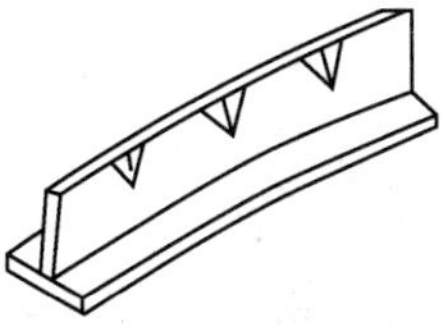	在垂直立肋凸起处，进行三角形加热矫正
钢管局部弯曲		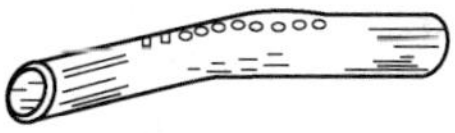	采用点状加热在钢管凸起处，加热速度要快，每加热一点后迅速移至另一点，一排加热后再取另一排
焊接梁	角变形	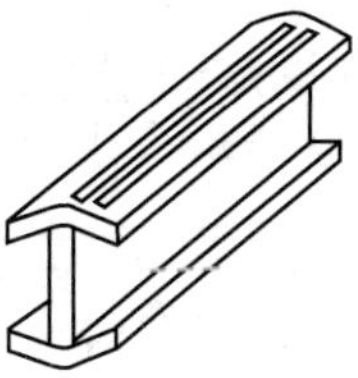	在焊接位置的凸起处进行线状加热，如板较厚，可在两条焊缝背面同时加热矫正

变形情况		简　图	矫　正　要　点
焊接梁	上拱	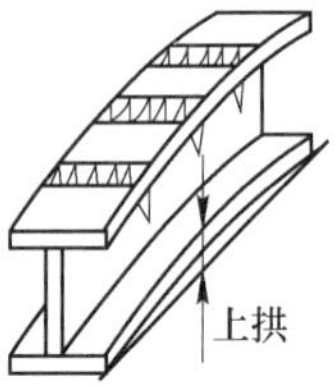	在上拱面板上用线状加热，在立板上部用三角形加热矫正
	旁弯	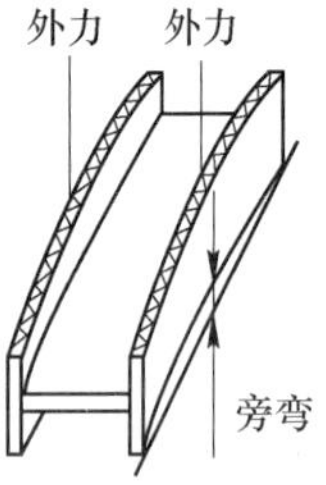	在上下两侧板的凸起处，同时采用线状加热，并附加外力矫正

3. 火焰矫正的步骤

（1）分析变形的原因和钢结构的内在联系。

（2）正确找出变形的部位。

（3）确定加热方式、加热部位和冷却方式。

（4）矫正后检验。

（四）高频热点矫正

高频热点矫正是在火焰矫正的基础上发展起来的一种新工艺，它可以矫正任何钢材的变形，尤其对尺寸较大、形状复杂的工件，效果更显著。其原理是：通入高频交流电的感应圈产生交变磁场，当感应圈靠近钢材时，钢材内部产生感应电流（即涡流），使钢材局部的温度立即升高，从而进行加热矫正。加热的位置与火焰矫正时相同，加热区域的大小取决于感应圈的形状和尺寸。感应圈一般不宜过大，否则加热慢；加热区域大，也会影响加热矫正的效果。一般加热时间为 4~5 s，温度约为 800 ℃。

感应圈是采用纯铜管制成宽 5~20 mm、长 20~40 mm 的矩形，铜管内通水冷却。高频热点矫正与火焰矫正相比，不但效果显著，生产率高，而且操作简便。

四、钢材的预处理

对钢材表面进行去除铁锈、油污、清理氧化皮等，称为预处理。预处理的目的是把钢材表面清理干净，为后续加工做准备。为防止零件在加工过程中再一次被污染，一些预处理工艺还要在表面清理后喷保护底漆。常用的预处理方法有机械法和化学法。

（一）机械除锈法

机械除锈法常用的主要有喷砂（或喷丸）、手动砂轮或钢丝刷、砂布打磨、刮光或抛光等。

（1）喷砂法。喷砂是目前广泛用于钢板、钢管、型钢及各种钢制件的预处理方法。它不但可以清除工件表面的铁锈、氧化皮等各种污物，而且能使钢材表面产生一层均匀的粗糙表面。

　　喷砂设备系统如图4-9所示，压缩空气经导管1流经混砂管2内的空气喷嘴时，空气喷嘴前端造成负压，将储存在砂斗6中的砂粒经放砂旋塞3吸入并与气流混合，然后经软管4从喷嘴5喷出，冲刷到工件的表面，将铁锈的氧化皮剥离，从而达到除锈的目的。喷砂使用的压缩空气压力一般为0.5~0.7 MPa。由于砂粒是从喷嘴喷出，这种运动状态的砂粒对喷嘴有较强的磨损作用，因此，喷嘴采用硬质合金、陶瓷等耐磨材料制成。砂粒

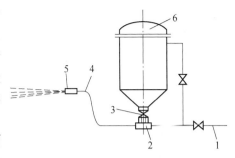

图4-9　喷砂设备系统
1—压缩气体导管；2—混砂管；3—旋塞；
4—软管；5—喷嘴；6—砂斗

采用坚硬的清洁干燥的硅砂，粒度应均匀。喷砂法质量好、效率高，但粉尘大，一般是在密封的喷砂室内进行。

　　（2）喷丸法。利用在导管中高速流动的压缩空气气流，使铁丸冲击金属表面的锈层，达到除锈的目的。铁丸直径为0.8~1.5 mm（厚板可用2.0 mm）。压缩空气压力一般为0.4~0.5 MPa。喷丸除锈多用于零件或部件的整体除锈，但这种除锈法生产效率不高，为6~15 m²/h。

　　（3）抛丸法。抛丸法是利用专门的抛丸机将铁丸或其他磨料高速地抛射到钢材的表面上，以清除表面的氧化皮、铁锈和污垢。抛丸机有立式和卧式两种。立式抛丸机不易形成连续生产，一般应用少；卧式抛丸机对钢材表面处理质量比较均匀，可直接用传送辊道输送，应用较广。

　　另外，喷砂（或抛丸）也常用在焊接结构在涂料前的清理上。图4-10为钢材预处理生产线，它是将钢板矫正、表面清理和防护作业合并在一起，组成了钢材预处理流水线，包括钢板的吊运、矫正、表面除锈清理、喷涂防护底漆和烘干等工艺过程。

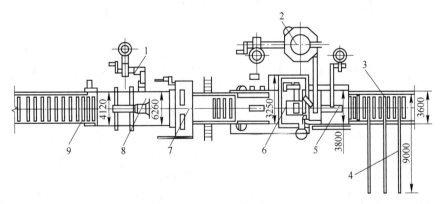

图4-10　钢材预处理生产线
1—虑气器；2—除尘器；3—进料辊道；4—横向上料机构；5—预热室；
6—抛丸机；7—喷漆机；8—烘干室；9—出料辊道

钢材经喷砂（或喷丸）除锈后，随即进行防护处理，其步骤为：

　　（1）用经净化过的压缩空气将原材料表面吹净。

（2）涂刷防护底漆或浸入钝化处理槽中做钝化处理，钝化剂可用质量分数为 10% 的磷酸锰铁水溶液处理 10 min，或用质量分数为 2% 的亚硝酸溶液处理 1 min。

（3）将涂刷防护底漆后的钢材送入烘干炉中，用加热到 70 ℃ 的空气进行干燥处理。

（二）化学除锈法

化学除锈法即用腐蚀性的化学溶液对钢材表面进行清理。此方法效率高，质量均匀而稳定，但成本高，并会对环境造成一定的污染。

化学处理法一般分为酸洗法和碱洗法。酸洗法可除去金属表面的氧化皮、锈蚀物等污物；碱洗法主要用于去除金属表面的油污。其工艺过程一般是将配制好的酸、碱溶液装入槽内，将工件放入浸泡一定时间，一般先入碱槽去油，后入酸槽除锈，再用清水洗净余酸，有的产品及时喷底漆（黑色金属）或阳极化（铝合金等），以防腐蚀。

（三）火焰除锈法

火焰除锈为除锈工艺之一，火焰除锈代号为 Ft，主要工艺是先将基体表面锈层铲掉，再用火焰烘烤或加热，并配合使用动力钢丝刷清理加热表面。

火焰除锈的原理：利用火焰产生的高温将基体表面的污物（油污、碳化物、有机物）燃烧去除；同时在高温下，铁锈及氧化皮与基体热膨胀系数不同，产生凸起、开裂，从而与基体剥离，达到最终除锈（同时也除油）的目的。

火焰除锈适用于除掉旧的防腐层（漆膜）或带有油浸过的金属表面工程，不适用于薄壁的金属设备、管道，也不能使用在退火钢和可淬硬钢除锈工程上。目前火焰除锈法在国内外的大多数矿厂的使用都比较少。

火焰除锈的优点是方法非常简单，但是其缺点是会对部件产生不利的影响，尤其对于较薄的钢板，会产生局部过热、变形、产生热应力等，从而影响到产品的质量。

任务二　压力容器的划线、放样与下料

在焊接生产过程中，装配时所需要零件的一切准备统称为备料。备料需要经过对原材料的矫正、划线、放样及号料、下料、开坡口、成形等过程。焊接结构的种类繁多，往往应用于航空、能源、工程机械、建筑、桥梁、船舶等多种领域，应用十分广泛。

划线与放样是制造焊接结构的第一道工序，它对保证产品质量、缩短生产周期、节约原材料等都有着重要的作用。

一、划线

划线是根据设计图样及工艺要求（例如需要留取的加工余量或焊缝收缩量等），按照 1∶1 的比例，将待加工工件的形状尺寸以及各种加工符号划在钢板或经过初加工的坯料上的加工工序。划线通常用手工操作完成，如图 4-11 所示。目前，光学投影划线、数控划线等一些先进的划线方法正在被

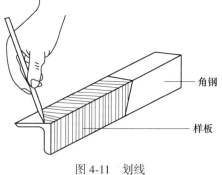

图 4-11　划线

逐步采用，以代替手工划线。

划线时应根据设计图样上的图形和尺寸，准确地按 1：1 的比例在待下料的钢材表面上划出加工界线。划线的作用是确定零件各加工表面的余量和孔的位置，使零件加工时有明确的标志；还可以检查毛坯是否正确；对于有些误差不大，但已属不合格的毛坯，可以通过借料得到挽救。划线的精度要求在 0.25~0.5 mm。

正确识读产品施工图是准确划线的基础，产品施工图的识读一般按以下顺序进行：首先，阅读标题栏，了解产品名称、材料、质量、设计单位等，核对各个零部件的图号、名称、数量、材料等，确定哪些是外购件（或库领件），哪些为锻件、铸件或机加工件；再阅读技术要求和工艺文件，正式识图时，要先看总图，后看部件图，最后再看零件图；有剖视图的要结合剖视图，弄清大致结构，然后按投影规律逐个零件阅读，先看零件明细表，确定是钢板还是型钢；最后再看图，弄清每个零件的材料、尺寸及形状，还要看清各零件之间的连接方法、焊缝尺寸、坡口形状，是否有焊后加工的孔洞、平面等。

（一）划线的基本规则

（1）垂线必须用作图法。

（2）用划针或石笔划线时，应紧抵直尺或样板的边沿。

（3）用圆规在钢板上划圆、圆弧或分量尺寸时，应先打上样冲眼，以防圆规尖滑动。

（4）平面划线应遵循先划基准线，后按由外向内、从上到下、从左到右的顺序划线的原则。先划基准线，是为了保证加工余量的合理分布，划线之前应该在工件上选择一个或几个面或线作为划线的基准，以此来确定工件其他加工表面的相对位置。一般情况下，以底平面、侧面、轴线为基准。

划线的准确度取决于作图方法的正确性、工具质量、工作条件、作图技巧、经验、视觉的敏锐程度等因素。除以上因素之外还应考虑到工件因素，即工件加工成形时如气割、卷圆、热加工等的影响；装配时板料边缘修正和间隙大小的装配公差影响；焊接和火焰矫正的收缩影响等。

（二）划线的方法

划线可分为平面划线和立体划线两种。

（1）平面划线与几何作图相似，在工件的一个平面上划出图样的形状和尺寸。有时也可以采用样板一次划成。

（2）立体划线是在工件的几个表面上划线，亦即在长、宽、高，三个方向上划线。

（三）划线时应注意的问题

（1）熟悉产品的图样和制造工艺，根据图样检验样板、样杆，核对选用的钢号、规格应符合规定的要求。

（2）检查钢板表面是否有麻点、裂纹、夹层及厚度不均匀等缺陷。

（3）划线前应将材料垫平、放稳，划线时要尽可能使线条细且清晰，笔尖与样板边缘间不要内倾和外倾。

（4）划线时应标注各道工序用线，并加以适当标记，以免混淆。

（5）弯曲零件时，应考虑材料的轧制纤维方向。

（6）钢板两边不垂直时，一定要去边。划尺寸较大的矩形时，一定要检查对角线。

（7）划线的毛坯，应注明产品的图号、件号和钢号，以免混淆。

（8）注意合理安排用料，提高材料的利用率。同时应注意零件在材料上位置的排布，应符合制造工艺的要求。例如，某些需经弯曲成形的零件，要求弯曲线与材料的纤维方向垂直；需要在剪床上剪切的零件，其零件位置的排布应保证剪切加工的可行性。

常用的划线工具有划线平台、划针、划规、角尺、样冲、曲尺、石笔、粉线等。

（四）基本线型的划法

1. 直线的划法

（1）直线长不超过 1 m 可用直尺划线。划针尖或石笔尖紧抵钢直尺，向钢直尺的外侧倾斜 15°~20°划线，同时向划线方向倾斜。

（2）直线长不超过 5 m 用弹粉法划线。弹粉线时把线两端对准所划直线的两端点，拉紧使粉线处于平直状态，然后垂直拿起粉线，再轻放。若是线较长时，应弹两次，以两线重合为准；或是在粉线中间位置垂直按下，左右弹两次完成。

（3）直线超过 5 m 用拉钢丝的方法划线，钢丝取 $\phi 0.5~1.5$ mm。操作时，两端拉紧并用两个垫块垫托，其高度尽可能低些，然后可用 90°角尺靠紧钢丝的一侧，在 90°下端定出数点，再用粉线以三点弹成直线。

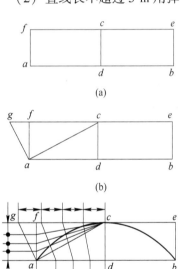

图 4-12　大圆弧的准确划法

2. 大圆弧的划法

放样或装配有时会碰上划一段直径为十几米甚至几十米的大圆弧，因此，一般的地规和盘尺不能适用，只能采用近似几何作图或计算法作图。

（1）大圆弧的准确划法。已知弦长 ab 和弦弧距 cd，先作一矩形 $abef$（见图 4-12（a）），连接 ac，并作 ag 垂直于 ac（见图 4-12（b）），以相同数（图上为 4 等分）等分线段 ad、af、cg，对应各点连线的交点用光滑曲线连接，即为所划的圆弧（见图 4-12（c））。

（2）大圆弧的计算法。计算法比作图法要准确得多，一般采用计算法求出准确尺寸后，再划大圆弧。图 4-13 为已知大圆弧半径为 R，弧弦距离为 ab，弦长为 eg，求 ae 线上任意一点 d 的弧高 dc。

解：作 $cf \perp Ob$，因 $cf = ad$，$cd = af$

$$Of = \sqrt{R^2 - ad^2} \quad Oa = R - ab$$

所以 $cd = af = Of - Oa$

$$cd = \sqrt{R^2 - ad^2} - R + ab \tag{4-1}$$

式（4-1）中 R、ab 为已知，d 为 ae 线上的任意一点，只要设一个 ad 长，即可代入式中求出 dc 的高，c 点求出后，则大圆弧 ace 即可划出。

二、放样

所谓放样就是在产品图样基础上，根据产品的结构特点、制造工艺要求等条件，按一定比例（通常取 1：1）准确绘制结构的全部或部分投影图，并进行结构的工艺性处理和必要的计算及展开，最后获得产品制造过程所需要的数据、样杆、样板和草图等。

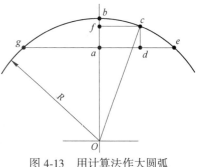

图 4-13　用计算法作大圆弧

（一）放样方法

放样方法是指将零件的形状最终划到平面钢板上的方法，主要有实尺放样、展开放样和光学放样等。随着科学技术的发展，又出现了比例放样、电子计算机放样等新工艺，并在逐步推广应用。

（1）实尺放样。根据图样的形状和尺寸，用基本的作图方法，以产品的实际大小划到放样平台的工作称为实尺放样。其过程主要是识读施工图以及结构放样。

识读施工图要做到弄清产品的用途以及一般的技术要求，了解产品的外部尺寸、质量、材质、加工数量等概况并与本厂加工能力相比较，确定或熟悉产品制造工艺，弄清各部分投影关系和尺寸要求并确定可变动和不可变动的部位以及尺寸。

由于实尺放样是手工操作，因此要求工作细致、认真，有高度责任心。

（2）展开放样。把各种立体的零件表面摊平的几何作图过程称为展开放样。展开放样是在结构放样的基础上，对不反映实形或需要展开的部件进行展开，以求取实形的过程。其过程包括：

1）板厚处理。根据加工过程中的各种因素，合理考虑板厚对构件形状、尺寸的影响，画出欲展开构件的单线图，以便根据其单线图展开。

2）展开作图。即利用画出的构件单线图，运用正投影理论和钣金展开的基本方法，做出构件的展开图。

3）根据做出的展开图，制作号料样板或绘制号料草图。

（3）光学放样。用光学手段（比如摄影）将缩小的图样投影在钢板上，然后依据投影线进行划线。光学放样是一种新工艺。方法是将构件图样按 1：5 或 1：10 的比例划在平台上，然后缩小 5~10 倍进行摄影。使用时，通过光学系统将底片放大 10~100 倍在钢板上划线。这种方法具有减轻劳动强度、提高生产率、图样便于保存等优点，但是要求作图的精度高，放样工作人员必须具有熟练的画图技术。图 4-14 为激光放样划线设备工作示意图。

放样过程中因受到放样量具及工具精度和操作水平的影响，造成一定的尺寸偏差，称为放样误差。

（二）放样程序

放样程序一般包括结构处理、划基本线型和展开 3 个部分。

（1）结构处理又称为结构放样，它是根据图样进行工艺处理的过程。一般包括确定各

图 4-14　激光放样划线设备及投影示意图

连接部位的接头形式、图样计算或量取坯料实际尺寸、制作样板与样杆等。

（2）划基本线型是在结构处理的基础上，确定放样基准和划出工件的结构轮廓。

（3）展开是在划基本线型的基础上，对不能直接划线的立体零件进行展开处理，将零件摊开在平面上，划出其实形的过程。

（三）工艺余量与放样允许误差

1. 工艺余量

产品在制造过程中要经过许多道工序。由于产品结构的复杂程度、操作人员的技术水平和所采取的工艺措施都不会完全相同，因此在各道工序都会存在一定的加工误差。此外，某些产品在制造过程中还不可避免地产生一定的加工损耗和结构变形。为了消除产品制造过程中加工误差、损耗和结构变形对产品的形状及尺寸精度的影响，要在制造过程中采取加放余量的措施，即所谓工艺余量。

确定工艺余量时，主要考虑下列因素：

（1）放样误差的影响，包括放样过程和号料过程中的误差；

（2）零件加工误差的影响，包括切割、边缘加工及各种成形加工过程中的误差；

（3）装配误差的影响，包括装配边缘的修整和装配间隙的控制、部件装配和总装的装配误差以及必要的反变形值等；

（4）焊接变形的影响，包括进行火焰矫正变形时所产生的收缩量。

放样时，应全面考虑上述因素，并参照经验合理确定余量加放的部位、方向及数值。

2. 放样允许误差

在放样过程中，由于受到放样量具和工具精度及操作人员水平等因素的影响，实样图会出现一定的尺寸偏差。把这种偏差限制在一定的范围内，就叫放样允许误差。

在实际生产中，放样允许误差值往往随产品类型、尺寸大小和精度要求的不同而不同。表 4-9 给出的放样允许误差值可供参考。

表 4-9　常用放样允许误差值

名　称	允许误差/mm	名　称	允许误差/mm
十字线	±0.5	两孔之间	±0.5
平行线和基准线	±(0.5~1)	样杆、样条和地样	±1
轮廓线	±(0.5~1)	加工样板	±1
结构线	±1	装配用样杆、样条	±1
样板和地样	±1		

（四）压力容器中几种典型结构的展开放样

1. 圆筒形结构的展开放样

在压力容器中，圆筒形结构是必不可少的。而圆筒形结构展开后是一矩形，最简单的办法是计算出矩形的长和宽即可划出。当弯曲件的板厚较小时，可直接按标注的直径或半径计算展开长，但当板厚大于 1.5 mm 时，弯曲内外径相差较大，就必须考虑板厚对展开长度、高度以及相关构件的接口尺寸的影响。板厚越大，对这些尺寸的影响也越大。考虑钢板厚度而改变展开作图的图形处理称为板厚处理。

现将一厚板卷弯成圆筒，如图 4-15(a) 所示。通过图可以看出纤维沿厚度方向的变形是不同的，弯曲后内缘的纤维受压而缩短，而外缘的纤维受拉而伸长。在内缘与外缘之间必然存在弯曲时既不伸长也不缩短的一层纤维，该层称为中性层，中性层的长度在弯曲过程中保持不变，因此可作为展开尺寸的依据，如图 4-15(b) 所示。

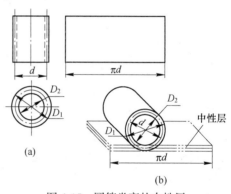

一般情况下，可以将板厚中间的中心层作为中性层来计算展开料，但如果弯曲的相对厚度较大，即板厚而弯曲半径小时，中心层会被拉长，计算出来的尺寸就会偏大。原因是中性层已偏离

图 4-15　圆筒卷弯的中性层
(a) 圆筒中性层；(b) 圆筒采用中性层展开

了中心层所致，这时就必须按中性层半径来计算展开长了。中性层的计算公式如下

$$R = r + k\delta \tag{4-1}$$

式中　R——中性层半径，mm；

　　　r——弯板内弯半径，mm；

　　　δ——钢板厚度，mm；

　　　k——中性层偏移系数，其值见表 4-10。

表 4-10　中性层系数 K

r/δ	≤0.1	0.2	0.25	0.3	0.4	0.5	0.8	1.0	1.5	2.0	3.0	4.0	5.0	≥5
K	0.5	0.33	0.35			0.36	0.38	0.40	0.42	0.44	0.47	0.475	0.48	0.5

2. 可展曲面的展开放样

立体的表面如能全部平整地摊平在一个平面上，而不发生撕裂或皱褶，这种表面称为可展开表面。相邻的素线位于同一平面上的立体表面都是可展表面。如柱面、锥面等。可展曲面的

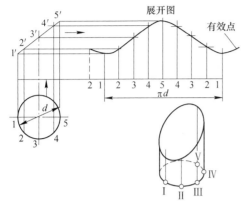

图 4-16　等径 90° 弯头的展开

展开方法有平行线法、放射线法和三角线法三种。

（1）平行线法。展开原理是将立体的表面看作由无数条相互平行的素线组成。取两相邻素线及其两端点所围成的微小面积作为平面，只要将每个小平面的真实大小，依次顺序地画在平面上，就得到了立体表面的展开图，所以只要立体表面的素线或棱线，是互相平行的几何形体，如各种棱柱体、圆柱体等，都可用平行线法展开。

图 4-16 所示为等径 90° 弯头的一段，先作其展开图。

按已知尺寸画出主视图和俯视图，8 等分俯视图圆周，等分点为 1、2、3、4、5，由各等分点向主视图引素线，得到与上口线的交点 1′、2′、3′、4′、5′，则相邻两素线组成一个小梯形，每个小梯形称为一个平面。

延长主视图的下口线作为展开的基准线，将圆周展开，在延长线上得 1、2、3、4、5、4、3、2、1 各点。通过各等分点向上作垂线，与由主视图 1′、2′、3′、4′、5′上各点向右所引的水平线对应相交，将各交点连成光滑曲线，即得展开图。

（2）放射线法。放射线法适用于立体表面的素线相交于一点的锥体。展开原理是将锥体表面用放射线分割成共顶的若干三角形小平面，求出其实际大小后，仍用放射线形式依次将它们划在同一平面上，即得所求锥体表面的展开图。

圆台结构也是压力容器中的常见结构，可采用放射线展开法展开，图 4-17 是其展开过程。展开时，首先用已知尺寸画出圆台的主视图 0178 和圆台底面图（以中性层的尺寸画），并将底面半圆周分为若干等份，如 6 等份；然后，过各等分点 1~7 向圆锥 0178 的底面引垂线，再由各交点向圆锥顶点 S 引素线，即将圆锥面分成 12 个三角形小平面，以 S 为圆心，S-7 为半径画圆弧 1-1，得到底断面圆周长；最后连接 1-S 即得所求展开图。

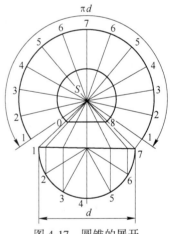

图 4-17　圆锥的展开

（3）三角线法。三角线法的基本原理是：将平（或曲）面等分割成一定数量的水平（或曲）面三角形，将小三角形的三条边近似看作直线边，并求出其实长，然后按照这些小三角形的相对位置和顺序可依次撑线展开所有的小三角形，从而得到整个展开图。三角线法也称为三角形法，它是撑线法的一种形式。

3. 封头的展开放样

封头是压力容器中的典型结构，主要有球形、椭圆形和蝶形三种。

（1）球形封头。球形封头的结构就是半个球形加一个小直边，如图 4-18（a）所示。球形封头的下料简单，只是下一个圆钢板料即可，重要的是确定圆钢板的直径，球形封头的尺寸计算一般用等面积法。其计算公式为

$$D = \sqrt{2d^2 + 4d(h + \delta)} \tag{4-2}$$

或按近似公式

$$D = 1.43d + 2h \tag{4-3}$$

式中　　D——封头下料直径，mm；

　　　　d——封头内径，mm；

　　　　h——直边高度，mm；

　　　　δ——修边余量，mm。

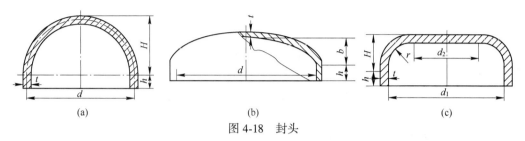

图 4-18　封头

（2）椭圆形封头。椭圆形封头的结构如图 4-18（b）所示，下料尺寸计算方法有两种。

1）周长法。由于椭圆的周长计算比较复杂，在实际应用中进行了简化处理，对于标准椭圆封头（$d=4b$），可用下式计算：

$$D = 1.223d + 2hk_0 + 2\delta \tag{4-4}$$

式中　　D——封头下料直径，mm；

　　　　d——椭圆封头的内径，mm；

　　　　h——椭圆封头直边高度，mm；

　　　　k_0——封头压制时的拉伸系数，通常取 0.75；

　　　　δ——封头边缘的加工余量，mm。

2）等面积法。等面积法是假定封头坯料的面积等于椭圆形封头中性层的面积。对于标准椭圆形封头（$d=4b$），可用下式计算：

$$D = \sqrt{1.38(d+t)^2 + 4(d+t)(h+\delta)} \tag{4-5}$$

式中　　D——封头下料直径，mm；

　　　　d——椭圆封头的内径，mm；

　　　　h——椭圆封头直边高度，mm；

　　　　δ——封头边缘的加工余量，mm；

　　　　t——封头的壁厚，mm。

（3）蝶形封头。蝶形封头适用于压力不大的容器或常压容器，如图 4-18（c）所示。蝶形封头坯料尺寸的计算也有周长法和等面积法两种。

1）周长法的计算公式为

$$D = d_2 + \pi\left(r + \frac{t}{2}\right) + 2h + 2\delta \tag{4-6}$$

或用经验法

$$D = d_1 + r + 1.5t + 2h \tag{4-7}$$

2）等面积法的计算公式为

$$D = \sqrt{(d_1+t)^2 + 4(d+t)(H+\delta)} \tag{4-8}$$

应用时选择哪个公式要具体分析：球形封头由于深度较大，一般不用周长法，多用等面积法；椭圆形封头和蝶形封头由于深度不大，用周长法计算比较方便，一般不用等面积法。但是，如果直边较长时，一般需要用等面积法计算。

三、号料

利用样板、样杆、号料草图放样得出的数据，在板料或型钢上画出零件真实的轮廓和孔口的真实形状，以及与之连接构件的位置线、加工线等，并注出加工符号，这一工作过程称为号料。如果零部件批量较大，每一个零件都去作图展开其效率会太低，而利用样板不仅可以提高划线效率，还可以避免每次作图的误差，提高划线精度。

样板一般用 0.5~2 mm 的薄钢板制作，若下料数量少、精度要求不高，也可用硬纸板或油毡纸板制作。

制作样板时还应考虑工艺余量和放样误差，不同的划线方法和下料方法其工艺余量是不一样的。号料通常由手工操作完成，目前，光学投影号料、数控号料等一些先进的号料方法也正在被逐步采用，以代替手工号料。

四、下料

下料是将零件或毛坯从原材料上分离下来的工序。下料分为机械切割和热切割两大类。机械切割是指材料在常温下利用切割设备进行切割的方法。热切割是利用火焰或电弧热等进行切割的方法。

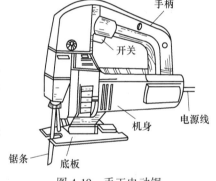

图 4-19　手工电动锯

（一）锯割

锯割主要用于钢管、型钢、圆钢等的下料，分为：

（1）手工锯割。一般用弓形锯，也可采用手工电动锯，如图 4-19 所示。手工锯割常用来切断规格较小的型钢和钢管，也可以在钢管或型材上锯出切口。经手工锯割的零件用锉刀简单修整后可以获得表面整齐、精度较高的切断面。

（2）机械锯割（锯床）。分弓锯床（图 4-20）、带锯床（图 4-21）、圆片锯床等。弓锯床是利用锯条做往复运动进行锯割的设备，被广泛用来锯割中、小型型材和钢管。圆片锯床是利用圆锯片做旋转运动对材料进行锯割的下料机床，功能和弓锯床相似，但效率较高，常用以切断中、小型型材和钢管。

图 4-20　弓锯床

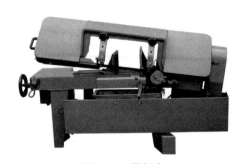

图 4-21　带锯床

（二）砂轮切割

砂轮切割是利用高速旋转的薄片砂轮与钢材摩擦产生的热量，将切割处的钢材变成"钢花"喷出形成切口的工艺。砂轮切割可以切割尺寸较小的型钢、不锈钢、轴承钢、钢筋、钢管等。图 4-22 所示为砂轮切割机示意图。

操作时用底板上夹具夹紧工件，按下手柄使砂轮薄片轻轻接触工件，平稳匀速地进行切割。因切割时有大量火星，需注意要远离木器、油漆等易燃物品。调整夹具的夹紧板角度，可对工件进行有角度切割。当砂轮磨损到一半时，应更换新片。

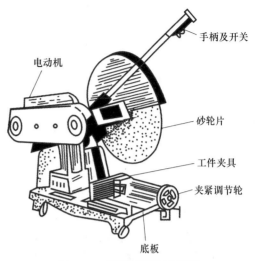

图 4-22　砂轮切割机示意图

（三）剪切

剪切是利用剪板机将材料按需要剪裁成一定外形的毛料，以作为后续工序冲压成形、边缘加工和焊接的备料。它是通过上下剪刃对材料施加剪切力，使材料发生剪切变形，最后断裂分离的一种切割方法。

1. 剪切原理

通过剪刃对钢材的剪切部位施加一定的剪切力，使剪刃压入钢材表面，当其内产生的内应力达到和超过金属的抗剪强度时，便会使金属产生断裂和分离，如图 4-23 所示。

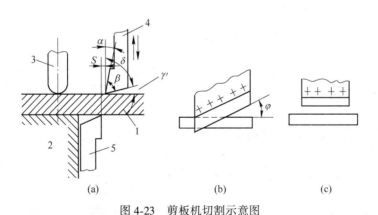

图 4-23　剪板机切割示意图

1—被切割的钢板；2—机床工作台；3—压夹具；4—上剪刃；5—下剪刃

2. 剪切设备

（1）斜口剪床（见图 4-23（b））。斜口剪床的剪切部分是上下两剪刀刃，刀刃长度一般为 300～600 mm，下刀刃片固定在剪床的工作台部分，靠上刀片的上下运动完成材料的剪切过程。

剪刀片在剪切中应具有一定的斜度，斜度一般在 10°～15°。沿刀片截面也有一定的角

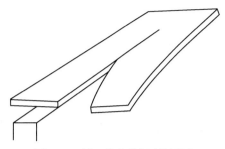

图 4-24　斜口剪床剪切弯扭现象

度，其角度为 75°~80°，此角度主要是为了避免在剪切时剪刀片和钢板材料之间产生摩擦。除此以外上下剪刀刃的刃口部分也具有 5°~7° 的刃口角。

由于上刀刃的下降将拨开已剪部分板料，使其向下弯、向外扭而产生弯扭变形（图 4-24），上刀刃倾斜角度越大，弯扭现象越严重。在大块钢板上剪切窄而长的斜条料时，变形更突出。

（2）平口剪床（见图 4-23(c)）。平口剪床有上下两个刀刃，上刀刃固定在剪床工作台的前沿，下刀刃固定在剪床的滑块上，由上刀刃的运动将板料分离。因上下刀刃互相平行，故称为平口剪床。上、下刀刃与被剪切的板料整个宽度方向同时接触，板料的整个宽度同时被剪断，因此所需的剪切力较大。

（3）圆盘剪床。圆盘剪床的剪切部分由上、下两个滚刀组成。剪切时，上、下滚刀作同速反向转动，材料在两滚刀间边剪切、边输送，如图 4-25(a) 所示，常用的是滚刀斜置式圆盘剪床（图 4-25(b)）。

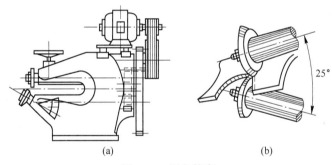

(a)　　　　　　　　　　　　(b)

图 4-25　圆盘剪床

圆盘剪床由于上、下剪刃重叠甚少，瞬时剪切长度极短，且板料转动基本不受限制，适用于剪切曲线，并能连续剪切，但被剪材料弯曲较大，边缘有毛刺，一般圆盘剪床只能剪切较薄的板料。

（4）振动剪床。振动剪床如图 4-26 所示，它的上、下刃板都是倾斜的，交角较大，剪切部分极短。工作时上刃板每分钟的往复运动可达数千次，呈振动状。

振动剪床可在板料上剪切各种曲线和内孔，但剪刃容易磨损，剪断面有毛刺，生产率低，而且只能剪切较薄的板料。

（5）龙门剪床（图 4-27）。龙门剪床主要用于剪切直线，它的刀刃比其他剪切机的刀刃长，能剪切较宽的板料，因此龙门剪床是加工中应用最广的一种剪切设备。

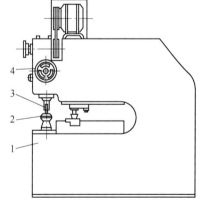

图 4-26　振动剪床

1—机床；2—下剪刃；3—上剪刃；4—升降柄

（6）联合冲剪机（图 4-28）。联合冲剪机通常由斜口剪、型钢剪和小冲头组成，属多功能剪床，既可剪钢材，又可剪型材，还可进行冲孔。在焊接结构生产中，主要用于冲孔和剪切中、小型型材。

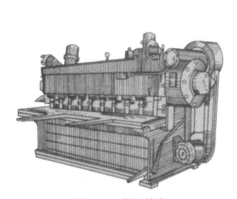
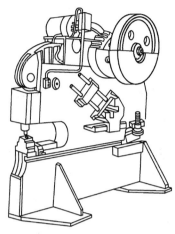

图 4-27　龙门剪床　　　　　　　　图 4-28　联合冲剪机

3. 剪板机的型号

表示剪床的类型、特性及基本工作参数等。例如 Q11-13×2500 型龙门剪床，其型号所表示的含义为：

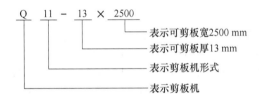

4. 剪切、锯切安全操作要求

（1）手工剪切应戴手套，以免剪切时毛刺伤手；

（2）剪切时，操作人员要协同配合，操作剪切者应听从定位对线人员指挥；

（3）剪板机启动前，必须清除周围一切可能妨碍正常工作或者说安全操作的物件，工作台上不得放置杂物工具，以免轧入造成事故，所有辅助托架应放置平稳、牢固；

（4）熟悉所用设备的保养与使用规则，开机前应检查设备各部位情况，确认良好后，方可开机；

（5）剪切时必须按操作程序进行，不能过载或将数块板料重叠剪切；

（6）在剪床上剪切时，两手不能离刀口很近，不能置于压紧装置的下部，以免被压伤；

（7）熟悉所用剪切设备技术性参数，并在其参数限制范围进行剪切，严禁设备超载工作；

（8）多人操作时，应指定专人控制脚踏板开关，并听其指挥；

（9）设备处于工作状态时，严禁手伸入上、下刀口或上、下模具之间；

（10）设备启动后，不得进行检修和清洁工作，当发现设备工作不正常时，应立即停车，切断电源进行检修；

（11）上、下刀刃或模具入口应保持锋利，当发现刀具损坏或过度磨损时，应及时修磨或更换；

（12）各润滑点必须在规定时间加注，在剪刀口处不加油，应保持干燥，否则当剪切板料较厚，尤其是剪切脆性材料时容易打滑，造成事故；

（13）在剪床上禁止两人或多人同时剪切板料；

（14）剪切时，锯条应松紧适当，防止工作中锯条从锯弓上崩出伤人；

（15）使用的锉刀应装有牢固光滑的手柄，不得使用无柄锉刀，不应在锉刀和锉柄上涂油、沾油，也不要用油手来摸被锉工件表面，以防打滑，造成事故，锉削时铁屑应用刷子清除，不要用嘴吹，以防飞入眼内。

五、冲裁

冲裁是冲压工序的一种。利用冲模将板料以封闭的轮廓与坯料分离的一种冲压方法，称为冲裁。用于小型零件的批量生产。

冲裁是常见的下料方法之一。板材的冲裁分离有两类：若冲裁的目的是制取一定外形轮廓的工件，即被冲下的为所需要部分，而剩余的为废料，这种冲裁称为落料。反之，若冲裁的目的是加工一定形状和尺寸的内孔，冲下的为废料，剩余的为所需要的部分，这种冲裁称为冲孔。

图 4-29 为冲裁制取工件的示意图。图 4-29（a）为落料制取的变压器铁芯片；图 4-29（b）为经冲孔制取的长方垫。图 4-29（b）所示的长方带孔垫，若能在压力机的一次行程中同时完成冲孔和落料，则称为冲孔-落料复合冲裁。使用的模具称为复合冲裁模。

1. 冲裁原理

冲裁时，材料置于凸、凹模之间，在外力作用下，凸、凹模产生一对剪切力（剪切线通常是封闭的），材料在剪切力作用下被分离（见图 4-30）。冲裁的基本原理与剪切相同，只不过是将剪切时的直线刀刃，改变成封闭的圆形或其他形式的刀刃而已。冲裁过程中材料的变形情况及断面状态与剪切时大致相同，板料分离的过程分为三个阶段，即弹性变形、塑性变形和断裂，但由于凹模通常是封闭曲线，因此零件对刃口有一个张紧力，使零件和刃口的受力状态都与剪切不同。

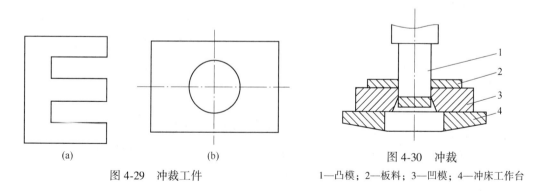

　　　　(a)　　　　　　　　　　(b)　　　　　　　　图 4-30　冲裁

图 4-29　冲裁工件　　　　　　　1—凸模；2—板料；3—凹模；4—冲床工作台

2. 冲床

冲裁一般在冲床上进行。常用的冲床有曲轴冲床和偏心冲床两种，两者的工作原理相同，差异主要是工作的主轴不同。

曲轴冲床的基本结构如图 4-31（a）所示，工作原理如图 4-31（b）所示。冲床的床身与工作台是一体的，床身上有与工作台面垂直的导轨，滑块可沿导轨做上下运动。上、下冲裁模分别安装在滑块和工作台面上。

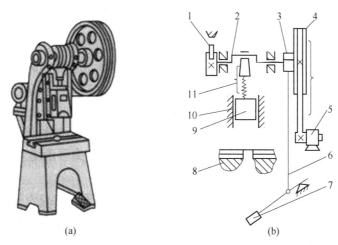

（a）　　　　　　　　　　　（b）

图 4-31　曲轴冲床

（a）外形；（b）工作原理图

1—制动器；2—曲轴；3—离合器；4—大带轮；5—电动机；6—拉杆；

7—脚踏板；8—工作台；9—滑块；10—导轨；11—连杆

冲床工作时，先是电动机通过传动带带动大带轮空转。踏下脚踏板后，离合器闭合，并带动曲轴旋转，再经过连杆带动滑块沿导轨做上下往复运动，进行冲裁。如果将脚踏板踏下后立即抬起，滑块冲裁一次后，便在制动器的作用下，停止在最高位置上。如果一直踩住踏板，滑块就不停地做上下往复运动，以进行连续冲裁。

3. 冲裁加工的一般工艺要求

（1）冲裁件的工艺性。冲裁件的工艺性是指冲裁件对冲裁工艺的适用性，即冲裁加工的难易程度，它包括冲裁件在结构形状、尺寸大小、尺寸公差与尺寸基准等方面。设计冲裁工艺时，应遵循下列原则：有利于简化工序和提高生产率，即用最少和尽量简单的冲裁工序来完成全部零件的加工，尽量减少用其他方法加工；有利于减少废品，保证产品质量的稳定性；有利于提高金属材料的利用率，减少材料的品种和规格，尽可能降低材料的消耗；有利于简化模具结构和延长冲模的使用寿命；有利于冲裁操作，便于组织实现自动化生产；有利于产品的通用性和互换性。

（2）合理排样。排样是指冲裁件在条料、带料或板料上的布置方法。排样是否合理，将直接影响到材料利用率、冲件质量、生产效率、冲模结构与使用寿命等。因此，排样是冲压工艺中一项重要的、技术性很强的工作。

冲裁加工时的合理排样，是降低生产成本的有效途径。合理排样，是在保证必要搭边值的前提下，尽量减少废料，最大限度地提高原材料的利用率，如图 4-32 所示。

各种冲裁件的具体排样方法，应根据冲裁件形状、尺寸和材料规格，灵活考虑。

（3）搭边值的确定。搭边是指排样时冲裁件之间以及冲裁件与条料边缘之间留下的工艺废料。搭边在冲裁工艺中有很大的作用：可以补偿定位误差和送料误差，保证冲裁出合

图 4-32　排样

格的零件；增加条料刚度，方便条料送进，提高生产效率；避免冲裁时条料边缘的毛刺被拉入模具间隙，提高模具使用寿命。

（4）影响冲裁件质量的因素主要有以下几个方面：

1）冲裁件的形状尺寸。如果冲裁件的尺寸较小，形状也简单，这样的零件质量容易保证。反之，就易出现质量问题。

2）材料的力学性能。如果材料的塑性较好，其弹性变形量较小，冲压后的回弹量也较小，因而容易保证零件的尺寸精度。

3）冲模的刃口尺寸。冲裁件的尺寸精度取决于上、下模具刃口部分的尺寸公差，因此冲模制造的精度越高，冲裁件的质量也就越好。

4）冲模的间隙。上、下模具间合理的间隙，能保证良好的断面质量和较高的尺寸精度。间隙过大或过小，都会使冲裁件断面出现毛刺或撕裂现象。

冲压模具按冲压工艺中工序的不同，可分为冲裁模具、压弯模具、拉延模具等。

六、热切割

（一）气体火焰切割（气割）

1. 气割原理

气割的实质是金属在氧中的燃烧过程。它利用可燃气体和氧气混合燃烧形成的预热火焰，将被切割金属材料加热到其燃烧温度，由于很多金属材料能在氧气中燃烧并放出大量的热，被加热到燃点的金属材料在高速喷射的氧气流作用下，就会发生剧烈燃烧，产生氧化物，放出热量，同时氧化物溶渣被氧气流从切口处吹掉，使金属分割开来，达到切割的目的。

2. 气割使用气体

气割使用气体分为两类，即助燃气体和可燃气体。助燃气体是氧气，可燃气体是乙炔气或液化石油气等。气体火焰是助燃气体和可燃气体混合燃烧而成，形成火焰的温度可达 3150 ℃以上，最适宜于焊接和切割。

3. 气割的必要条件

（1）燃点要低于熔点。低燃点是金属进行气割的基本条件，否则，切割时金属将在燃烧前先行熔化，使其变为熔割过程，不仅切口宽、极不整齐，而且易粘连，达不到切割质量要求。

（2）燃烧生成的金属氧化物的熔点，应低于金属本身的熔点，同时流动性要好，否则，就会在切口表面形成固态氧化物，阻碍氧气流与下层金属的接触，使切割过程不能正常进行。

（3）燃烧应是放热反应。也就是说气割是一个完全的燃烧过程，这样才能对下层金属起预热作用。放热量越多，预热作用越大，越有利于气割过程的顺利进行。

（4）金属的导热性不应过高，否则，散热太快会使切口金属温度急剧下降，达不到燃点，使气割中断。如果加大火焰能率，又会使切口过宽。

（5）阻碍切割过程的杂质要少。碳、铬及硅等元素会阻碍气割的正常进行，能满足气割条件的通常是碳的质量分数在 0.6% 以下的低、中碳钢。

满足上述条件的金属材料有纯铁、低碳钢、中碳钢和普通低合金钢，而铸铁、高碳钢、高合金钢及铜、铝等有色金属及合金，均难以进行氧-乙炔焰气割。

例如，铸铁不能用普通方法气割，是因为其燃点高于熔点，并产生高熔点的二氧化硅，且氧化物的黏度大、流动性差，高速氧流不易把它吹除。此外，由于铸铁的含碳量高，碳燃烧时产生一氧化碳及二氧化碳气体，降低了切割氧的纯度，也造成气割困难。

4. 气割设备及工具

（1）氧气瓶。氧气瓶是储存和运送高压氧气的容器（见图 4-33），常用氧气瓶容积为 40 L，工作压力为 15 MPa，可以储存 6 m³ 氧气。氧气瓶瓶体上部装有瓶阀，通过旋转手轮可开关瓶阀并能控制氧气的进、出流量。瓶帽旋在瓶头上，以保护瓶阀。

氧气瓶外表应漆成天蓝色，并用黑漆标明"氧气"字样。

（2）乙炔瓶。乙炔瓶是一种储存和运输乙炔用的压力容器（见图 4-34），瓶体用优质碳素结构钢或低合金结构钢经轧制而成，外表漆成白色，并用红漆标注"乙炔"字样。在瓶内装有浸满丙酮的多孔性填料，使乙炔气能稳定、安全地储存在瓶内。使用时，溶解在丙酮内的乙炔分解出来，通过乙炔瓶阀流出，而丙酮仍留在瓶内，以便溶解再次压入的乙炔。乙炔瓶阀下面填料中心部分的长孔内放有石棉，其作用是帮助乙炔从多孔填料中分解出来。

在使用乙炔瓶时，必须严格遵守安全操作规程。

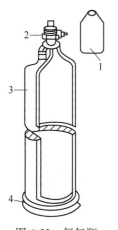

图 4-33 氧气瓶
1—瓶帽；2—瓶阀；3—瓶体；4—瓶座

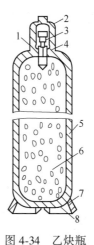

图 4-34 乙炔瓶
1—瓶口；2—瓶帽；3—瓶阀；4—石棉；5—瓶体；
6—多孔性填料；7—瓶座；8—瓶底

（3）氧气减压器。氧气减压器是用来调节氧气工作压力的装置。气割时，要使氧气瓶中的高压氧气转变为气割需要的稳定的低压氧气，就要由减压器来调节。

（4）橡胶软管。氧气和乙炔气通过橡胶软管输送到割炬中，橡胶软管用优质橡胶掺入麻织物或棉纱纤维制成。氧气胶管允许工作压力为 1.5 MPa，孔径为 $\phi 8$ mm；乙炔胶管允许工作压力为 0.5 MPa，孔径为 $\phi 10$ mm。为便于识别，按 GB 9448—1999 的规定，氧气胶管采用黑色，乙炔胶管采用红色。氧气胶管与乙炔胶管的强度不同，不能混用或互相代替。

（5）割炬。割炬的作用是使乙炔气与氧气以一定的比例和方式混合，形成具有一定热量和形状的预热火焰，并在预热火焰的中心喷射切割氧气进行气割。割炬的种类很多，按形成混合气体的方式可分为射吸式和等压式两种，按用途不同又可分为普通割炬、重型割炬及焊割两用炬。就目前应用情况来看，以射吸式割炬应用较为普遍。图 4-35 为射吸式割炬外部结构示意图。

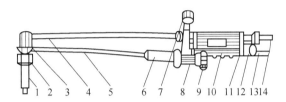

图 4-35　射吸式割炬外部结构

1—割嘴；2—割嘴螺母；3—割嘴接头；4—切割氧气管；5—混合气管；6—射吸管；
7—切割氧开关；8—中部整体；9—预热氧开关；10—手柄；11—后部接体；
12—乙炔开关；13—乙炔接头；14—氧气接头

射吸式割炬的工作原理（见图 4-36）为：打开氧气调节阀，氧气由通道进入喷射管再从直径细小的喷射孔喷出，使喷嘴外围形成真空，造成负压、产生吸力。乙炔气在喷嘴的外围被氧流吸出，并以一定比例混合，经过射吸管和混合气管从割嘴喷出。气割时，应根据有关规范，选择割炬型号和割嘴规格。

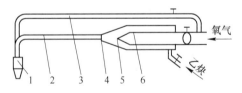

图 4-36　射吸式割炬工作原理

1—割嘴；2—混合气管；3—切割氧气管；4—射吸管；5—喷嘴；6—喷射管

5. 气割步骤

（1）开始气割时，首先应点火，随即调整火焰。预热火焰通常采用中性焰或轻微氧化焰，如图 4-37 所示。

（2）开始气割时，必须用预热火焰将切割处金属加热至燃烧温度（即燃点），一般碳钢在纯氧中的燃点是 1100～1150 ℃。注意割嘴与工件表面的距离保持 10～15 mm，如图 4-38(a) 所示，并使切割角度控制在 20°～30°。

（3）把切割氧气喷射至已达到燃点的金属时，金属便开始剧烈地燃烧（即氧化），产生大量的氧化物（熔渣），由于燃烧时放出大量的热使氧化物呈液体状态。

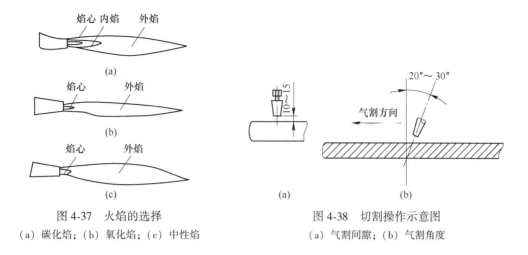

图 4-37　火焰的选择　　　　　　　图 4-38　切割操作示意图
（a）碳化焰；（b）氧化焰；（c）中性焰　　　　（a）气割间隙；（b）气割角度

（4）燃烧时所产生的大量液态熔渣被高压氧气流吹走。这样由上层金属燃烧时产生的热传至下层金属，使下层金属又预热到燃点，切割过程由表面深入到整个厚度，直到将金属割穿。同时，金属燃烧时产生的热量和预热火焰一起，又把邻近的金属预热到燃点，将割炬沿切割线以一定的速度移动，即可形成切口，使金属分离。

手动切割具有方便、灵活的优点，但其效率较低、切割质量较差。现在在现场自动、半自动切割机的应用已经相当普及。图 4-39 所示为 CGl-30 型半自动气割机，是目前应用最普遍的半自动切割机的一种，它由一台小车带动割嘴在专用轨道上自动地移动，但轨道的轨迹需要人工调整。当轨道是直线时，割嘴可以进行直线切割；当轨道呈一定的曲率时，割嘴可以进行一定的曲线气割；如果轨道是一根带有磁铁的导轨，小车利用爬行齿轮在导轨上爬行，割嘴可以在倾斜面或垂直面上气割。半自动气割机，除可以以一定速度自动沿切割线移动外，其他切割操作均由手工完成。

在工业生产中，有些零件的边缘形状既不是直线，也不是圆弧，而是一些不规则的曲线。这种零件用线切割机无法切割，而手工切割的质量又无法保证，并且生产效率较低，若用仿形切割则能两全其美。仿形切割是通过仿形切割机来完成的。仿形气割机由运动机构、仿形机构和切割器三大部分组成。运动机构常见的为活动肘臂和小车带伸缩杆两种形式。气割时，将制好的样板置于仿形台上，仿形头按样板轮廓移动，切割器则在钢板上切割出所需的轮廓形状。

CG2-150 摇臂仿形气割机是目前应用比较普遍的一种小型仿形气割机，外形如图 4-40 所示。它是采用磁轮跟踪靠模板的方法进行各种形状零件及不同厚度钢板的切割，行走机构采用四轮自动调平，可在钢板和轨道上行走，移动方便，固定可靠，适合批量切割钢板件。

（二）等离子弧切割

利用等离子弧的热能实现金属材料熔化的切割方法称为等离子弧切割。其切割原理如图 4-41 所示，利用高速、高温和高能的等离子热气流来加热和熔化被切割材料，并借助内部的或外部的高速气流（或水流）将熔化材料排开，直至等离子气流束穿透工件背面而形成切口。

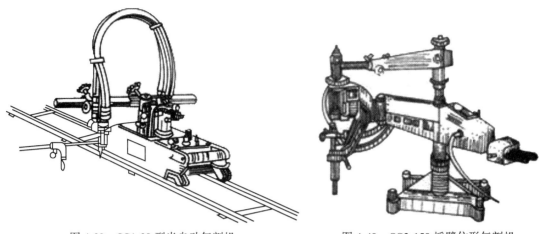

图 4-39　CG1-30 型半自动气割机　　　　图 4-40　CG2-150 摇臂仿形气割机

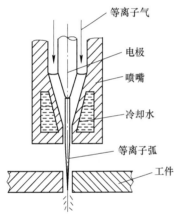

图 4-41　等离子切割原理示意图

等离子弧柱的温度高，可达 10000~30000 ℃，远远超过所有金属以及非金属的熔点。因此等离子弧切割过程不是依靠氧化反应，而是靠熔化来切割材料。因而其适用范围比氧切割大得多，能切割绝大部分金属和非金属。其切口窄，切割面的质量较好，切割速度快，切割厚度可达 150~200 mm。

随着空气等离子弧技术的发展，用空气等离子弧切割厚度 20 mm 以下的碳钢和低合金钢时，由于切割速度快，其综合效益已赶上或超过氧-乙炔切割。

目前工业上已应用的等离子弧切割方法大致可从以下几个方面进行归纳：按所用的工作气体（即等离子气）分，有氩等离子弧、氮等离子弧、氧等离子弧和空气等离子弧等切割方法；按对电弧压缩情况分，有一般等离子弧（指电弧只经过机械压缩、热压缩和电磁压缩）和水再压缩等离子弧切割两类。这里介绍有代表性的三种。

1. 一般等离子弧切割

复合式等离子割枪如图 4-42 所示。一般的等离子弧切割不用保护气体，所以工作气体和切割气体从同一个喷嘴内喷出。引弧时，喷出小气流的离子气体作为电离介质。切割时则同时喷出大气流的气体以排除熔化金属。

切割金属材料通常采用转移型电弧，因为工件接电，电弧挺度好，可以切较厚的钢板。切割薄金属板材时，可以采用微束等离子弧切割，以获得更小的切口。常用工作气为氮、氩或两者的混合气。

2. 水再压缩等离子弧切割

水再压缩等离子弧切割原理如图 4-43 所示，由工作气体形成等离子弧，并从铜喷嘴与陶瓷（或其他绝缘材料）喷嘴之间的小孔中喷出经过处理的高压水，对等离子弧再次加以压缩（即水再压缩）。同时，由于高温电弧使水迅速汽化，这一汽化层在等离子弧外围形成一个温度梯度很大的"套筒"，进一步加强了热收缩效应，使电弧能量密度大幅提高，形成温度极高、挺度好且流速大的等离子弧。部分水在高温下分解成 H_2 和 O_2，它们与工作气体共同组成切割气体，使等离子弧具有更高的能量。

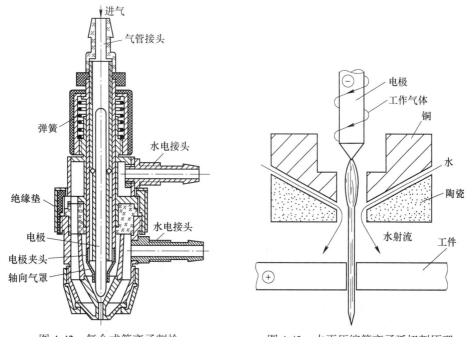

图 4-42　复合式等离子割枪　　　　图 4-43　水再压缩等离子弧切割原理

工作气体主要是氧、氮和空气，若采用的是压缩空气，就成为水再压缩空气等离子弧切割。

水再压缩等离子弧切割的水喷溅严重，一般在水槽中进行，工件位于水面下 200 mm 左右，切割时，利用水的特性，可以使切割噪声降低 15 dB 左右，并能吸收切割过程中所形成的强烈弧光、金属颗粒、烟尘和紫外线等，极大地改善了劳动条件。由于水的冷却作用，使割口平整，割后变形小，割口宽度窄。

由于水再压缩等离子弧具有很好的切割性能，所以既能切割不锈钢和铝，又可切割碳素结构钢。

3. 空气等离子弧切割

空气等离子弧切割有两种形式，其切割原理如图 4-44 所示。

（1）单一空气等离子弧切割。图 4-44（a）所示为以压缩空气作为工作气体和排除熔化金属气流的单一空气等离子弧切割。此法特别适于切割厚度 30 mm 以下的碳钢，也可切割铜、不锈钢和铝及其他材料。但这种形式的电极受到强烈氧化，故不能采用纯钨电极或氧化物钨电极，一般采用镶嵌式纯锆或纯铪电极。即使这样，电极的工作寿命一般只有 5~10 h。

（2）复合空气等离子弧切割。在图 4-44（b）中，割炬采用内外两层气流的喷嘴，内喷嘴通入常用的工作气体（N_2 或 Ar 等），外喷嘴内通入压缩空气，这样就避免了空气与电极直接接触而被氧化，因此可以采用纯钨电极或氧化物钨电极，简化了割炬的电极结构。但这种形式的切割需两套供气系统。

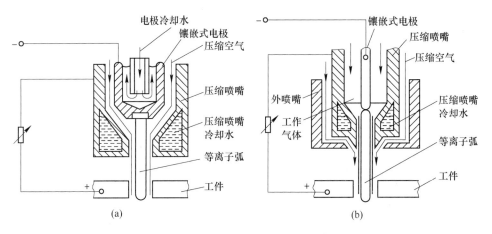

图 4-44　空气等离子弧切割原理

（a）单一空气等离子弧切割；（b）复合空气等离子弧切割

空气等离子弧切割由于压缩空气来源方便，成本低，尤其是在加工工业中用于碳素钢和低合金钢的切割，具有切割速度快、切割面质量好、热变形小等优点，故颇受欢迎。切割不锈钢和铝合金时，由于氧与铝及不锈钢中的铬反应生成高熔点氧化物，因此切割面较为粗糙。

空气等离子弧切割按所使用工作电流大小一般分大电流切割法和小电流切割法两种。大电流空气等离子弧切割的工作电流在 100 A 以上，实用上多在 150~300 A 之间，采用水冷式割炬，其尺寸和质量较大，主要装在大型切割机上切割厚度 30 mm 以下的碳钢和不锈钢等。小电流空气等离子弧切割的工作电流小于 100 A，可小至 10 A，切割厚 0.1 mm 的薄金属板。因切割电流小，割炬受热大为减少，一般不需水冷却，由空气冷却即可，因而割炬结构简单，体积小，重量轻，既可手持操作，又可安装在小型切割机上使用。由于碳素钢、不锈钢和有色金属都能用同一把割炬切割，其适应性强，故特别适合多品种、小批量生产的中、小企业使用。

空气等离子弧切割的主要缺点是切割面上附有氮化物层，焊接时焊缝中会产生气孔。因此用于焊接的切割边，焊前需用砂轮打磨，费工时；此外，电极和喷嘴易损耗，使用寿命短，需经常更换。

（三）数控切割

1. 数控切割工作原理

数控切割是按照数字指令规定的程序进行的热切割。它是根据被切割零件的图样和工艺要求，编制成以数码表示的程序，输入到设备的数控装置或控制计算机中，以控制气割器具按照给定的程序自动地进行气割，使之切割出合格零件的工艺方法。数控切割的工作流程如图 4-45 所示。

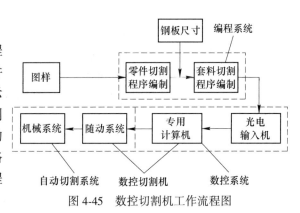

图 4-45　数控切割机工作流程图

图 4-46 所示为常见的数控切割设备。工人通过计算机输入数据，调整割炬位置，启动设备，即可实现割炬沿横梁水平行走，支座带着横梁沿导轨做纵向移动，割炬按照指令即可在钢板上完成零件的切割。

图 4-46　作业中的数控切割机

2. 编制数控切割程序

要把被加工零件的切割顺序、切割方向及有关参数等信息，按一定格式记录在切割机所需要的输入介质（如磁盘）上，然后再输入切割机数控装置，经数控装置运算变换以后控制切割机的运动，从而实现零件的自动加工。从被加工的零件图样到获得切割机所需控制程序的全过程称为切割程序编制。

切割时，编制好的数控切割程序通过光电输入机被读入专用计算机中，专用计算机根据输入的切割程序计算出气割头的走向和应走的距离，并以一个个脉冲向自动切割机构发出工作指令，控制自动切割机构进行点火、钢板预热、钢板穿孔、切割和空行程等动作，从而完成整张钢板上所有零件的切割工作。

数控切割机的组成如图 4-47 所示，其组成可以概括为两大部分：控制装置和执行机构。

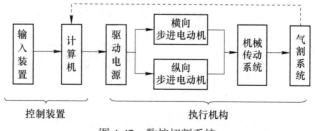

图 4-47　数控切割系统

（1）控制装置。控制装置包括输入机和计算机。

1）输入机。输入机的作用是将编制好的用数码表示的指令，读入到计算机中，将人的命令语言翻译成计算机能识别的语言。

2）计算机。计算机的作用是对读入的指令和切割过程中反馈回来的切割器具所处的位置信号进行计算，将计算结果不断地提供给执行机构，以控制执行机构按照预定的速度和方向进行切割。

（2）执行机构。执行机构包括驱动系统、机械系统和气割系统。

1）驱动系统。由于计算机输出的是一些微弱的脉冲信号，不能直接驱动数控切割机使用的步进电动机。所以，还需将这些微弱的脉冲信号真实地加以放大，以驱动步进电动机转动。驱动系统正是这样一套特殊的供电系统：一方面，它能保持计算机输出的脉冲信号不变，同时，依据脉冲信号提供给步进电动机转动所需要的电能。

2）机械系统。机械系统的作用是通过丝杠、齿轮或齿条传动，将步进电动机的转动转变为直线运动。纵向步进电动机驱动机体做纵向运动，横向步进电动机驱动横梁上的气割系统做横向运动，控制和改变纵、横向步进电动机运动的速度和方向，便可在二维平面上划出各种各样的直线或曲线来。

3）气割系统。气割系统包括割炬、驱动割炬升降的电动机和传动系统，以及点火装置、燃气和氧气管道的开关控制系统等。在大型数控切割机上，往往装有多套割炬，可实现同时切割。

（四）光电跟踪切割

光电跟踪切割是一台利用光电原理对切割线进行自动跟踪移动的切割机，它适用于复杂形状零件的切割，是一种高效率、多比例的自动化切割设备。

光电跟踪原理有光量感应法和脉冲相位法两种基本形式。光量感应法是将灯光聚焦形成的光点投射到钢板所划的线上（要求线粗一些，以便跟踪），并使光点的中心位于所划线的边缘，如图4-48所示，若光点的中心位于线条的中心时，白色线条会使反射光减少，光电感应量也相应减少，通过放大器后，控制和调节伺服电动机，使光点中心恢复到线条边缘的正常位置。

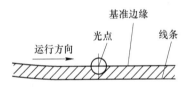

图4-48　光电跟踪原理图

光电跟踪切割机不需要编程和输入大量的数据，可省去制作号料样板和号料所需的材料和工时，而且能同时切割出多个零件。缺点是除了切割平台外，还需配备跟踪平台，切割机的占地面积较大，因此，光电跟踪切割长度和跟踪宽度大多数在 2 m 以下。

（五）激光切割

激光是利用原子受激辐射的原理在激光器中使工作物质受激励而获得的经放大后射出的光。激光切割原理是利用经聚焦的高功率密度激光束的热能量将被切割工件切口区熔化、汽化、烧蚀或达到燃点，同时借助与光束同轴的高速气流（这种气体称为辅助气体）吹除熔化物而形成切口，如图4-49所示，激光器利用原

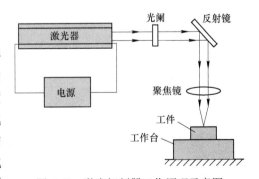

图4-49　激光切割器工作原理示意图

子或分子受激辐射的原理，使工作物质产生激光光束，激光光束再经聚焦系统在工件上聚焦后，几毫秒内光能转变为热能，产生 10000 ℃以上的高温，使被照射的材料迅速达到熔点、熔化、气化，同时借助与光束同轴的高速气流吹除熔融物质，实现将工件割开，达到切割材料的目的。

激光切割的切割质量影响因素较多，比如，材料本身、焦点位置、切割喷嘴、切割速度、切割辅助气体、激光功率、外界温度等。在切割不同材料时，应选合适的切割因素，获得较好的切割质量。

激光切割优点包括切口窄小，表面精度高；可进行薄板高速切割和曲面切割，切割后变形小；适合可达性较差部位的切割，可切三维零件；可切割软、硬、脆、易碎及合成材料；是无接触切割，所以无工具磨损；切割时噪声低，污染小。

激光切割缺点是设备昂贵，受激光发生器输出功率的限制，目前只能切割中、小厚度材料，一般切割厚度小于 15 mm。

七、水切割

水射流切割技术又称超高压水刀。当水被加压至很高的压力并且从特制的喷嘴小开孔（其直径为 0.1～0.5 mm）通过时，可产生一道速度达每秒近千米（约为音速的 3 倍）的水箭，此高速水可切割各种软质材料，包括食品、纸张、纸尿片、橡胶及泡棉，此种切割被称为纯水切割。而当少量的砂如石榴砂（石榴砂是一种用途广泛的工业磨料，在水刀加工玻璃、石材、金属、不锈钢等的切割、拼花、异形加工、打孔等方面都有它的身影，而在喷砂扫砂行业也离不开它）被加入水射流中与其混合时，所产生的加砂水射流，实际上可切割任何硬质材料，包括金属、复合材料、石材及玻璃。图 4-50 为高压水切割原理示意图。

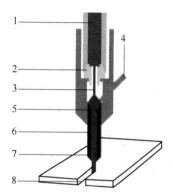

图 4-50　水切割原理示意图

1—高压水；2—喷嘴；3—高压水射流；
4—磨料供给；5—混砂腔；6—磨料喷嘴；
7—高压水磨料射流；8—刀口

八、坯料的边缘加工

梁翼缘板的边缘、钢柱脚和梁承压支承面以及其他图纸要求的加工面，焊接接口、坡口的边缘、尺寸要求严格的加劲肋、隔板、腹板和有孔眼的节点板，以及由于切割方法产生硬化等缺陷的边缘，一般都需要进行边缘加工，边缘加工可采用气割和机械加工方法，对边缘有特殊要求时采用精密切割。需要进行边缘加工时，其刨削量不应小于 2.0 mm。

常用的端部加工方法有铲边、刨边、铣边、气割和坡口机加工等。H 型钢端面铣床，用于焊接或轧制成型的 H 型钢、箱形截面梁、柱的两端面铣削加工。铣边机利用滚铣切削原理，对钢板焊前的坡口、斜边、直边、U 形边可一次同时铣削成形，耗能少、操作维修方便。

（一）铲边

（1）对加工质量要求不高，并且工作量不大的边缘加工，可以采用铲边（现在工厂已较少采用）。铲边有手工和机械铲边两种。手工铲边的工具有手锤和手铲等；机械铲边的工具有风动铲锤和铲头等。

（2）风动铲锤是用压缩空气作动力的一种风动工具。

（3）一般手工铲边和机械铲边的零件，其铲线尺寸与施工图纸尺寸要求不得相差1 mm。铲边后的棱角垂直误差不得超过弦长的 1/3000，且不得大于 2 mm。

（4）铲边注意事项：1）空气压缩机开动前，应放出储风罐内的油、水等混合物。2）铲前应检查空气压缩机设备上的螺栓、阀门完整情况，风管是否破裂、漏风等。3）铲边的对面不许有人和障碍物。高空铲边时，操作者应系好安全带，身体重心不要全部倾向铲边，以防失去平衡，发生坠落事故。4）铲边时，为使铲头不致退火，铲头要注机油或冷却液。5）铲边结束应卸掉铲锤，妥善保管，冬季工作后铲锤风带应盘好放于室内，以防带内存水冻结。

（二）刨边

（1）刨边主要是用刨边机进行。刨边的零件加工有直边和斜边两种，刨边加工的余量随钢材的厚度、钢板的切割方法而不同，一般刨边加工余量为 2~4 mm。

（2）刨边机的结构如图 4-51 所示，它是由立柱、液压夹紧装置、横梁、刀架、走刀箱等主要部分组成。其操作方法是将切削的板材固定在作业架台上，然后用安装在可以左右移动的刀架上的刨刀来切削板材的边缘。刀架上可以同时固定两把刨刀，以同方向进刀切削，或一把刨刀在前进时切削，另一把刨刀则在反方向行程时切削。

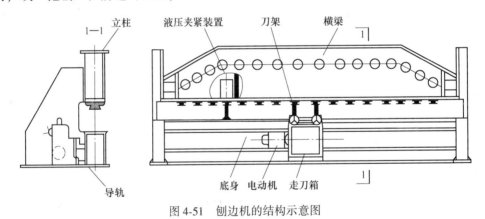

图 4-51　刨边机的结构示意图

（3）刨边机的刨削长度一般为 3~15 m。当构件长度大于刨削长度时，可用移动构件的方法进行刨边；构件较小时，则可采用多件同时刨边。对于侧弯曲较大的条形零件，先要校直，气割加工的构件边缘必须把残渣除净，以便减少切削量和延长刀具寿命。对于条形零件刨边加工后，松开夹紧装置可能会出现弯曲变形，需矫直或在以后的拼接或组装中利用夹具进行处理。

（三）铣边

对于有些零件的端部或边缘，可采用铣边（端面加工）的方法以代替刨边。铣边是为了保持构件的精度，如箱形杆件横隔板四边、内嵌盖板两长边、腹板与盖（底）板拼接长边，有磨光顶紧传力要求的结构部位，能使其力由承压面直接传至底板支座，以减小连接焊缝的焊脚尺寸。这种铣削加工，一般是在铣边机或端面铣床上进行的。

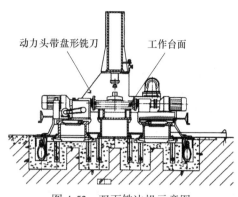

图 4-52　双面铣边机示意图

（1）铣边机的结构与刨边机相似，但加工时用盘形铣刀代替刨边机走刀箱上的刀架和刨刀，其生产效率较高。双面铣边机工作状态如图 4-52 所示。双面铣边机主要包括两个动力头带盘形铣刀（刀盘面与工作台面垂直）、动力头滑台轨道、工作台面和压紧装置等。

铣边工艺主要包括工件划线、工件就位、对线精调、压紧、粗铣、精铣等工作步骤，当工件为板件时，可以叠加并施点固焊后铣边，但需注意以下两点：1）单板切割下料后需做直线度检测调校，控制旁弯变形；2）板件叠加厚度一般不超过 200 mm，以保证铣边精度。

（2）端面铣床是一种横式铣床，加工时用盘形铣刀，在高速旋转时，可以上下左右移动对构件进行铣削加工；对于大面积的部位也能高效率地进行铣削。

（3）铣斜面机，在铣边机的滑台上安装斜面铣动力头即可实现铣斜面功能，铣斜面机动力头与铣边机一样采用盘形铣刀，只是铣刀盘面与水平面（工件平面）呈非 90° 且较小的锐角，该角度可根据加工斜面角度（比例）而做调整，在桥梁钢结构制造中应用较为广泛的角度（比例）为 1∶10、1∶8、1∶5 等，铣斜面机工作状态如图 4-53 所示。铣斜面加工也可采用专门的斜面铣机床进行，其原理同铣边机上安装斜面铣动力头，只是功能单一而已。

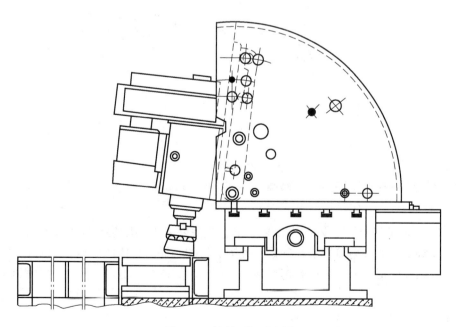

图 4-53　铣斜面机示意图

（四）碳弧气刨

1. 碳弧气刨原理

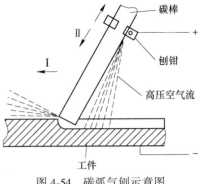

碳弧气刨就是把碳棒作为电极，与被刨削的金属间产生电弧，此电弧具有 6000 ℃左右高温，把金属加热到熔化状态，然后用压缩空气的气流把熔化的金属吹掉，达到刨削或切削金属的目的，如图 4-54 所示。图中碳棒为电极，刨钳夹住碳棒，通电时，刨钳接正极，工件接负极，在碳棒与工件接近处产生电弧并熔化金属，高压空气的气流随即把熔化金属吹走，完成

图 4-54　碳弧气刨示意图

刨削。图中箭头 I 表示刨削方向，箭头 II 表示碳棒进给方向。

2. 碳弧气刨的应用范围

用碳弧气刨挑焊根，生产率高，噪声小，并能减轻劳动强度，特别适用于仰位和立位的刨切；采用碳弧气刨翻修有焊接缺陷的焊缝时，容易发现焊缝中各种细小的缺陷；碳弧气刨还可以用来开坡口。但碳弧气刨在刨削过程中会产生一些烟雾，如施工现场通风条件差，对操作人员的健康有影响。所以，施工现场必须具备良好的通风条件和措施。

3. 碳弧气刨的电源设备、工具及碳棒

（1）碳弧气刨的电源设备：碳弧气刨采用直流电源，一般选用功率较大的直流电焊机。

（2）碳弧气刨的工具：碳弧气刨枪，如图 4-55 所示。碳弧气刨枪要求导电性良好、吹出的压缩空气集中且准确、碳棒夹牢固且更换方便、外壳绝缘良好、自重轻、操作方便等。

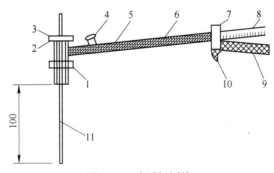

图 4-55　碳弧气刨枪

1—枪头；2—围钳；3—紧固螺母；4—空气阀；5—空气导管；6—绝缘手把；
7—导柄套；8—空气软管；9—导线；10—螺栓；11—碳棒

（3）碳棒：对碳棒的要求是耐高温、导电性良好、不易断裂、断面组织细致、成本低、灰粉少等。一般采用镀铜实心碳棒，镀铜的目的是提高碳棒的导电性和防止碳棒表面的氧化。碳棒断面形状分为圆形和矩形两种。矩形碳棒刨槽较宽，适用于大面积的刨槽或刨平面。

4. 碳弧气刨的操作和安全技术

（1）操作技术。采用碳弧气刨时，要检查电源极性，根据碳棒直径调节好电流，同时调整好碳棒伸出的长度。起刨时，应先送风，随后引弧，以免产生夹碳。在垂直位置刨削时，应由上而下移动，以便于流渣流出。当电弧引燃后，开始刨削时速度稍慢一点，当钢板熔化熔渣被压缩空气吹走时，可适当加快刨削速度。刨削中，碳棒不能横向摆动和前后移动，碳棒中心应与刨槽中心重合，并沿刨槽的方向做直线运动。在刨削时，要握稳手把，眼睛看好准线，将碳棒对正刨槽，碳棒与构件倾角大小基本保持不变。用碳弧气刨过程中有被烧损现象需调整时，不要停止送风，以使碳棒能得到很好的冷却。刨削结束后，应先断弧，过几秒钟后再关闭风门，使碳棒冷却。

（2）安全技术。操作时，应尽可能顺风向操作，防止铁水及熔渣烧坏工作服及烫伤皮肤，并应注意场地防火。在容器或舱室内部操作时，操作部位不能过于狭小，同时要加强抽风及排除烟尘措施。

碳弧气刨时使用的电源较大，应注意防止因焊机过载和长时间连续使用出现发热超标而损坏机器。

（五）坡口加工

坡口加工一般可用气体加工和机械加工，在特殊情况下采用手动气体切割的方法，但必须进行事后处理，如打磨等。现在坡口加工专用机已开始普及，最近又出现了 H 型钢坡口及弧形坡口的专用机械，效率高、精度高。焊接质量与坡口加工的精度有直接关系，如果坡口表面粗糙，有尖锐且深的缺口，就容易在焊接时产生不熔部位，在焊后产生焊接裂缝；在坡口表面黏附油污，焊接时就会产生气孔和裂缝。因此，要重视坡口加工及加工质量。

坡口机有手提式、自动行进式和台式坡口机等。桥梁钢结构制造中常用台式坡口机，特别是用作 U 肋压制板处于条状时，加工两侧边的坡口效率高、坡口成型好。选用不同的刀盘及刀盘与钢板的夹角可加工不同的坡口，调整刀盘与钢板的距离可适应不同的板厚。

任务三　焊接结构的弯曲与成形

在焊接结构的制造中，有相当一部分构件，都需在焊接之前对材料进行成形加工。最常用的加工方法有弯曲、压延、卷圆等成形方法。这种加工通常是在冷态（常温）下进行的，但在一定条件下也可以进行加热弯曲与成形。

一、压弯成形

1. 弯曲变形的方式

压弯成形时，材料的弯曲变形有自由弯形、接触弯形和校正弯形三种方式。图 4-56 所示为在 V 形模上进行三种方式弯形的情况。若材料弯形时，仅与凸、凹模在三条线接触，弯形圆角半径 r_1 是自然形成的（见图 4-56（a）），这种弯形方式叫作自由弯形；若材料弯形到直边与凹模表面平行，而且在长度 ab 上相互靠紧时，停止弯形，弯形件的角度等于模具的角度，而弯形圆角半径 r_2 仍是自然形成（见图 4-56（b）），这种弯形方式叫作接触弯形；若将材料弯形到与凸、凹模完全靠紧，弯形圆角半径 r_3 等于模具圆角半径 $r_凸$（见图 4-56（c））时，这种弯形方式叫作校正弯形。这里应指出，自由弯形、接触弯形和校正弯形三种方式，是在材料弯形时的塑性变形阶段依次发生的。

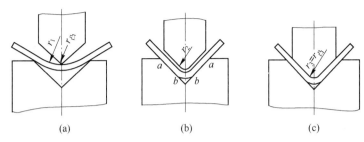

图 4-56　材料压弯时的三种弯形方式

(a) 自由弯形；(b) 接触弯形；(c) 校正弯形

2. 最小弯曲半径

材料在不发生破坏的情况下所能弯曲的最小曲率半径称为最小弯曲半径。弯曲时，最小弯曲半径受到板料外层最大许可拉伸变形程度的限制，超过这个变形程度，板料将产生裂纹。因此，板料的最小弯曲半径是设计弯曲件、制订工艺规程所必须考虑的一个重要问题。

影响材料最小弯曲半径的因素有：

(1) 材料的力学性能。材料的塑性越好，其允许变形程度越大，则最小弯曲半径可以越小。

(2) 弯曲角 α。在相对弯曲半径 r/δ 相同的条件下，弯曲角 α 越小，材料外层受拉伸的程度越小而不易弯裂，最小弯曲半径可以取较小值。反之，弯曲角 α 越大，变形增大，外表面拉伸加剧，最小弯曲半径也应增大。

(3) 材料的方向性。钢材平行于纤维方向的塑性指标比垂直于纤维方向的塑性指标大。因此，当弯曲线与纤维方向垂直时，材料不易断裂，弯曲半径可以小些。

(4) 材料的表面质量和剪断面质量。当材料剪断面质量和表面质量较差时，弯曲易造成应力集中使材料过早破坏，这种情况下应采用较大的弯曲半径。

(5) 其他因素。材料的厚度和宽度等因素也对最小弯曲半径有影响。如薄板可以取较小的弯曲半径，窄板料也可取较小的弯曲半径。

在一般情况下，弯曲半径应大于最小弯曲半径。若由于结构要求等原因，弯曲半径必须小于或等于最小弯曲半径时，应该分两次或多次弯曲，也可采用热弯或预先退火的方法，以提高材料的塑性。

3. 弯曲回弹

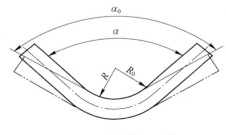

图 4-57　弯曲件的回弹

材料弯曲时，其过程由弹性变形发展到塑性变形，但在塑性变形中，也存在一定的弹性变形。在板料弯曲区域内的材料，外层受拉，内层受压。因此，当外力去除后，弯曲部分要产生一定程度的回弹，如图 4-57 所示。

(1) 影响回弹的因素有：

1) 材料力学性能：回弹与屈服强度成正比，与弹性模量成反比。

2）相对弯曲半径 r/δ 越大，回弹越大。

3）弯曲角度越大，回弹越大。

4）弯曲形状：一般 U 形件较 Π 形件回弹小，Π 形件较 V 形件回弹小。

5）模具间隙越大，回弹越大。

（2）减小回弹的主要措施有：

1）将凸模角度减去一个回弹角（见图 4-58）。

2）采用校正弯曲（见图 4-59）。

3）减小凸模和凹模的间隙。

4）采用拉弯工艺（见图 4-60）。

5）必要时采用加热弯曲。

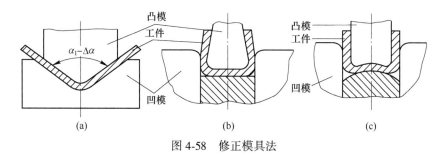

图 4-58 修正模具法

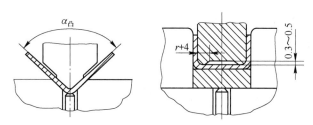

图 4-59 加压校正法

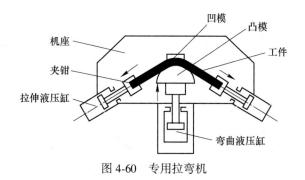

图 4-60 专用拉弯机

二、弯曲件展开长度计算

（一）板材的展开长度计算

钢板弯曲时，中性层的位置随弯曲变形的程度而定，当弯曲的内半径 r 与板厚 δ 之比大于 5 时，中性层的位置在板厚中间，中性层与中心层重合（多数弯板，属于这种情况）；当弯曲的内半径与板厚之比小于或等于 5 时，中性层的位置向弯板的内侧移动，中性层半径可由经验公式求得：

$$R = r + K\delta \tag{4-9}$$

式中　　R——中性层的曲率半径；

　　　　r——弯板内弧的曲率半径，简称内半径；

　　　　δ——钢板的厚度；

　　　　K——中性层系数，其值查表 4-10。

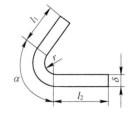

图 4-61　U 形板的展开计算

例 1　计算图 4-61 所示圆角 U 形板展开料长 L。已知 $r = 60$ mm，$\delta = 20$ mm，$l_1 = 200$ mm，$l_2 = 300$ mm，$\alpha = 120°$。

解　因为 $r/\delta = 60/20 = 3$，查表 4-10 得 $K = 0.47$

$$L = l_1 + l_2 + \pi\alpha(r + K\delta)/180°$$

$$= 200 \text{ mm} + 300 \text{ mm} + [120°\pi(60 + 0.47 \times 20)/180°] \text{mm}$$

$$\approx 645 \text{ mm}$$

实际上板料可以弯曲成各种复杂的形状，求展开料长都是先确定中性层，再通过作图和计算，将断面图中的直线和曲线逐段相加得到展开长度。

（二）圆钢料长的展开计算

圆钢弯曲的中性层一般总是与中心线重合，所以圆钢的料长可按中心线计算。

（1）直角形圆钢的展开计算。如图 4-62(a) 所示，已知尺寸 A、B、d、R，则展开长度应是直段长度和圆弧段长度之和。展开长度为：

$$L = A + B - 2R + \pi(R + d/2)/2 \tag{4-10}$$

式中　　L——展开长度；

　A，B——直段长度；

　　　　R——内圆角半径；

　　　　d——圆钢直径。

例 2　图 4-62(a) 中，已知 $A = 400$ mm，$B = 300$ mm，$d = 20$ mm，$R = 100$ mm，求它的展开长度。

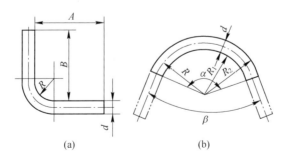

(a)　　　　　　　　　　　　　(b)

图 4-62　常用圆钢弯曲展开长度的计算

(a) 直角形圆钢；(b) 圆弧形圆钢

解　展开长度

$$L = A + B - 2R + \pi(R + d/2)/2$$
$$= 400\ \text{mm} + 300\ \text{mm} - 2 \times 100\ \text{mm} + \left[\pi(100 + 10)/2\right]\text{mm}$$
$$\approx (400 + 300 - 200 + 172.78)\text{mm}$$
$$\approx 672.78\ \text{mm}$$

（2）圆弧形圆钢的展开长度计算。如图 4-62（b）所示，其展开长度为：

$$L = \pi R \times \alpha/180°\qquad\qquad\qquad\qquad (4\text{-}11)$$

或

$$L = \pi R \times (180° - \beta)/180°$$
$$L = \pi(R_1 + d/2) \times \alpha/180°$$
$$L = \pi(R_2 - d/2) \times (180° - \beta)/180°$$

例 3　图 4-62（b）中，已知 $R = 400\ \text{mm}$，$d = 40\ \text{mm}$，$\alpha = 60°$，求圆钢的展开长度。

（3）角钢展开长度的计算。角钢的断面是不对称的，所以中性层的位置不在断面的中心，而是位于角钢根部的重心处，即中性层与重心重合。设中性层离开角钢根部的距离为 z_0，z_0 值与角钢断面尺寸有关，可从有关表格中查得。等边角钢弯曲料长的计算见表 4-11。

表 4-11　等边角钢弯曲料长的计算

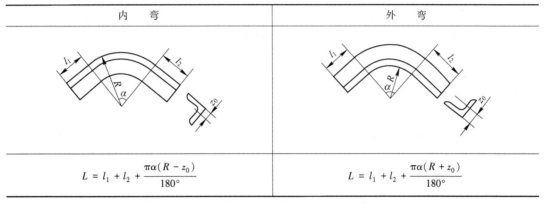

内　弯	外　弯
$L = l_1 + l_2 + \dfrac{\pi\alpha(R - z_0)}{180°}$	$L = l_1 + l_2 + \dfrac{\pi\alpha(R + z_0)}{180°}$

注：l_1，l_2—角钢直边长度（mm）；R—角钢外（内）弧半径（mm）；α—弯曲角度（°）；z_0—角钢重心距（mm）。

例 4　已知等边角钢内弯，两直边 $l_1 = 450\ \text{mm}$，$l_2 = 350\ \text{mm}$，角钢外弧半径 $R = 120\ \text{mm}$，弯曲角 $\alpha = 120°$，等边角钢为 70 mm×70 mm×7 mm，求展开长度 L。

解　由表查得 $z_0 = 19.9\ \text{mm}$

$$L = l_1 + l_2 + \pi\alpha(R - z_0)/180°$$
$$= 450\ \text{mm} + 350\ \text{mm} + \pi \times 120°(120 - 19.9)/180°\ \text{mm}$$
$$= 1009.5\ \text{mm}$$

例 5　已知等边角钢外弯，两直边 $l_1 = 550\ \text{mm}$，$l_2 = 450\ \text{mm}$，角钢内弧半径 $R = 80\ \text{mm}$，弯曲角 $\alpha = 150°$，等边角钢为 63 mm×63 mm×6 mm，求展开长度 L。

解　由表查得 $z_0 = 17.8\ \text{mm}$

$$L = l_1 + l_2 + \pi\alpha(R + z_0)/180°$$
$$= 550\ \text{mm} + 450\ \text{mm} + \pi \times 150°(80 + 17.8)/180°\ \text{mm}$$
$$= 1255.9\ \text{mm}$$

三、卷板

（一）卷板原理

卷板就是滚圆钢板，也称滚圆。实际上也就是在外力的作用下，使钢板的外层纤维伸长、内层纤维缩短而产生弯曲变形（中层纤维不变）。当圆筒半径较大时，可在常温状态下卷圆；如半径较小或钢板较厚时，应将钢板加热后卷圆，如图 4-63 所示。卷板时，板料置于卷板机上、下轴辊之间，当上轴辊下降时，板料受到弯曲力矩的作用，发生弯曲变形。由于上、下轴辊的转动，并通过轴辊与板料间的摩擦力带动板料的移动，使板料受压位置连续不断地发生变化，从而形成平滑的弯曲面，完成滚弯成形。

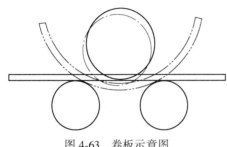

图 4-63　卷板示意图

滚圆是在卷板机（又称滚板机、轧圆机）上进行的，它主要用于卷圆各种容器、大直径焊接管道和高炉壁板等。卷板是在卷板机上进行连续三点滚弯的，利用卷板机可将板料弯成单曲率或双曲率的制件。

卷板机的基本类型有对称式三辊卷板机、不对称式三辊卷板机和四辊卷板机三种。这三种类型卷板机的轴辊布置形式和运动方向如图 4-64 所示。

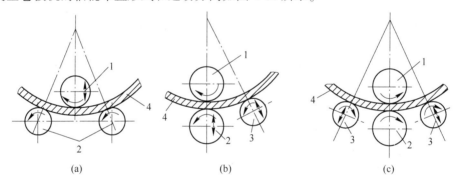

（a）　　　　　　　　　　（b）　　　　　　　　　　（c）

图 4-64　卷板机轴辊的布置形式及运动方向

（a）对称式三辊卷板机；（b）不对称式三辊卷板机；（c）四辊卷板机

1—上轴辊；2—对称下轴辊；3—偏心下轴辊；4—板

对称式三辊卷板机的特点是中间的上轴辊位于两个下辊的中线上（见图 4-64（a）），其结构简单，应用普遍。它的主要缺点是弯形件两端有较长的一段位于弯曲变形区以外，在滚弯后成为直边段。因此，为使板料全部弯曲，需要采取特殊的工艺措施。

不对称式三辊卷板机，其轴辊的布置是不对称的，上轴辊位于两下轴辊之上而向一侧偏移（见图 4-64（b））。这样，就使板料的一端边缘也能得到弯形，剩余直边的长度极短。若在滚制完一端后，将板料从卷板机上取出调头，再放入进行弯形，就可使板料接近全部得到弯曲。这种卷板机的缺点是由于支点距离不相等，使轴辊在滚弯时受力很大，易产生弯曲，从而影响弯形件精度，而且弯形过程中的板料调头，也增加了操作工作量。

四辊卷板机相当于在对称的三辊卷板机的基础上，又增加了一个中间下辊（见图 4-64（c））。这样不仅能使板料全部得以弯曲，还避免了板料在不对称三辊卷板机上需要调头滚弯的麻烦。它的主要缺点是结构复杂、造价高，因此应用不太普遍。

（二）钢板的卷制过程

1. 柱面的卷制

钢板滚弯由预弯（压头）、对中、滚弯三个步骤组成。

（1）预弯。卷弯时只有钢板与上辊轴接触的部分才能得到弯曲，所以钢板的两端各有一段长度不能发生弯曲，这段长度称为剩余直边。剩余直边的大小与设备的弯曲形式有关，钢板弯曲时的理论剩余直边值见表 4-12。

表 4-12　钢板弯曲时的理论剩余直边值

设备类型		卷板机			压力机
弯曲形式		对称弯曲	不对称弯曲		模具压弯
			三辊	四辊	
剩余直边	冷弯	$L/2$	$(1.5 \sim 2)\delta$	$(1 \sim 2)\delta$	1.0δ
	热弯	$L/2$	$(1.3 \sim 1.5)\delta$	$(0.75 \sim 1)\delta$	0.5δ

预弯的方法有以下两种：

1）模压预弯——在压力机上利用模具进行，主要用于大厚度板材的预弯（见图 4-65(c)）。

2）弯胎预弯——利用弯曲胎板在卷板机上进行，主要用于较薄板的预弯，预弯胎具板一般用厚度大于筒体厚度两倍以上的板材制成（见图 4-65(a)）。

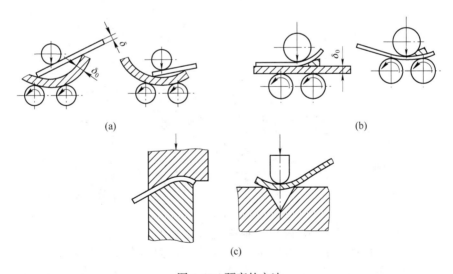

图 4-65　预弯的方法

（2）对中。为了防止钢板在卷制过程中出现扭斜，产生轴线方向的错边，滚卷之前在卷板机上摆正钢板（使工件的素线与轴辊轴线平行）的过程为对中。对中的方法有侧滚对中、专用挡板对中、倾斜进料对中、侧滚开槽对中等，如图 4-66 所示。

（3）滚弯。各种卷板机的滚弯过程见图 4-67。

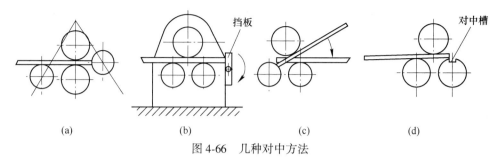

图 4-66 几种对中方法

（a）用四辊卷板机的侧滚对中；（b）用三辊卷板机的对中挡板对中；（c）倾斜进料对中；（d）用下辊对中槽对中

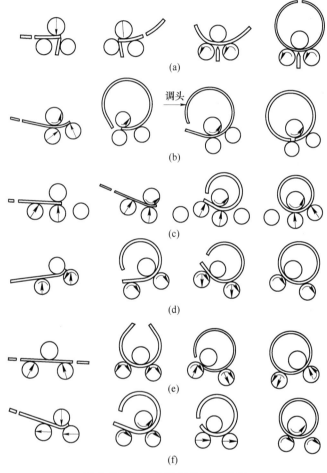

图 4-67 各种卷板机的滚弯过程

（a）带弯边垫板的对称三辊卷板机；（b）不对称三辊卷板机；（c）四辊卷板机；
（d）偏心三辊卷板机；（e）对称下调式三辊卷板机；（f）水平下调式三辊卷板机

2. 锥面的卷制

锥面的素线呈放射状分布，而且素线上各点的曲率都不相等。为使滚弯过程的每一瞬间，上轴辊均接近压在锥面素线上，并形成沿素线各点不同的曲率半径，从而制成锥面，应采取以下措施：

（1）调整上轴辊，使其与下轴辊成一定角度倾斜。这样，就可以沿板料与上轴辊的接触线，压出各点不同的曲率。上轴辊倾斜角度的大小，由操作者根据滚弯件的锥度凭经验初步调整，再经试滚压、测量，最后确定，或通过经验公式进行计算。

（2）扇形大小口送料速度不一致（小口慢、大口快，保证扇形每条素线进入卷板机时与轴辊轴线平行）。方法有：分区卷制法（图4-68）、小口减速法（图4-69）、旋转送料法（图4-70）等。

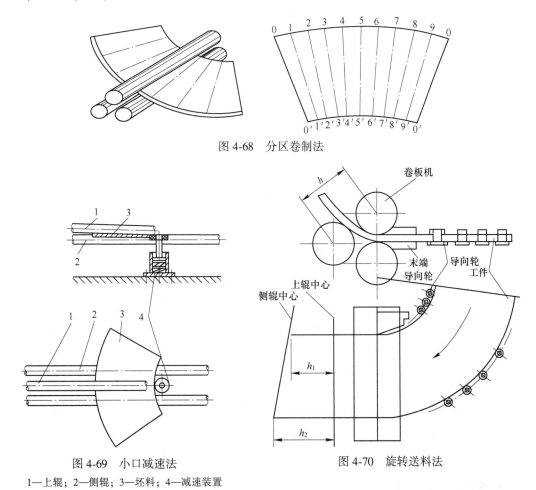

图4-68　分区卷制法

图4-69　小口减速法
1—上辊；2—侧辊；3—坯料；4—减速装置

图4-70　旋转送料法

此外，在检查锥面工件的曲率时，对锥面的大口与小口都要进行测量，只有当锥面两口的曲率都符合要求时，工件曲率才算合格。

四、冲压成形

焊接结构制造过程中，还有许多零件因为形状复杂，要用弯曲成形以外的方法加工。如锅炉用压力容器封头、带有翻边的孔的筒体、封头、锥体、翻边的管接头等，这些复杂曲面开始的成形加工通常在压力机上进行，常用的方法有压延、旋压和爆炸成形等工艺。

（一）压延

压延也称拉深或拉延，它是利用凸模把板料压入凹模，使板料变成中空形状零件的工序，如图 4-71 所示。

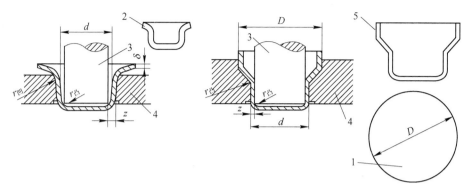

图 4-71 拉延工序图

1—坯料；2—第一次拉延的产品；3—凸模；4—凹模；5—成品

为了防止坯料被拉裂，凸模和凹模边缘均作成圆角，其半径 $r_凸 \leqslant r_凹 = (5\sim15)\delta$；凸模和凹模之间的间隙 $z = (1.1\sim1.2)\delta$；拉延件直径 d 与坯料直径 D 的比例 $d/D = m$（拉延系数），一般 $m = 0.5\sim0.8$。拉延系数 m 越小，则坯料被拉入凹模越困难，从底部到边缘过渡部分的应力也越大。如果拉应力超过金属的抗拉强度极限，拉延件底部就会被拉穿（见图 4-72（a））。

对于塑性好的金属材料，可取较小值。如果拉延系数过小，不能一次拉制成高度和直径合乎成品要求时，则可进行多次拉延。这种多次拉延操作往往需要进行中间退火处理，以消除前几次拉延变形中所产生的硬化现象，使以后的拉延能顺利进行。在进行多次拉延时，其拉延系数应一次比一次略大。

在拉延过程中，由于坯料边缘在切线方向受到压缩，因而可能产生波浪形，最后形成折皱（见图 4-72（b））。拉延所用坯料的厚度越小，拉延的深度越大，越容易产生折皱。为了预防折皱的产生，可用压板把坯料压紧，如图 4-73 所示。为了减小由于摩擦使拉延件壁部的拉应力增大并减少模具的磨损，拉延时通常加润滑剂。

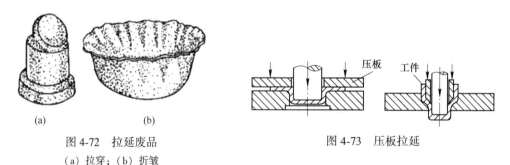

图 4-72 拉延废品

（a）拉穿；（b）折皱

图 4-73 压板拉延

对拉延件的基本要求是：

（1）拉延件外形应简单、对称，且不要太高，以便使拉延次数尽量少。

（2）拉延件的圆角半径在不增加工艺程序的情况下，最小许可半径如图 4-74 所示。否则将增加拉延次数及整形工作。

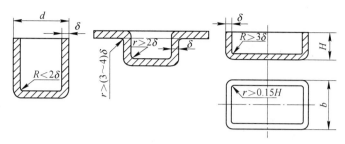

图 4-74 拉延件的最小许可半径（r、R）

（二）旋压

拉延也可以用旋压法来完成。旋压是在专用的旋压机上进行的。图 4-75 所示为旋压工作简图。毛坯 3 用尾顶针 4 上的压块 5 紧紧地压在模胎 2 上，当主轴 1 旋转时，毛坯和模胎一起旋转，操作旋棒 6 对毛坯施加压力，同时旋棒又作纵向运动，开始旋棒与毛坯是一点接触，由于主轴旋转和旋棒向前运动，毛坯在旋棒的压力作用下产生由点到线及由线到面的变形，逐渐地被赶向模胎，直到最后与模胎贴合为止，完成旋压成形。这种方法的优点是不需要复杂的冲模，变形力较小。但生产率较低，故一般用于中小批生产。

（三）爆炸成形

1. 爆炸成形的基本原理

爆炸成形是将爆炸物质放在一特制的装置中，点燃爆炸后，利用所产生的化学能在极短的时间内转化为周围介质（空气或水）中的高压冲击波，使坯料在很高的速度下变形和贴模，从而达到成形的目的。如图 4-76 为爆炸成形装置。爆炸成形可以对板料进行多种工序的冲压加工，例如拉延、冲孔、剪切、翻边、胀形、校形、弯曲、压花纹等。

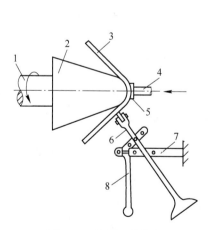

图 4-75 旋压工作简图

1—主轴；2—模胎；3—毛坯；4—尾顶针；5—压块；

6—旋棒；7—支架；8—助力臂

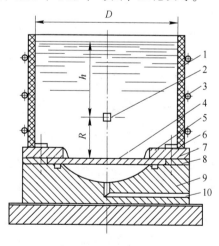

图 4-76 爆炸成形装置

h—炸药距水面距离；R—炸药距坯料距离

1—纤维板；2—炸药；3—绳；4—坯料；5—密封袋；

6—压边圈；7—密封圈；8—定位圈；9—凹板；10—抽气孔

2. 爆炸成形的主要特点

（1）爆炸成形不需要成对的刚性凸凹模同时对坯料施加外力，而是通过传压介质（水或空气）来代替刚性凸模的作用。因此，可使模具结构简化。

（2）爆炸成形可加工形状复杂，刚性模难以加工的空心零件。

（3）回弹小、精度高、质量好。由于高速成形零件回弹特别小，贴模性能好，只要模具尺寸准确，表面光洁，则零件的精度高，表面粗糙度好。

（4）爆炸成形属于高速成形的一种。加工成形速度快（只需 1 s），操作方便，成本低，产品制造周期短。

（5）爆炸成形不需要冲压设备。可成形零件的尺寸不受设备能力限制，在试制或小批生产大型制件时，经济效果显著。

3. 爆炸成形应注意的事项

（1）爆炸成形时，模具里的空气必须适当排除，因为空气的存在不但会阻止坯料的顺利贴模，而且会因模腔内空气的高度压缩而造成零件表面的烧伤，因而影响零件表面粗糙度。因此，爆炸成形前，模腔内应保持一定的真空度。

（2）爆炸成形必须采用合理的密封装置，如果密封装置不好，会使模腔的真空度下降，影响零件的表面质量。单件及小批生产时，可用黏土与油脂的混合物作为密封材料，批量较多时宜用密封圈结构。

（3）爆炸成形在操作中有一定的危险性，因此，必须熟悉炸药的特性，并严格遵守安全操作规程。

综合练习

4-1　填空题

（1）压力容器的生产必须在原材料合格的基础上进行，一般要经过原材料_____、_____、_____、_____、_____、_____、_____、_____等工序。

（2）钢材的矫正方法有_____、_____、_____、_____。

（3）对钢材表面进行_____、_____、_____，称为预处理。

（4）放样方法有_____、_____、_____。

（5）锯割主要用于_____、_____、_____等的下料。

（6）钢板的边缘加工，主要是指坡口加工，常用的方法有_____和_____两类。

4-2　简答题

（1）实现气割的条件是什么？

（2）什么是展开放样？进行展开放样时是如何对厚板件进行处理的？

（3）卷板的工艺过程是什么？

（4）什么是最小弯曲半径？为什么型钢、钢板弯曲时，弯曲半径都应大于最小弯曲半径？

（5）什么是回弹？钢材在冷弯后都会产生回弹，怎样减小回弹？

（6）常用的冲压成型方法有哪些？

项目五　焊接结构的装配与焊接工艺

学习目标：通过本项目的学习，了解焊接结构装配中的条件、掌握常用的焊接工装设备，以及焊接工艺。

任务一　焊接结构的装配

焊接结构的装配是指在焊接结构制造过程中，将组成结构的各个零件按照一定的位置、尺寸关系和精度要求组合起来的工序。装配工作的质量好坏直接影响着产品的最终质量，而装配质量又取决于下料和成形的尺寸精度。装配在焊接结构制造工艺中占有很重要的地位，因为装配工序的工作量大，约占整个产品制造工作量的 30% ~ 40%，所以提高装配工作的效率和质量，对缩短产品制造工期、降低生产成本、保证产品质量具有重要的意义。

一、装配的基本条件

在焊接结构装配中，将零件装配成部件的过程称为部件装配，简称部装；将零件或部件装配成最终产品的过程称为总装。通常装配后的部件或整体结构直接送入焊接工序，但有些产品先要进行部件装配焊接，经矫正变形后再进行总装。无论何种装配方案都需要满足装配的三个基本条件。装配的基本条件是指零件在装配过程中应遵循的基本准则，只有遵循这些准则才能装配出合格的产品。

进行焊接结构的装配，必须具备三个基本条件：定位、夹紧和测量。

（1）定位。就是将待装配的零件按图样的要求保持正确的相对位置的方法。如图 5-1 所示，在平台 6 上装配工字梁，工字梁的两翼板 4 的相对位置是由腹板 3 和挡板 5 来定位的，腹板的高低位置由垫块 2 来定位，而平台工作面则既是整个工字梁的定位基准面，又是结构装配的支承面。

（2）夹紧。夹紧就是借助于外力使零件准确到位，并将定位后的零件固定，直到装配完成或焊接结束。图 5-1 中翼板与腹板间相对位置确定后，是通过调节螺杆 1 来实现夹紧的。

（3）测量。测量是指在装配过程中，对零件间的相对位置和各部件尺寸进行的一系列技术测量，从而鉴定零件定位的正确性和夹紧力的效果，以便调整。图 5-1 中所示的工字梁装配中，在定位并夹紧后，需要测量两翼板的平行度、腹板与翼板的垂直度、工字梁高度尺寸等项指标。例如通过用直角尺 7 测量两翼板与平台面的垂直度，来检验两翼板的平行度是否符合要求。

图 5-2 为一简单焊接支架的装配。其装配过程为：（1）划定位线：将弯板平放在工作台上，并划出肋板的位置线；（2）对位：用手扶正肋板与所划线对齐；（3）点固：用定

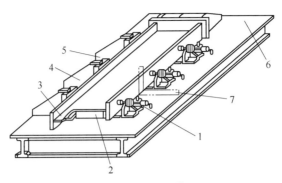

图 5-1   工字梁的装配

1—调节螺杆；2—垫块；3—腹板；4—翼板；5—挡板；6—平台；7—直角尺

位焊点将两肋板与弯板固定；（4）检验：由于点固焊时肋板会出现一些变形，因此测量尺寸是否符合图纸要求；（5）校正：如尺寸不符合则进行调整。

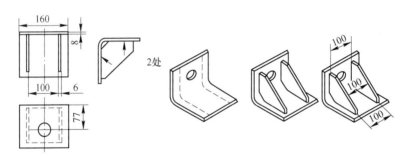

图 5-2   焊接支架的装配

　　该装配工艺过程体现了装配的基本条件，即任何零件的装配都必须先将其放到正确的位置，再采取一定措施将位置固定下来（该处采用的是定位焊），最后测量装配位置的准确性。

　　装配的三个基本条件是相辅相成的，定位是整个装配工序的关键，定位后不进行夹紧，正确定位的零件就不能保持其正确性，在随后的装配和焊接过程中位置会发生改变；夹紧是在定位基础上的夹紧，如果没有定位，夹紧就失去了意义；而没有测量，则无法判断定位和夹紧的正确性，难以保证构件的装配质量。但在有些情况下可以不进行测量（如一些胎夹具装配，定位元件定位装配等）。

　　零件的正确定位，不一定与产品设计图上的定位一致，而是从生产工艺的角度，考虑焊接变形后的工艺尺寸。如图 5-3 所示的槽形梁，设计尺寸应保持两槽板平行，而在考虑焊接收缩变形后，工艺尺寸为 204 mm，使槽板与底板有一定的角度，正确的装配应按工艺尺寸进行。

二、零件的定位

（一）定位基准及其选择

在结构装配过程中，必须根据一些指定的点、

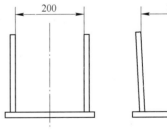

图 5-3   槽形梁的工艺尺寸

线、面,来确定零件或部件在结构中的位置,这些作为依据的点、线、面,称为定位基准。

图 5-4 所示为圆锥台漏斗上各零件间的相对位置,是以轴线和 M 面为定位基准确定的。

图 5-5 所示为四通接头,装配时支管 Ⅱ、Ⅲ 在主管 Ⅰ 上的相对高度是以 H 面为定位基准而确定的,而支管的横向定位则以主管轴线为定位基准。

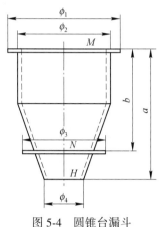

图 5-4　圆锥台漏斗

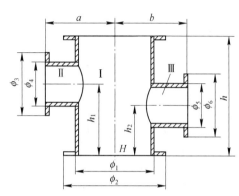

图 5-5　四通接头

图 5-6 所示为容器上各接口间的相对位置,是以轴线和组装面 M 为定位基准确定的。装配接口 Ⅰ、Ⅱ、Ⅲ 在筒体上的相对高度是以 M 面为定位基准而确定的;各接口的横向定位则以筒体轴线为定位基准。

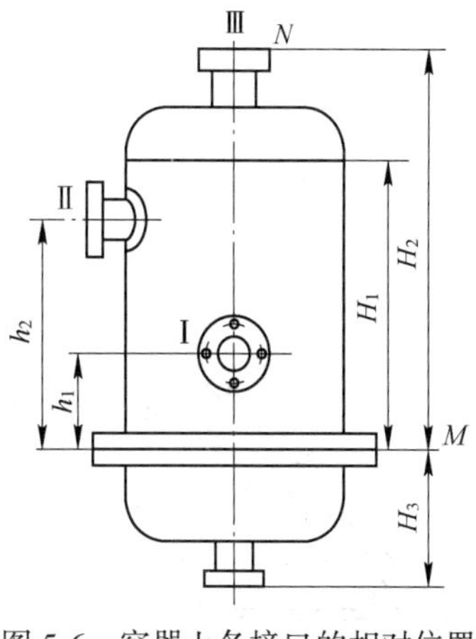

合理地选择定位基准,对于保证装配质量、安排零部件装配顺序和提高装配效率均有重要影响。选择定位基准时,应着重考虑以下几点:

(1)装配定位基准尽量与设计基准重合,这样可以减少基准不重合所带来的误差。比如,各种支承面往往是设计基准,宜将它作为定位基准;各种有公差要求的尺寸,如孔心距等也可作为定位基准。

(2)同一构件上与其他构件有连接或配合关系的各个零件,应尽量采用同一定位基准,这样能保证构件安装时与其他构件的正确连接和配合。

图 5-6　容器上各接口的相对位置

(3)应选择精度较高,又不易变形的零件表面或边棱作定位基准,这样能够避免由于基准面、线的变形造成的定位误差。

(4)所选择的定位基准应便于装配中的零件定位与测量。

在确定定位基准时应综合生产成本、生产批量、零件精度要求和劳动强度等因素。例如以已装配零件作基准,可以极大简化工装的设计和制造过程,但零件的位置、尺寸一定会受已装配零件的装配精度和尺寸的影响。如果前一零件尺寸精度或装配精度低,则后一零件装配精度也低。

在实际装配中,定位基准的选择要完全符合上述所有的原则,有时是不可能的。因此,应根据具体情况进行分析,选出最有利的定位基准。

（二）零件的定位方法

在焊接生产中，应根据零件的具体情况，选取零件的定位方法。零件定位方法可分为如下几种：

（1）划线定位。划线定位是利用在零件表面或装配台表面划出工件的中心线、接合线、轮廓线等作为定位线，来确定零件间的相互位置，通常用于简单的单件小批量装配或总装时的部分较小零件的装配。

图 5-7(a) 所示为以划在工件底板上的中心线和接合线作定位线，以确定槽钢、立板和三角形加强筋的位置；图 5-7(b) 所示为利用大圆筒盖板上的中心线和小圆筒上的等分线（也常称其为中心线）来确定两者的相对位置。

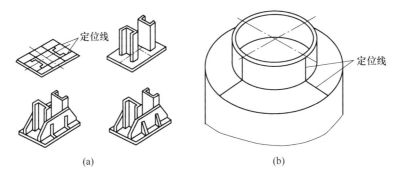

(a)　　　　　　　　　　　　　　(b)

图 5-7　划线定位装配

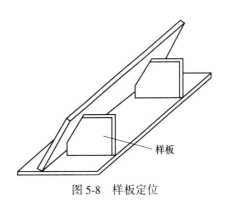

图 5-8　样板定位

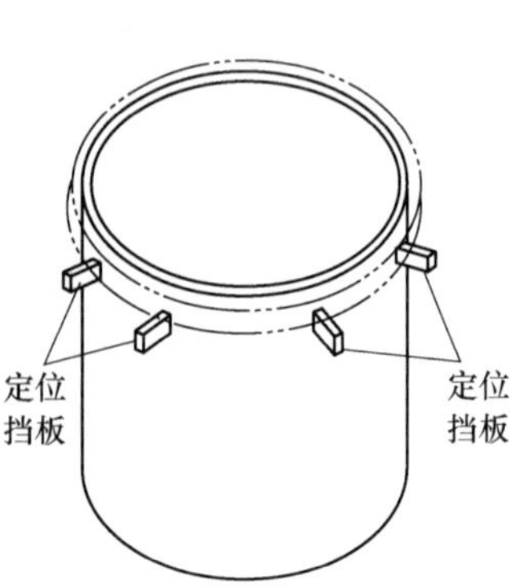

图 5-9　定位元件（挡铁）定位

（2）样板定位。利用小块钢板或小块型钢作为挡铁，取材方便，也可以用经机械加工后的挡铁提高精度。挡铁的安置要保证构件重点部位（点、线、面）的尺寸精度，也便于零件的装拆。常用于钢板与钢板之间的角度装配和容器上各种管口的安装。图 5-8 所示为斜 T 形结构的样板定位装配。

（3）定位元件定位。定位元件定位是用一些特定的定位元件（如板块、角钢、销轴等）构成空间定位点，来确定零件的位置，并用装配夹具夹紧装配。它不需划线，装配效率高，质量好，适用于批量生产。

图 5-9 所示为在大圆筒外部加装钢带圈时，先在大圆筒外表面焊上若干挡铁作为定位元件，确定钢带圈在圆筒上的高度位置，并用弓形螺旋夹紧器把钢带圈与筒体壁夹紧密贴后，用定位焊缝焊牢，即完成钢带圈的装配。

图 5-10 所示为双臂角杠杆的焊接结构，它由三个轴套和两个臂杆组成。装配时，臂杆之间的

角度和三孔距离用活动定位销 1 和固定定位销 3 定位；两臂杆的水平高度位置和中心线位置用挡铁 2 定位；两端轴套高度用支承垫 4 定位后夹紧定位焊完成装配。其装配全部用定位器定位后完成，装配质量可靠，生产效率高。

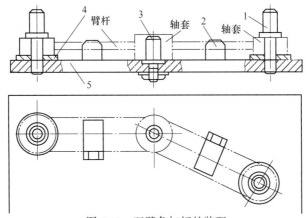

图 5-10　双臂角杠杆的装配

1，3—定位销；2—挡铁；4—支承垫；5—夹具台

（4）胎卡具（又称胎架）定位。金属结构中，当一种工件数量较多，内部结构又不很复杂时，可将工件装配所用的各定位元件、夹具和装配胎架三者组合为一个整体，构成装配胎卡具。

图 5-11(a) 所示为汽车横梁结构，它由拱形板 4、槽形板 3、角形板 6 和主平板 5 等零件组成。其装配胎具如图 5-11(b) 所示，它由定位铁 8、螺栓卡紧器 9、回转轴 10 共同组合连接在胎架 7 上。装配时，首先将角形板置于胎架上，用定位铁 8 定位并用螺栓卡紧器 9 固定，然后装配槽形板和主平板，它们分别用定位铁 8 和螺栓卡紧器 9 卡紧，再将各板连接处定位焊。该胎卡具还可以通过回转轴 10 回转，把工件翻转到使焊缝处于最有利的施焊位置焊接。

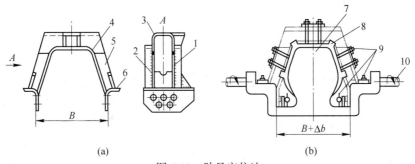

(a)　　　　　　　　　　　　　　(b)

图 5-11　胎具定位法

（a）汽车横梁；（b）胎具

1，2—焊缝；3—槽形板；4—拱形板；5—主平板；6—角形板；

7—胎架；8—定位铁；9—螺栓卡紧器；10—回转轴

三、装配中的定位焊

定位焊是用米固定各焊接零件之间的相互位置，以保证整个结构件得到正确的几何形状和尺寸。定位焊有时也叫点固焊。定位焊所用的焊条应和焊接时所用焊条相同，保证焊接质量。定位焊缝的参考尺寸见表 5-1。

表 5-1　定位焊缝参考尺寸 （mm）

焊接厚度	焊缝高度	焊缝长度	间　距
≤4	<4	5~10	50~100
4~12	3~6	10~20	100~200
>12	约6	15~30	100~300

进行定位焊时应注意以下事项：

（1）定位焊缝的引弧和熄弧处应圆滑过渡，否则，在焊正式焊缝时在该处易造成未焊透、夹渣等缺陷；

（2）定位焊缝有未焊透、夹渣、裂纹、气孔等焊接缺陷时，应该铲掉并重新焊接，不允许留在焊缝内；

（3）需预热的焊件，定位焊时也应进行预热，预热温度与焊接时相同；

（4）由于定位焊为断续焊，工件温度较低，热量不足而容易产生未焊透，故定位焊缝的焊接电流应比焊接正式焊缝时大 10%~15%；

（5）定位焊的尺寸要按要求选用，对保证焊件尺寸起重要作用的部位，可适当地增加定位焊缝的尺寸和数量；

（6）在焊缝交叉处和焊缝方向急剧变化处不要进行定位焊，而应离开 50 mm 左右；

（7）对于强行装配的结构，因定位焊缝承受较大的外力，应根据具体情况适当加大定位焊缝长度，间距适当缩小；

（8）必要时采用碱性低氢焊条，而且特别注意定位焊后应尽快进行焊接，避免中途停顿和间隔时间过长；

（9）定位焊缝所使用的焊条牌号与正式焊缝所使用的焊条相同，直径可略细一些，常用 $\phi 3.2$ mm 和 $\phi 4$ mm 的焊条。

四、装配中的测量

测量是检验定位质量的一个工序，装配中的测量包括：正确、合理地选择测量基准；准确地完成零件定位所需要的测量项目。在焊接结构生产中常见的测量项目有：线性尺寸、平行度、垂直度、同轴度及角度等。

（一）测量基准

测量中，为衡量被测点、线、面的尺寸和位置精度而选作依据的点、线、面称为测量基准。一般情况下，多以定位基准作为测量基准。在图 5-6 中，容器的接口Ⅰ、Ⅱ、Ⅲ都是以 M 面为测量基准，测量尺寸 h_1、h_2 和 H_2，这样接口的设计标准、定位标准、测量标准三者合一，可以有效地减小装配误差。

当以定位基准作为测量基准不利于保证测量的精度或不便于测量操作时，就应本着能使测量准确、操作方便的原则，重新选择合适的点、线、面作为测量基准。如图 5-12 所示的工字梁，要测量腹板与翼板的垂直度，直接测量既不方便，精度也低。这时以装配平台作为测量基准，测量两翼板与平台的垂直度和腹板与平台的平行度，就会使精度比较高，测量也方便。

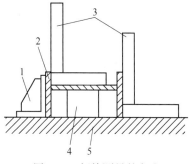

图 5-12　间接测量的方法
1—定位支架；2—工字梁；3—90°直角尺；
4—定位垫块；5—装配平台

（二）测量项目

（1）线性尺寸的测量。线性尺寸，是指工件上被测点、线、面与测量基准间的距离。线性尺寸的测量是最基础的测量项目，其他项目的测量往往是通过线性尺寸的测量来间接进行的。线性尺寸的测量主要是利用刻度尺（卷尺、盘尺、直尺等）来完成，特殊场合利用激光测距仪来进行。

（2）平行度的测量。主要有下列两个项目：

1）相对平行度的测量。相对平行度是指工件上被测的线（或面）相对于测量基准线（或面）的平行度。平行度的测量是通过线性尺寸测量来进行的。其基本原理是测量工件上线的两点（或面上的三点）到基准的距离，若相等就平行，否则就不平行。但在实际测量中为减小测量中的误差，应注意：①测量的点应多一些，以避免工件不直而造成的误差；②测量工具应垂直于基准；③直接测量不方便时，间接测量。

图 5-13 是相对平行度测量的例子。（a）图为线的平行度，测量三个点以上，（b）图为面的平行度，测量两个以上位置。

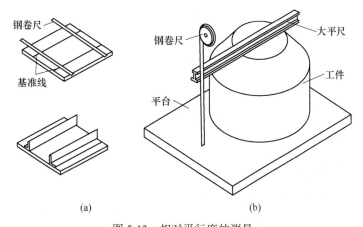

图 5-13　相对平行度的测量
（a）测量角钢间的相对平行度；（b）用大平尺测量面的相对平行度

2）水平度的测量。容器里的液体（如水），在静止状态下其表面总是处于与重力作用方向相垂直的位置，这种位置称为水平。水平度就是衡量零件上被测的线（或面）是否处于水平位置。许多金属结构制品，在使用中要求有良好的水平度。例如桥式起重机的运行轨道，就需要良好的水平度，否则，将不利于起重机在运行中的控制，甚至引起事故。

施工装配中常用水平尺、软管水平仪、水准仪、经纬仪等量具或仪器来测量零件的水平度。水平尺是测量水平度最常用的量具。测量时，将水平尺放在工件的被测平面上，查看水平尺上玻璃管内气泡的位置，如在中间即达到水平。使用水平尺要轻拿轻放，要避免工件表面的局部凹凸不平影响测量结果。

（3）垂直度的测量。主要有下列两个项目：

1）相对垂直度的测量。相对垂直度，是指工件上被测的直线（或面）相对于测量基准线（或面）的垂直程度。相对垂直度是装配工作中极常见的测量项目，并且很多产品都对其有严格的要求。例如高压电线塔等呈棱锥形的结构，往往由多节组成。装配时，技术要求的重点是每节两端面与中心线垂直。只有每节的垂直度符合要求之后，才有可能保证总体安装的垂直度。

尺寸较小的工件可以利用90°角尺直接测量；当工件尺寸很大时，可以采用辅助线测量法，即用刻度尺作为辅助线测量直角三角形的斜边长。例如，两直角边各为1000 mm，斜边长应为1414.2 mm。另外，也可用直角三角形直角边与斜边之比值为3：4：5的关系来测定。

对于一些桁架类结构上某些部位的垂直度难以测量时，可采用间接测量法测量。图5-14为对塔类桁架进行端面与中心线垂直度间接测量的例子。首先过桁架两端面的中心拉一钢丝，再将其平置于测量基准面上，并使钢丝与基准面平行。然后用直角尺测量桁架两端面与基准面的垂直度，若桁架两端面垂直于基准面，必同时垂直桁架中心线。

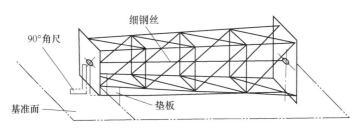

图5-14　用间接测量法测量相对垂直度

2）铅垂度的测量。铅垂度的测量是测定工件上线或面是否与水平面垂直。常用吊线锤或经纬仪测量。采用吊线锤时，将线锤吊线拴在支杆上（临时点焊上的小钢板或利用其他零件），测量工件与吊线之间的距离来测铅垂度。当结构尺寸较大而且铅垂度要求较高时，常采用经纬仪来测量铅垂度。

（4）同轴度的测量。同轴度是指工件上具有同一轴线的几个零件，装配时其轴线的重合程度。测量同轴度的方法很多，这里介绍一种常用的测量方法。

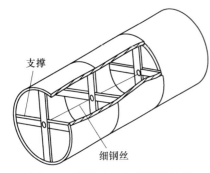

图5-15为三节圆筒组成的筒体，测量它的同轴度时，可在各节圆筒的端面安上临时支撑，在支撑中间找出圆心位置并钻出直径为20～30 mm的小孔，然后由两外端面中心拉一细钢丝，使其从各支撑孔中通过，观测钢丝是否处于孔中间，以测量其同轴度。

（5）角度的测量。装配中，通常利用各种角度样板来测量零件间的角度。图5-16为利用角度样板测量角度的实例。

图5-15　圆筒内拉钢丝测同轴度

装配测量除上述常用项目外，还有斜度、挠度、平面度等一些测量项目。需要强调的是量具的精度、可靠性是保证测量结果准确的决定因素之一。在使用和保管中，应注意保护量具不受损坏，并经常定期检验其精度的正确性。

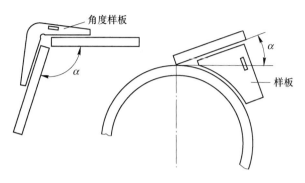

图 5-16 角度的测量

五、装配用工夹具及设备

（一）装配用工具及量具

常用的装配工具有大锤、小锤、錾子、手砂轮、撬杠、扳手及各种划线用的工具等。常用的量具有钢卷尺、钢直尺、水平尺、90°角尺、线锤及各种检验零件定位情况的样板等。图 5-17 所示为几种常用工具的示意图，图 5-18 所示为常用量具示意图。

图 5-17 常用的装配工具

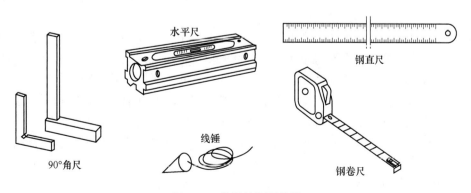

图 5-18 常用的装配量具

（二）装配用夹具

装配用夹具是指在装配中用来对零件施加外力，使其获得可靠定位的工艺装备。主要包括通用夹具和装配胎架上的专用夹具。装配夹具按夹紧力来源，分为手动夹具和非手动夹具两大类。手动夹具包括螺旋夹具、楔条夹具、杠杆夹具、偏心轮夹具等；非手动夹具包括气动夹具、液压夹具、磁力夹具等。

（三）装配用设备

装配用设备有平台、转胎、专用胎架等，对装配用设备的一般要求如下：

（1）平台或胎架应具备足够的强度和刚度。

（2）平台或胎架表面应光滑平整，要求水平放置。

（3）尺寸较大的装配胎架应安置在相当坚固的基础上，以免基础下沉导致胎具变形。

（4）胎架应便于对工件进行装、卸、定位焊、焊接等装配操作。

（5）设备构造简单，使用方便，成本低。

装配用平台主要类型如下：

（1）铸铁平台。它是由许多块铸铁组成的，结构坚固，工作表面进行机械加工，平面度比较高，面上具有许多孔洞，便于安装夹具。常用于进行装配以及用于钢板和型钢的热加工弯曲。

（2）钢结构平台。这种平台是由型钢和厚钢板焊制而成的。它的上表面一般不经过切削加工，所以平面度较差。常用于制作大型焊接结构或制作桁架结构。

（3）导轨平台。这种平台是由安装在水泥基础上的许多导轨组成的。每条导轨的上表面都经过切削加工，并有紧固工件用的螺栓沟槽。这种平台用于制作大型结构件。

（4）水泥平台。它是由水泥浇注而成的一种简易而又适用于大面积工作的平台。浇注前在一定的部位预埋拉桩、拉环，以便装配时用来固定工件。在水泥中还放置交叉形扁钢，扁钢面与水泥面平齐，作为导电板或用于固定工件。这种水泥平台可以拼接钢板、框架和构件，又可以在上面安装胎架进行较大部件的装配。

（5）电磁平台。它是由平台（型钢或钢板焊成）和电磁铁组成的。电磁铁能将型钢吸紧固定在平台上，焊接时可以减少变形。充气软管和焊剂的作用是组成焊剂垫，用于埋弧自动焊，可防止漏渣和铁液下淌。

胎架又称为模架，在工件结构不适于以装配平台作支承（如船舶、机车车辆底架、飞机和各种容器结构等）或者在批量生产时，就需要制造胎架来支承工件进行装配。胎架常用于某些形状比较复杂，要求精度较高的结构件。它的主要优点是利用夹具对各个零件进行方便而精确的定位。有些胎架还可以设计成能够翻转的，可把工件翻转到适合于焊接的位置。利用胎架进行装配，既可以提高装配精度，又可以提高装配速度。但由于投资较大，故多为某种批量较大的专用产品设计制造，适用于流水线或批量生产。制作胎架时应注意以下几点：

（1）胎架工作面的形状应与工件被支承部位的形状相适应。

（2）胎架结构应便于在装配中对工件施行装、卸、定位、夹紧和焊接等操作。

（3）胎架上应划出中心线、位置线、水平线和检查线等，以便于装配中对工件随时进行校正和检验。

（4）胎架上的夹具应尽量采用快速夹紧装置，并有适当的夹紧力；定位元件需尺寸准确并耐磨，以保证零件准确定位。

（5）胎架必须有足够的强度和刚度，并安置在坚固的基础上，以避免在装配过程中基础下沉或胎架变形而影响产品的形状和尺寸。

六、焊接结构的装配工艺

焊接结构虽然种类繁多，形式千变万化，但其基本的结构元件就是各种型材、不同规格的板材、管材和各种成形件等。因此，焊件的组装工艺比较简单，大部分可采用简易的装配夹具进行手工组装。但手工组装不仅效率低，且组装质量难以保证。在批量生产中广泛采用机械或自动组装。

（一）对焊件装配质量的要求

焊件的装配质量应满足下列基本要求：

（1）组装好的焊件首先应定位准确、可靠，符合施工图样规定的尺寸和公差要求，同时应考虑焊接收缩量，使焊件焊后的外形尺寸控制在容许的误差范围之内。

（2）接头的装配间隙和坡口尺寸应符合焊接工艺规程的规定，同时应保证在整个焊接过程中，接头的装配间隙保持在容许的误差范围之内。

（3）接头装配定位后错边量应符合相应制造技术规程或产品制造技术条件的规定。

（4）碳钢焊件的定位焊焊缝，原则上不容许定位焊在焊缝坡口内，应采用定位板点固在坡口的两侧。如因结构形状所限，定位焊必须点固在焊缝坡口内时，则应按产品主焊缝的焊接工艺规程施焊，保证定位焊缝的质量。

（5）薄壁件或结构形状复杂、尺寸精度高的焊件的装配，必须采用相应的装焊夹具或装焊机械。焊件装配定位符合要求后，立即进行焊接。夹具的结构设计应考虑焊件的刚度和可能产生的回弹量，保证焊件焊后的尺寸符合产品图样的规定。

（6）对于已经机械加工而焊后无法再加工的精密部件的装配，如 O 形密封环、大直径法兰密封面和机架轴承座等，除应编制详细的装配工艺卡外，还应采用精密的装焊夹具或装焊机械。定位后应对其关键尺寸按图样要求和工艺卡规定的程序进行测量。符合规定要求后，再按焊接工艺规程进行焊接，确保焊接过程中的变形量和焊后的残余变形量不超过容许的极限。

（7）对于刚度较小且焊接变形量较大焊件的装配，在装配定位时，应将焊件作适当的反变形，以抵消焊接过程中过量的变形。对于某些拘束度较大的焊件，焊件的夹紧方式和点固定位应允许某些零件有自由收缩的余地，防止焊接过程中由于焊接应力过大而产生裂纹。

（二）装配前的准备

装配前的准备工作是装配工艺的重要组成部分。充分、细致的准备工作，是高质量高效率地完成装配工作的有力保证。通常包括如下几方面：

（1）熟悉产品图样和工艺规程。要清楚各部件之间的关系和连接方法，并根据工艺规程选择好装配基准和装配方法。

（2）装配现场和装配设备的选择。依据产品的大小和结构的复杂程度选择和安置装配平台和装配胎架。装配工作场地应尽量设置在起重设备工作区间内，对场地周围进行必要清理，使之达到场地平整、清洁，人行道通畅。

（3）工量具的准备。装配中常用的工、量、夹具和各种专用吊具，都必须配齐组织到场。此外，根据装配需要配置的其他设备，如焊机、气割设备、钳工操作台、风砂轮等，也必须安置在规定的场所。

（4）零、部件的预检和除锈。产品装配前，对于从上道工序转来或从零件库中领取的零、部件都要进行核对和检查，以便于装配工作的顺利进行。同时，对零、部件的连接处的表面进行去毛刺、除锈垢等清理工作。

（5）适当划分部件。对于比较复杂的结构，往往是部件装焊之后再进行总装，这样既可以提高装配-焊接质量，又可以提高生产效率，还可以减小焊接变形。为此，应将产品划分为若干部件。

（三）焊接结构装配特点

焊接结构由于结构的形式与性质不同，装配工作有下列特点：

（1）产品的零件由于精度低、互换性差，所以装配时需选配或调整。

（2）产品的连接大多采用焊接等不可拆的连接形式，所以返修困难，易导致零部件报废，因此对装配程序有严格的要求。

（3）装配过程中常伴有大量的焊接工作，故应掌握焊接的应力和变形的规律，在装配时应采取适当的措施，以防止或减少焊后变形和矫正工作。

（4）产品一般体积较庞大，刚性较差，容易变形，装配时应考虑加固措施。

（5）某些特别庞大的产品需分组出厂或现场总装，为保证总装进度和质量，应在厂内试装，必要时将不可拆卸的接头改为临时的可拆卸的连接。

（四）焊接结构装配工艺过程

装配工艺过程制定的内容包括：装配基准的确定以及零件、组件、部件的装配次序；在各装配工艺工序上采用的装配方法；选用何种提高装配质量和生产率的装备、胎卡具和工具；装配质量检测的项目、方法及要求等。

1. 装配类型

焊接结构都是由许多零、部件组装而成，每种结构装配-焊接顺序均有几种方案。选择合理的装配-焊接顺序，有利于高质量、低成本、高效率地进行生产。目前装配-焊接顺序基本有以下三种类型：

（1）整装整焊。将全部零件按图纸要求装配起来，然后转入焊接工序，此种类型是装配工人与焊接工人各自在自己的工位上进行，可实行流水作业，停工损失很小。这种方法适用于结构简单、零件数量少、大批量生产的构件。

（2）分部件装配。将结构件分解成若干个部件，先由零件装配焊接成部件，然后再由部件装配焊接成结构件。这一方式适合批量生产，可实行流水作业，几个部件同步进行，有利于应用各种先进工艺装备，有利于控制焊接变形，有利于采用先进的焊接工艺方法。此种方法适用于可分解成若干个部件的复杂结构。

（3）随装随焊。将若干个零件组装起来，随之焊接相应的焊缝，然后再装配若干个零件，再进行焊接，直至全部零件装完并焊完，成为符合要求的构件。这种方法是装配工人与焊接工人在一个工位上交叉作业，影响生产效率，也不利于采用先进的工艺装备和先进的焊接工艺方法。此种类型适用于单件小批量生产和复杂的结构生产。

2. 装配工艺方法及特点

零件备料及成形加工的精度对装配质量有着直接的影响，但加工精度越高，其工艺成本就越高。因此，不能不顾及构件的生产成本。长期的装配实践中，根据不同产品、不同生产类型，有不同的装配工艺方法。其特点如下：

（1）互换法。用控制零件的加工误差来保证装配精度。这种装配方法的特点是：零件完全可以互换，装配过程简单，生产率高，对装配工人的技术水平要求不高，便于组织流水作业，但要求零件的加工精度较高。

（2）选配法。将零件按一定的加工精度进行制造（即零件的公差带放宽了）。这种装配方法的特点是：装配时需挑选合适的零件进行装配，以保证规定的装配精度要求。对零件的加工工艺要求放宽，便于零件加工，但装配时要由工人挑选，增加了装配工时和装配难度。

（3）修配法。是指零件上预留修配余量，特点在于装配过程中修去该零件上多余的部分材料，使装配精度满足技术要求。此法对零件的制作精度放得较宽，但增加了手工装配的工作量，而且装配质量取决于工人的技术水平。

在选择装配工艺方法时，应根据生产类型和产品种类等方面来考虑。一般单件、小批量生产或重型焊接结构生产，常以修配法为主，互换件的比例少，工艺灵活性大，工序较为集中，大多使用通用工艺装备；成批生产或一般焊接结构，主要采用互换法，也可灵活采用选配法和修配法。

3. 装配的质量检验

装配工作的好坏将直接影响着产品的质量，所以产品总装后应进行质量检验，以鉴定是否符合规定的技术要求。

装配的质量检验，包括装配过程中的检验和完工产品的检验，主要有如下内容：

（1）按图样检查产品各零、部件间的装配位置和主要尺寸是否正确，并达到规定的精度要求。

（2）检查产品的各连接部位的连接形式是否正确，并根据技术条件、规范和图纸来检查焊缝间隙的公差、边棱坡口的公差和接口处平板的公差。

（3）检查产品结构上为连接、加固各零、部件所作的定位焊的布置是否正确，须使这种布置保证结构在焊接后不产生内应力。

（4）检查产品结构连接部位焊缝处的金属表面，不允许焊缝处的金属表面上有污垢、铁锈和潮湿，以防止造成焊接缺陷。

（5）检查产品的表面质量，以便找出钢材上的裂缝、起层、砂眼、凹陷以及焊疤痕等缺陷，并根据技术要求酌情处理。

装配质量的检验方法，主要是运用测量技术以各种量具、仪器进行检查，有些检验项目如表面质量，也常采用外观检查的方法。

任务二　焊接结构的工艺装备

工艺装备是装配-焊接夹具（也称焊接工装夹具）与焊接变位机械在焊接结构生产中的总称。其中工装夹具包括定位器、夹紧器、推拉装置等；变位机械装备主要包括各种焊件、焊机、焊工变位机械等机械装置。在现代焊接结构生产中，积极推广和使用与产品结构相适应的工艺装备，对提高产品质量，减轻焊接工人的劳动强度，加速焊接生产实现机械化、自动化进程等诸方面起着非常重要的作用。

一、焊接工艺装备在生产中的地位和作用

在焊接结构生产全过程中，焊接所需要的工时较少，而约占全部加工工时的三分之二是用于备料、装配及其他辅助工作，影响了焊接结构生产进度，特别是伴随高效率焊接方法的应用，这种影响日益突出。解决好这一影响的最佳途径，是大力推广使用机械化和自动化程度较高的装配焊接工艺装备。

焊接工艺装备的作用如下：

（1）定位准确、夹紧可靠，可部分或全部取代下料和装配时的划线工作。减小制品的尺寸偏差，提高零件的精度和互换性。

（2）防止和减小焊接变形，降低焊接后的矫正工作量，达到提高劳动生产率的目的。

（3）能够保证最佳的施焊位置，焊缝的成形性优良，工艺缺陷明显降低，可获得满意的焊接接头。

（4）采用机械装置进行零部件装配的定位、夹紧及焊件翻转等繁重的工作，可改善工人的劳动条件。

（5）可以扩大先进工艺方法和设备的使用范围，促进焊接结构生产机械化和自动化的综合发展。

二、焊接工艺装备的分类与特点

1. 焊接工艺装备的分类

焊接工装夹具及变位机械装备的形式多种多样，以适应品种繁多、工艺性复杂、形状尺寸各异的焊接结构生产的需要。按照焊接工艺装备的功用不同可分为以下几类：

（1）焊接工装夹具。焊接工装夹具是将工件进行准确定位和可靠夹紧，便于零部件进行装配和焊接的工艺装置、装备或工具等。在焊接结构生产中，装配和焊接是两道重要的生产工序，根据工艺通常以两种方式完成两道工序，一种是先装配后焊接；一种是边装配边焊接。我们把用来装配以进行定位焊的夹具叫作装配夹具；专门用来焊接的夹具叫称焊接夹具；把既用来装配又用来焊接的夹具称装焊夹具。焊接工装夹具按动力源分，可分为：手动夹具、气动夹具、液压夹具、电动夹具和组合夹具等。

（2）焊接变位机械装备。焊接变位机械装备是通过改变焊件、焊机或焊工位置来实现机械化、自动化焊接的各种机械装置。其中，焊件移动装置包括焊接变位机械、滚轮架、回转台和翻转机等；焊机移动装置包括焊接操作机、电渣焊立架等；焊工升降台是改变工人操作位置的机械装置。此外，这类机械装备中还包括焊接机器人及多种机具组合应用装

置等。

（3）辅助装置。此类装置包括焊丝处理、焊剂回收、焊剂垫以及各类吊具、地面运输设备、起重机、运输机。

2. 焊接工艺装备的特点

工艺装备的使用与焊接结构产品的各项技术及经济指标（如产品的质量、产量、成本等）有着密切相关的联系。

（1）工艺装备与备料加工的关系。焊接结构零件加工具有工序多（如矫正、划线、下料、边缘加工、弯曲成形等）与工作量大的特点。采用工艺装备进行备料加工，要与零件几何形状、尺寸偏差和位置精度的要求相匹配，尽可能使零件具有互换性，提高坡口的加工质量以及减小弯曲成形的缺陷。

（2）工艺装备与装配工艺的关系。利用定位器和夹紧器等装置进行焊接结构的装配，其定位基准和定位点的选择与零件的装配顺序、零件尺寸精度和表面粗糙度有关。例如：尺寸精度高、表面粗糙度低的零件，装配时应选用具有刚性固定和退让式的定位元件，快速而夹紧力不太大的夹紧元件；对于尺寸精度较差、表面粗糙度较高的零件，所选用的定位元件应具有足够的耐磨性并可及时拆换和调整；当零件表面不平时，可选用夹紧力较大的夹紧器。

（3）工艺装备与焊接工艺的关系。不同的焊接方法对焊接工艺装备的结构和性能要求也不相同。采用自动焊生产时，一般对焊接机头的定位有较高的精度要求，以保证工作时的稳定性，并可以在较宽的范围内调节焊接速度。当采用手工焊接时，则对工艺装备的运动速度要求不太严格。

（4）工艺装备与生产规模的关系。焊接结构的生产规模和批量，对工艺装备的专用化程度、完善性、效率及构造具有一定的影响。

单件生产时，一般选用通用的工装夹具，这类夹具无需调整或稍加调整就能适于不同焊接结构的装配或焊接工作。

成批量生产某种产品时，通常是选用较为专用的工装夹具，也可以利用通用的、标准的夹具的零件或组件，使用时只需将这些零件或组件加以不同的组合即可。

对于专业化大量生产的结构产品，每道装配、焊接工序都应采用专门的装备来完成，例如采用气压、液压、电磁式等快动夹具和电动机械化、自动化装置以及焊接机床生产，形成专门生产线。

三、焊接工艺装备的组成

焊接工艺装备的构造是由其用途及可实现的功能所决定的。

装配焊接夹具一般是由定位元件（或装置）、夹紧元件（或装置）和夹具体组成。夹具体起连接各定位元件和夹紧元件的作用，有时还起支承焊件的作用。

焊接变位机、焊接操作机基本由原动机（力源装置）、传动装置（中间传动机构）和工作机（夹紧元件）三个基本部分组成，并通过机体把它们联结成整体。

图 5-19 所示为一种典型的夹具装置，力源装置（气缸）是产生夹紧作用力的装置，通常是指机械夹紧时所用的气压、液压、电动等动力装置；中间传动机构（斜楔）起着传递夹紧力的作用，工作时可以通过它改变夹紧作用力的方向和大小，并保证夹紧机构在自

锁状态下安全可靠；夹紧元件（压板）是夹紧机构的最终执行元件，通过它和焊件受压表面直接接触完成夹紧。

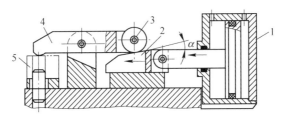

图 5-19　典型夹紧装置组成示例
1—气缸；2—斜楔；3—辊子；4—压板；5—焊件

四、焊接工艺装备的应用

（1）装配-焊接夹具主要是对焊件进行准确的定位和可靠的夹紧。功能单一，结构简单。手动工装夹具便于携带和挪动，适于现场安装或大型金属结构的装配和焊接生产使用。

（2）焊件变位机又称焊接变位机，是将焊件回转或倾斜，使被焊件处于水平或船形位置的装置。焊件被夹持在可变位的台（架）上，该变位台（架）由机械传动机构使其在空间变换位置，适于结构比较紧凑、焊缝短而分布不规则的焊件装配和焊接时使用。

（3）焊机变位机又称焊接操作机，是将焊接机头或焊枪送到并保持在待焊位置，或以选定的焊接速度沿规定的轨迹移动焊机的装置。焊机或焊接机头通过该机械实现平移、升降等运动，使之到达施焊位置并完成焊接。可以和焊接变位机配合使用，完成焊件变位有困难的大型金属结构的焊接。

（4）焊工变位机又称焊工升降台，是焊接高大焊件时带动焊工升降的装置。由机械传动机构实现升降，将焊工送至施焊位置。适用于高大焊接产品的装配、焊接和检验等工作。

（5）焊接辅助装置或设备主要包括密切为焊接服务的各种装置，如焊丝处理装置、焊剂回收装置、焊剂垫以及各类吊具、地面运输设备、起重机、运输机等。

（6）专用工装是指只适于一种焊件的装配和焊接的工装。多用于有特殊要求或大批量生产场合。

（7）通用工装又称万能工装。一般不需调整即能适用于多种焊件的装配或焊接。

（8）半通用工装介于专用与通用工装之间。适用于同一系列但不同规格产品的装配或焊接，使用前需作适当调整。

（9）组合式工装具有万能性质，但必须在使用前将各夹具元件重新组合才能适用于另一种产品的装配与焊接。

（10）手动工装靠工人手臂之力去推动各种机构实现焊件的定位、夹紧或运动，适于夹紧力不大、小件、单件或小批量生产的场合。

（11）气动工装利用压缩空气作为动力源，气压一般在 1 MPa 以内，传动力不大，适用于快速夹紧和变位的场合。

（12）液动工装是用液体压力作为动力源，传动力大且平稳，但速度较慢、成本高，适用于传动精度高、工作要求平稳、尺寸紧凑的场合。

（13）电磁工装是利用电磁铁产生的磁力作为动力源夹紧焊件，用于夹紧力要求小的场合。

（14）电动工装是利用电动机的扭矩作为动力去驱动传动机构，可实现各种动作，效率高、省力、易于自动化，适于批量生产。

五、焊接工艺装备的常见类型

（一）定位器

定位器可作为一种独立的工艺装置，也可以是复杂夹具中的一个基本元件。定位器具有多种结构形式，如挡铁、支承钉或支承板、定位销及 V 形块等。使用时，可根据被定位焊件的结构形式及定位要求进行布置和选择。

1. 平面定位用定位器

焊件以平面定位时常采用挡铁、支承钉（板）等进行定位。

（1）挡铁。挡铁是一种应用较广且结构简单的定位元件。除平面定位外，也常利用挡铁对板焊结构或型钢结构的端部进行边缘定位。

1）固定式挡铁。如图 5-20(a) 所示，可采用一段型钢或一块钢板按夹具的定位尺寸焊接在夹具体或装配平台上使用，保证焊件在水平面或垂直面内的固定，适用于单一产品且批量较大的焊接生产。

2）可拆式挡铁。如图 5-20(b) 所示，当固定挡铁对焊件的安装和拆卸都非常不便利时选用。挡铁用螺栓固定在平台上或直接插入夹具体或装配平台的锥孔中。适用于单件或多品种焊件的装配。

3）永磁式挡铁。如图 5-20(c) 所示，采用永磁性材料制成，一般可定位 30°、45°、90°夹角的铁磁性金属材料。适用于中、小型板材或管材焊件的装配。

4）可退出式挡铁。如图 5-20(d) 所示，可保证复杂的结构件经定位焊或焊接后，能从夹具中顺利取出，提高工作效率。

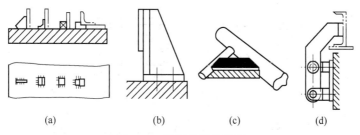

(a)　　　　(b)　　　　(c)　　　　(d)

图 5-20　挡铁的结构形式

(a) 固定式；(b) 可拆式；(c) 永磁式；(d) 可退出式

（2）支承钉（板）、支承钉（板）。一般有固定式、可调式两种。

1）固定式支承钉。如图 5-21(a) 所示，根据功能不同可分为三种类型：平头支承钉用来支承已加工过的平面；球头支承钉用来支承未经加工的粗糙不平的毛坯表面或焊件窄小表面的定位；带齿纹头的支承钉多用在焊件侧面，以增大摩擦系数，防止焊件滑动。

　　2）可调式支承钉。如图 5-21(b) 所示，用于焊件表面未经加工或表面精度相差较大的情况。采用螺母旋合的方式按需要调整高度，适当补偿焊件的尺寸误差。多用于装配形状相同而规格不同的焊件。

　　3）支承板。如图 5-21(c) 所示，一般用螺钉紧固在夹具体上，可进行侧面、顶面和底面定位，适用于焊件经切削加工的平面或较大平面。

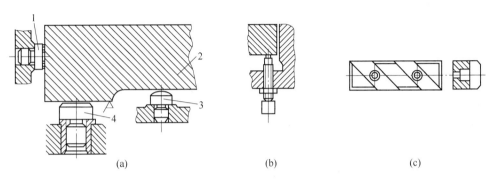

(a)　　　　　　　　　　(b)　　　　　　　　　(c)

图 5-21　支承钉（板）的结构形式

（a）固定式支承钉；（b）可调支承钉；（c）支承板

1—齿纹头式；2—焊件；3—球头式；4—平头式

2. 圆孔定位用定位器

　　利用零件上的装配孔、螺钉孔或螺栓孔及专用定位孔等内表面作为定位基准时多采用定位销定位。

　　(1) 固定式定位销。如图 5-22(a) 所示，常安装在夹具体上，头部有 15°倒角，以符合工艺要求且安装方便。

　　(2) 可换式定位销。如图 5-22(b) 所示，它是通过螺纹与夹具体相连接的。大批量生产时，为保证精度须定期维修和更换。

　　(3) 可拆式定位销。如图 5-22(c) 所示，又称为插销，焊件之间依靠孔进行定位，一般经定位焊后拆除该定位销才能进行焊接。

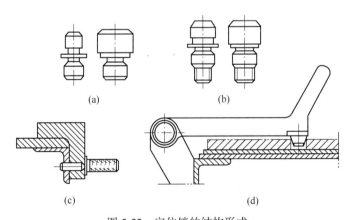

(a)　　　　　　　　　　(b)

(c)　　　　　　　　　　(d)

图 5-22　定位销的结构形式

（a）固定式；（b）可换式；（c）可拆式；（d）可退式

（4）可退式定位销。如图 5-22（d）所示，采用铰链形式使圆锥形定位销应用后可及时退出，便于焊件的装上或卸下。

3. 外圆表面定位用定位器

圆柱焊件的外表面定位多采用 V 形块。表 5-2 是 V 形块的结构尺寸，V 形块上两斜面的夹角一般有 60°、90°、120°三种，焊接夹具中 V 形块两斜面的夹角多为 90°。

表 5-2　V 形块的结构尺寸

两斜面夹角	α	60°	90°	120°	
标准定位高度	T	$T=H+D-0.866N$	$T=H+0.707D-0.5N$	$T=H+0.577D-0.289N$	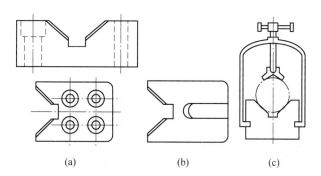
开口尺寸	N	$N=1.15D-1.15a$	$N=1.41D-2a$	$N=2D-3.46a$	
参数	a	$a=(0.146\sim0.16)D$			

常用 V 形块的结构形式有以下几种：

（1）固定式 V 形块。如图 5-23（a）所示，其对中性好，能使焊件的定位基准轴线在 V 形块两斜面的对称平面上，而不受定位基准直径误差的影响。

（2）调整式 V 形块。如图 5-23（b）所示，用于同一类型但尺寸有变化的焊件或用于可调整夹具中。

图 5-23（c）是 V 形块与螺旋夹紧器配合使用的工作状态。

(a)　　　　　　(b)　　　　　　(c)

图 5-23　V 形块的结构形式与应用

（a）固定式 V 形块；（b）调整式 V 形块；（c）V 形块的应用

4. 应用定位器时的技术要点

（1）定位器应具有一定的耐磨性。定位器的工作表面在装配作业中将与被定位零件频繁接触，且作为零部件的装配基准，因此，应具有适当的加工精度和良好的耐磨性，以保证较稳定的定位精度。

（2）定位器应具有一定的结构刚性。定位器有时要承受焊件的重力、吊装焊件可能受到的碰撞或冲击，因此，定位器本身应具有足够的刚性，确保焊件定位的准确性与可靠性。

（3）定位器的布局要合理。定位器的布置首先应符合定位原理，同时为满足装配零部件的装卸，还需将定位器设计成可移动、可回转或是可拆装的形式。

（4）应注意基准的选择与配合。应用定位器要优先选择焊件本身的测量基准、设计基准。必要时也可以专门为解决定位精度而在焊件上设置装配孔、定位块等。

（5）应注意定位操作的简便性。当焊件尺寸较大，特别是采用中心柱销定位，操作人员不便观察焊件的对中情况时，定位器本身应具有适应对中偏差的导入段（如在定位器端部加工出锥面、斜面或球面导向），以辅助焊件的对中并导入焊件。

（二）典型夹紧机构

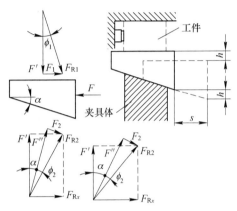

图 5-24　斜楔的工作原理图

夹紧装置的种类很多，常用的结构形式有以下几种：

（1）楔形夹紧器。楔形夹紧器主要通过斜面的移动所产生的压力夹紧焊件。图 5-24 所示为斜楔的工作原理图，当斜楔受到外力 F 作用时，斜楔可在以下诸力作用下达到平衡：焊件对斜楔的反作用力（夹紧力）F' 和摩擦力 F_1；夹具体对斜楔的反作用力 F'' 和摩擦力 F_2；F_{R1} 是 F' 和 F_1 的合成反力，F_{R2} 是 F'' 和 F_2 的合成反力。若将 F_{R2} 分解为水平分力 F_{Rx} 和垂直分力 F' 时，根据静力平衡原理可得：

$$F_1 + F_{Rx} = F$$

因为
$$F_1 = F'\tan\phi_1$$
$$F_{Rx} = F'\tan(\alpha + \phi_2)$$

所以
$$F' = F/[\tan(\alpha + \phi_2) + \tan\phi_1] \tag{5-1}$$

式中　α——斜楔升角（°）；

ϕ_1，ϕ_2——摩擦角（°），可根据摩擦因数求出。

当 $\alpha \leqslant 10°$ 时，设 $\phi_1 = \phi_2 = \phi$，式（5-1）可简化成

$$F' = F/[\tan(\alpha + 2\phi)] \tag{5-2}$$

锤击力去除后，摩擦力的方向改变，与斜楔企图松脱的方向相反，斜楔在摩擦力作用下仍保持着对焊件的夹紧作用。为了保证斜楔稳定的工作状态，应能自锁，其条件是斜楔的升角 α 应小于斜楔与焊件、斜楔与夹具体之间的摩擦角之和，即 $\alpha < \phi_1 + \phi_2$。

一般钢铁件接触摩擦因数 $f = 0.1 \sim 0.15$，故 $\phi = \tan^{-1}(0.1 \sim 0.15) = 5°43' \sim 8°30'$，相应斜楔升角 $\alpha = 10° \sim 17°$。设计时，考虑到斜楔与焊件或夹具体之间接触不良的因素，手动夹紧时一般取 $\alpha = 6° \sim 8°$。当斜楔动力源由气压或液压提供时，可将斜楔升角扩大至 $\alpha = 15° \sim 30°$，为非自锁式。

斜楔的夹紧行程可按下式确定：

$$h = S\tan\alpha \tag{5-3}$$

式中　h——斜楔夹紧行程（mm）；

S——斜楔移动距离（mm）。

适当加大斜楔升角，可减小夹紧时斜楔的行程，提高生产效率。

（2）螺旋夹紧器。螺旋夹紧器一般由螺杆、螺母和主体三部分组成，通过螺杆与螺母

的相对转动达到夹紧焊件的目的。为避免螺杆直接压紧焊件而造成焊件表面的压伤和产生位移，通常在螺杆的端部装有可以摆动的压块。

螺旋夹紧器的夹紧动作较缓慢（每转一圈前进一个螺距），辅助时间长，工作效率不高。图 5-25 所示为几种快速螺旋夹紧的结构形式。图 5-25（a）是旋转式螺旋夹紧器，特点是夹紧机构的横臂可以绕转轴进行旋转，便于快速装卸焊件。图 5-25（b）是铰接式螺旋夹紧器，特点是夹紧主体可以绕铰接点旋转到夹具体下面，焊件可顺利装卸，螺旋的行程可根据焊件的厚度和夹紧装置确定。图 5-25（c）是快撤式螺旋夹紧器，螺母套筒 1 不直接固定在主体 4 上，而是以它外圆上的 L 形槽沿着主体上的定位销 3 来回移动。焊件装入后推动手柄 2 使螺母套筒 1 连同螺栓 5 快速接近焊件。转动手柄使定位销 3 进入螺母套筒的圆周槽内，螺母不能轴向移动，再旋转螺栓便可夹紧焊件，卸下焊件时，只要稍松螺栓，再用手柄转动螺母套筒使销钉进入螺母套筒外圆的直槽位置，便可快速撤回螺栓，取出焊件。螺旋夹紧器的螺母容易磨损、一般做得较厚，还可以设计成螺母套筒固定在主体上。

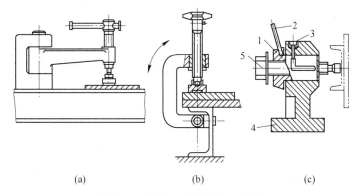

图 5-25　快速夹紧的螺旋夹紧器

（a）旋转式；（b）铰接式；（c）快撤式

1—螺母套筒；2—手柄；3—定位销；4—主体；5—螺栓

（3）偏心轮夹紧器。偏心轮是指绕一个与几何中心相对偏移一定距离的回转中心而旋转的零件。偏心轮夹紧器是由偏心轮或凸轮的自锁性能来实现夹紧作用的夹紧装置。常见的偏心轮有两种：圆偏心轮和曲线偏心轮。曲线偏心轮的外轮廓为一螺旋线，制造麻烦，很少采用；圆偏心轮应用较多，图 5-26 是其结构特性示意图。O_1 是圆偏心轮的几何中心，R 是圆半径；O 是圆偏心轮的回转中心，R_0 是最小回转半径；两中心的距离为 e，即 $e = R - R_1$。当圆偏心轮绕 O 点回转时，外圆上与焊件接触的各点到 O 点的距离逐渐增加，增加的部分相当一个弧形楔，回转时依靠弧形楔卡紧在半径为 R_1 的圆与焊件被压表面之间，将焊件夹紧。可见，圆偏心轮工作表面的升角（即斜楔的斜角）是变化的，按图中位置在转动 90°时升角最大，此时，偏心距为 $2e$。要求偏心轮在任何位置都能自锁的条件是：

$$2e/D \leqslant f$$

式中　D——圆偏心轮直径（$D = 2R$）；

　　　　f——圆偏心轮与零件间的摩擦因数，一般取 $0.1 \sim 0.15$，生产中多采用 $f = 0.15$，此时，偏心距应为 $e < 0.05D$。

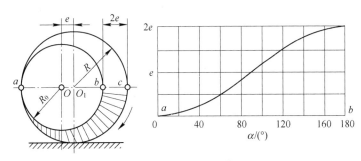

图 5-26　圆偏心轮的工作特性

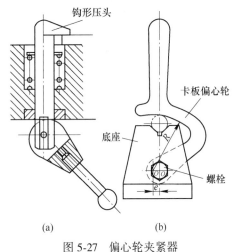

(a)　　　　　(b)

图 5-27　偏心轮夹紧器

图 5-27(a) 是具有弹簧自动复位装置的偏心轮夹紧器，钩形压头靠转动偏心轮夹紧作用固定焊件，松脱时依靠弹簧使钩形压头离开焊件复位。图 5-27(b) 是专用于夹持圆柱表面和管子的偏心轮夹紧器。V 形底座用来定位圆管件，转动卡板偏心轮时，即可使焊件方便地卡紧和松开。

偏心轮夹紧器夹紧动作迅速（手柄转动一次即可夹紧焊件），有一定的自锁性，结构简单，但行程较短。特别适用于尺寸偏差较小、夹紧力不大及很少振动情况下的成批大量生产。

（4）杠杆夹紧器。这是一种利用杠杆的作用原理，使原始力转变为夹紧力的夹紧机构。杠杆夹紧器的夹紧动作迅速，而且通过改变杠杆的支点和受力点的位置，可起到增力的作用。图 5-28 所示为三种杠杆的夹紧作用示意图，从传力的大小看，若夹紧作用力 F 一定，且 $L_1 = L/2$ 时，图 5-28(c) 的夹紧力 F' 最大，图 5-28(b) 次之，图 5-28(a) 的夹紧力最小。

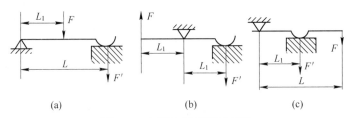

(a)　　　　　　　(b)　　　　　　　(c)

图 5-28　杠杆夹紧作用示意图

图 5-29 所示为一个典型的杠杆夹紧器。当向左推动手柄时，间隙 s 增大，焊件被松开；当向右搬动手柄时，则焊件被夹紧。

（5）铰链夹紧器。铰链夹紧器是用铰链把若干个杆件连接起来实现夹紧焊件的机构。其结构与工作特点如图 5-30 所示，夹紧杆 1 是一根杠杆，一端与带压块的螺杆 5 连接以便压紧焊件，另一端用铰链 D 与支座 4 连接；手柄杆 2 也是一根杠杆，用铰链 A 与支座 4 连接。夹紧杆 1 和手柄杆 2 通过连杆 3 用两个铰链 C 和 B 连接，包括支座在内共组成一个铰链四连杆机构。连接这些杆件的铰链 A、B、C、D 的轴线都相互平行，在夹紧和松开过程中，这几个杆件都在垂直铰链轴线的平面内运动。图 5-30 中位置是焊件正处在被夹紧状态，这时 A、B、C 要处在一条直线上（即"死点"位置），该直线要与螺杆 5 的轴线平行而且都垂直于夹紧杆 1。焊件之所以能维持夹紧状态是靠焊件弹性反作用力来实现的，该反作用力被手柄杆 2 对夹紧杆 1 的作用力所平衡。反作用力的大小决定螺杆 5 对焊件压紧的程度，它通过调节螺母改变螺杆伸出长度来控制。在夹紧杆上设置一限位块 E，是防止手柄杆越过该位置而导致夹紧杆 1 提升而松夹。用后退出时，只需把手柄往回搬动即可。

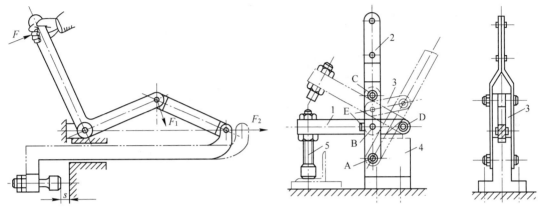

图 5-29 杠杆夹紧器示意图　　　　图 5-30 连杆式铰链快速夹紧装置
1—夹紧杆；2—手柄杆；3—连杆；4—支座（架）；5—螺杆

铰链夹紧器的夹紧力小、自锁性能差、怕振动。但夹紧和松开的动作迅速，可退出且不妨碍焊件的装卸。因此，在大批量的薄壁结构焊接生产中广泛采用。

（6）气动与液压夹紧器。气动夹紧器是以压缩空气为传力介质，推动气缸活塞与连杆动作，实现对焊件的夹紧作用。液压夹紧器是以压力油为传力介质，推动液压缸活塞与连杆产生动作实现夹紧的。气压与液压传动系统的组成及其功能元件见表 5-3。

表 5-3 气压与液压传动系统的组成及其功能元件

组成	功　　能	实现功能的常用元件	
		气压传动	液压传动
动力部分	气压或液压发生装置，把电能、机械能转换成压力能	空气压缩机	液泵、液压增压器等
控制部分	能量控制装置，用于控制和调节气体/液体压力、流量和方向，以满足夹具动作和性能要求	压力阀、流量阀、方向阀等	方向阀、稳压阀、溢流阀、过载保护阀等
执行部分	能量输出装置，把压力能转变成机械能，以实现夹具所需的动作	气缸、软管	液压缸
辅助部分	在系统中连接、测量、过滤、润滑等作用的各种附件	管路、接头、分水滤水器、油雾器、消声器等	管路、接头、油箱、储能器等

气压传动用的气体工作压力一般为 0.4~0.6 MPa。气动夹紧器具有夹紧动作迅速（3~4 s 完成）、夹紧力比较稳定、结构简单、操作方便、不污染环境及有利于实现程序控

制操作等优点。

　　图 5-31 所示为气压装置传动系统的组成，动力部分包括空气压缩机 2、冷却器 3、贮气罐 4、过滤器 5 等。控制部分中各组成元件的作用是当压缩空气经过分水滤气器 6 时可降低气体的湿度；调压阀 7 用来调整和稳定压缩空气的工作压力；油雾器 9 可使润滑油雾化，随气体一同进入传动系统，起着润滑元件的作用；单向阀 10 起到安全保护作用，防止气源突然中断或气压降低时松脱夹紧机构；配气阀 11 控制压缩空气对气缸的进气和排气方向；调速阀 12 可调节压缩空气的流速和流量，并以此控制活塞的移动速度。执行机构部分包括气缸 13 以及各类夹紧元件等，主要完成对焊件的夹紧工作。

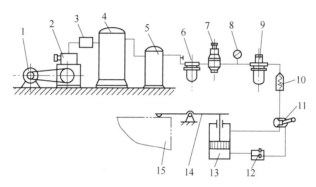

图 5-31　气压装置传动系统示意图

1—电动机；2—空气压缩机；3—冷却器；4—贮气罐；5—过滤器；
6—分水滤气器；7—调压阀；8—压力表；9—油雾器；10—单向阀；
11—配气阀；12—调速阀；13—气缸；14—压板；15—焊接

　　气缸是将压缩空气的工作压力转换为活塞的移动，驱使夹紧机构工作的执行元件。按气缸结构特征可分为活塞式和薄膜式两类；按压缩空气作用在活塞端面上的方向（进气方式）分为单向作用和双向作用气缸；按气缸的使用和安装方式可分为固定式、摆动式和回转式三种类型。

　　图 5-32(a) 是活塞式单向作用气缸，活塞只能向某一个方向推动，依靠弹簧的作用使活塞回程复位。图 5-32(b) 是活塞式双向作用气缸，通过分配阀将压缩空气分别压入活塞的左右两边，并排出用过的废气。为防止漏气，活塞杆与导孔、活塞与缸体之间都装有密封圈。

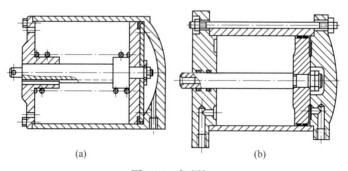

(a)　　　　　　　　　　　　　(b)

图 5-32　气压缸

（a）单向气压缸；（b）双向气压缸

活塞式气缸的内径通常为 50~300 mm，个别情况可达到 600 mm，气缸直径已标准化。气缸直径与活塞杆能产生的作用力及压缩空气的工作压力等因素有关，选用时可查阅有关资料。

气动夹紧器在工程中应用的结构类型多种多样且不断推陈出新。表5-3 列举了其中较为典型的实例，供选用和设计时参考。

液压夹紧器的工作原理和工作方式与气动夹紧器相似，只是采用高压液体代替压缩空气。液压传动用的液体工作压力一般在 3~8 MPa，在同样输出力的情况下，液压缸尺寸较气压缸小，惯性小，结构紧凑。液体有不可压缩性，故夹紧刚度较高且工作平稳，夹紧力大，有较好的过载能力。液体油有吸振能力，便于频繁换向。但液压系统结构复杂，制造精度要求高，成本较高，控制部分复杂，不适合远距离操纵。

图5-33 所示液压夹紧器的传动系统是由油箱、滤油器、电动机、柱塞泵、压力表、单向阀、换向阀、液压缸等基本部件组成。采用液压夹紧器夹紧需要一套专用的液压动力装置，而且系统密封性要求高，制造成本也高。因此，此类装置不如气压装置应用广泛。

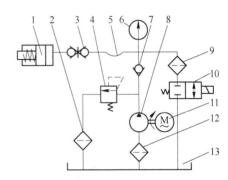

图5-33　液压传动系统示意图

1—液压缸；2, 9, 12—滤油器；3—快换接头；4—溢流阀；
5—高压软管；6—压力表；7—单向阀；8—柱塞泵；
10—电磁换向阀；11—电动机；13—油箱

图5-34 是液压撑圆器，适用于厚壁筒体的对接、矫形及撑圆装配。

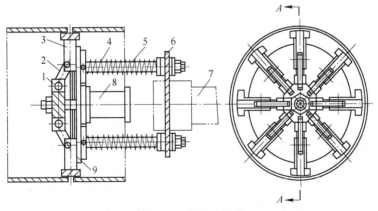

图5-34　液压撑圆器

1—心盘；2—连接板；3—推撑头；4—支撑杆；5—缓冲弹簧；
6—支撑板；7—操作机伸缩臂；8—油缸；9—导轨花盘

（7）专用夹具。专用夹具是指具有专一用途的焊接工装夹具，是针对某种产品的装配与焊接需要而专门制作的。专用夹具的组成基本上是根据被装焊零件的外形和几何尺寸，在夹具体上按照定位和夹紧的要求，安装了不同的定位器和夹紧机构。

图5-35 所示为箱形梁的装配夹具，夹具的底座 1 是箱形梁水平定位的基准面，下盖板放在底座上面，箱形梁的两块腹板用电磁夹紧器 4 吸附在立柱 2 的垂直定位基准面上，上

盖板放在两腹板的上面，由液压夹紧器 3 的钩头形压板夹紧。箱形梁经定位焊后，由顶出液压缸 5 从下面把焊件往上部顶出。

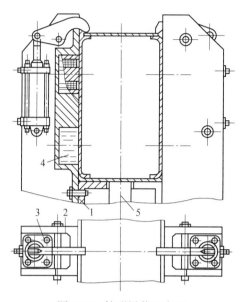

图 5-35　箱形梁装配夹具

1—底座；2—立柱；3—液压夹紧器；4—电磁夹紧器；5—液压缸

（8）组合夹具。组合夹具是由一些规格化夹具元件，按照产品加工的要求拼装而成的可拆式夹具。适用于品种多、变化快、批量少、生产周期短的生产场合。

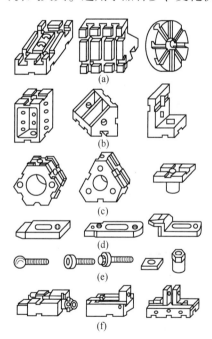

图 5-36　组合夹具基本元件

（a）基础件；（b）支承件；（c）定位件；
（d）压紧件；（e）紧固件；（f）合成件

组合夹具按元件功用不同可以分为基础件、支承件、定位件、导向件、压紧件、紧固件、合成件以及辅助件八个类别，图 5-36 列出了其中六类。

1）基础件是组合夹具的基础元件，是通过它的作用把其他组件连成一个整体的夹具结构。体积较大的（用于大型焊件）基础件，为了减轻自重、节约材料，多采用空心板焊结构。

2）支承件是组合夹具的骨架元件，将定位件、合成件或导向件与基础件连接在一起。各种支承件还可作为不同形状和高度的支承平面或定位平面，或直接与焊件接触成为定位元件。

3）定位件的主要作用是保证组合夹具各元件之间的定位精度、连接强度以及整个夹具的可靠性。还可使焊件保持正确的安装和定位作用。

4）压紧件用于夹紧零件，保证零件的正确定位，不产生位移。

5）紧固件用来紧固连接组合夹具的各种基本元件或直接紧固零件，一般采用螺栓结构，增加紧固力和防止使用过程中发生松动现象。

6）合成件是由若干个基本元件装配成的具有一定功能的部件，在组合夹具中可整体组装或拆卸，从而加快组装进度，简化夹具结构。

（9）磁力夹具。磁力夹具是借助磁力吸引铁磁性材料的焊件实现夹紧的装置。按磁力的来源分为永磁式和电磁式两种；按工作性质分为固定式和移动式两种。

图 5-37 所示为移动电磁夹紧器应用示例。图 5-37（a）用两个电磁铁并与螺旋夹紧器配合使用矫正变形的板料；图 5-37（b）是利用电磁铁作为杠杆的支点压紧角铁与焊件表面的间隙；图 5-37（c）是依靠电磁铁对齐拼板的错边，并可代替定位焊；图 5-37（d）是采用电磁铁作支点使板料接口对齐。

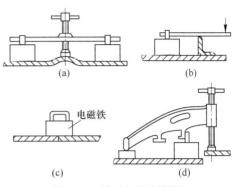

图 5-37 移动电磁夹紧器

图 5-38 所示为一种电磁平台，台车中部为焊剂垫槽 6，两根 $\phi50\sim65$ mm 直径的软管 2 及 4 可分别充气升起焊剂垫贴紧焊件背面，以保证单面焊双面成形良好，两侧的电磁衔铁 8 用于吸紧钢板，防止板条错边、移动及减小角变形。支撑滚轮 5 在软管 3 充气后升起，以便装卸板条和对准接缝。

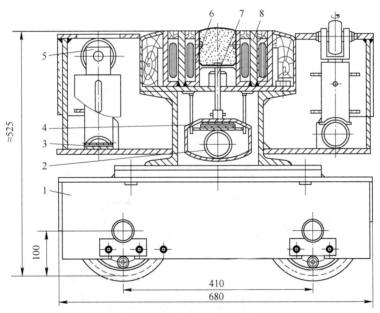

图 5-38 移动式拼板电磁平台

1—移动台车；2~4—压缩空气软管；5—支撑滚轮；
6—帆布焊剂垫槽；7—焊剂垫支柱；8—电磁衔铁

（三）焊接变位设备

焊接变位机械的主要作用：其一是通过改变焊件、焊机及焊接工人的操作位置，达到和保持焊接位置的最佳状态；其二是利于实现机械化和自动化生产。焊接变位机械的主要类型有：焊件变位机械、焊机变位机械、焊工变位机械。

1. 焊件变位机械

焊件变位机械主要应用于框架形、箱形、盘形和其他非长形焊件的焊接，如减速箱体、机座、齿轮、法兰、封头等。根据结构形式和承载能力的不同，焊件变位机械主要有翻转机、回转台、滚轮架、变位机等类型。

（1）焊件翻转机。焊件翻转机是将焊件绕水平轴翻转或倾斜，使之处于有利于装焊位置的焊件变位机。各种焊件翻转机的适用情况见表 5-4。

表 5-4　焊件翻转机的形式及适用范围

形式	变位速度	驱动方式	使　用　场　合
头尾架式	可调	机电	轴类及筒形和椭圆形焊件的环焊缝以及表面堆焊时的旋转变位
框架式	恒定	机电或液压	板结构等较长焊件的倾斜变位。工作台上还可以进行装配作业
转环式	恒定	机电	装配定位后自身刚度很强的梁柱型构件的转动变位，多用于大型构件的组对与焊接
链条式	恒定	机电	装配定位后自身刚度很强的梁柱型构件的翻转变位
推拉式	恒定	液压	小车架、机座等非长形板结构、桁型结构焊件的倾斜变形。装配和焊接作业可在同一工作台上进行

1）头尾架式翻转机。如图 5-39 所示，固定头架 1 上安装驱动电动机，通过枢轴装有工作台 2、卡盘 3 或专用夹紧器，可以按焊接速度或翻转要求进行转动，并且能自锁于任何位置，以便获得最佳施焊状态。尾架台车 6 可以在轨道上移动，枢轴可以伸缩，便于调节卡盘与焊件间的位置。该翻转机最大载重量为 4 t，加工焊件直径为 1300 mm。安装使用时应注意使头尾架的两端枢轴在同一轴线上，减小扭转力。

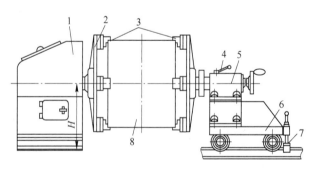

图 5-39　头尾架式翻转机

1—头架；2—工作台；3—卡盘；4—锁定装置；5—尾架；
6—尾架台车；7—制动装置；8—焊件

2）框架式翻转机。图 5-40 所示为一台可升降的框架式翻转机。焊件装卡在回转框架 2 上，框架两端安有两个插入滑块中的回转轴。滑块可沿左右两支柱 1 和 3 上下移动，动力由电动机 7、减速器 6 带动丝杠旋转，进而使与滑块固定在一起的丝杠螺母升降。由电动机 4 经减速器 5 带动光杠上的蜗杆（可上下滑动）旋转，使与它啮合的蜗轮及与蜗轮刚性固定的回转框架2旋转，实现焊件的翻转。为了转动平衡，要求框架和焊件的合成重心线与枢轴中心线重合。

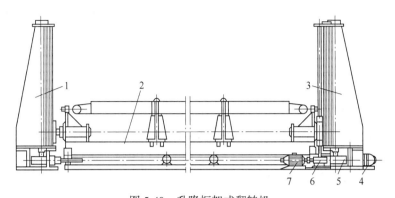

图 5-40　升降框架式翻转机
1，3—支柱；2—回转框架；4，7—电动机；5，6—减速器

3）转环式翻转机。将焊件夹紧固定在由两个半圆环组成的支承环内，并安装在支承滚轮上，依靠摩擦力或齿轮传动方式翻转的机构称为转环式翻转机，如图 5-41 所示。它具有水平和垂直两套夹紧装置，可用于夹紧和调整工作位置。采用销钉定位使两半圆环对中，并用锁紧装置锁紧。支承滚轮安放在支承环外面的滚轮槽内，滚轮轴两侧装有两根支撑杆。电动机经减速后带动支承环针轮传动系统，使支承环旋转。

4）链条式翻转机。链条式翻转机的结构形式如图 5-42 所示。驱动装置通过主动链轮带动链条上的焊件翻转变位；从动链轮上装有制动器，以防止焊件因自重而产生的滑动。无齿链轮用以拉紧链条，防止焊件下沉。使用链条翻转机时应注意因翻转速度不均而产生的冲击作用。

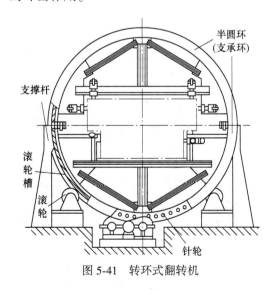

图 5-41　转环式翻转机

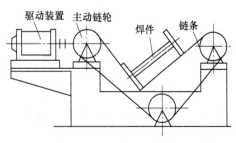

图 5-42　链条式翻转机

5）液压双面推拉式翻转机。图 5-43 所示为液压双面推拉式翻转机结构，工作台 1 可向两面倾斜 90°，并可停留在任意位置。液压双面推拉式翻转机的结构及工作特点是：在台车底座的中央设置举升液压缸 2，上端与工作台 1 铰接；当工作台倾斜时，先由四个辅

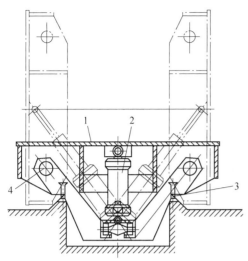

图 5-43　液压双面推拉式翻转机

1—工作台；2—举升液压缸；

3—台车底座；4—推拉式销轴

助液压缸带动四个推拉式销轴 4 动作，两个拉出，两个送进，然后向举升液压缸供油，推动工作台绕销轴转动倾斜。使用时为防止焊件倾倒，焊件应紧固在工作台面上。

（2）滚轮架。焊接滚轮架又称为转胎，是借助主动滚轮与焊件之间的摩擦力带动筒形焊件旋转的焊件变位机械，主要应用于锅炉、压力容器筒体的装配和焊接。适当调整主、从动轮间的高度，还可进行锥体、分段不等径回转体的装配和焊接。焊接滚轮架按结构形式不同有以下几种类型：

1）长轴式滚轮架。这种滚轮架（见图 5-44）驱动装置布置在一侧，与一排长轴滚轮相连，另一排长轴滚轮从动。为适应不同直径筒体的焊接，从动轮与驱动轮之间的距离可以调节。由于支承的滚轮较多，适用于长度大的薄壁筒体，而且筒体在回转时不易打滑，能较方便地对准两节筒体的环形焊缝。

2）组合式滚轮架。如图 5-45 所示，这是一种由电动机传动的主动滚轮组架（见图 5-45（a））与一个或几个从动滚轮架（见图 5-45（b））配合应用的滚轮架结构。每组滚轮都是相对独立地安装在各自的底座上，且每组滚轮的轮距是可调的，以适应不同直径筒体的焊接。生产中，选用滚轮组架的多少可根据焊件的质量和长度确定。焊件上的孔洞和凸起部位，可通过调整滚轮位置避开。此种滚轮架使用方便灵活，对焊件的适应性强，是目前焊接生产中应用最广泛的一种结构形式。

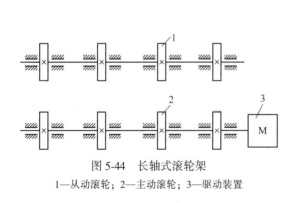

图 5-44　长轴式滚轮架

1—从动滚轮；2—主动滚轮；3—驱动装置

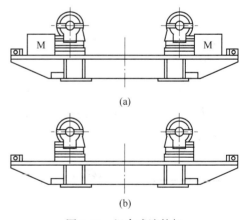

图 5-45　组合式滚轮架

（a）主动滚轮架；（b）从动滚轮架

3）自调式滚轮架。自调式滚轮架（见图 5-46）仍属于组合式滚轮架一类，其主要特点是可根据筒体的直径自动调节滚轮的中心距，适应在一个工作地点装配和焊接不同直径筒体的生产。此类滚轮架的滚轮对数多,对焊件产生的轮压小,可避免焊件表面产生冷作硬化现象或压出印痕,在滚轮摆架上设有定位装置,并可绕其固定心轴自由摆动,左右两组滚轮可以通过摆架的摆动固定在同一位置上。从动滚轮架是台车式结构,可在轨道上移行,根据焊件长度可调节其与主动滚轮架的距离,扩大其使用范围。

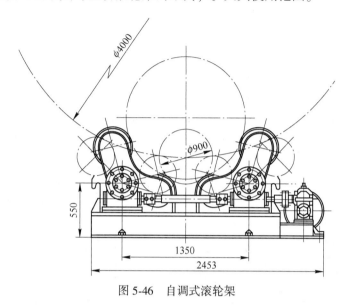

图 5-46　自调式滚轮架

焊接滚轮架的滚轮的种类及特点见表 5-5。其中,金属材料的滚轮多用铸钢和合金球墨铸铁制作,表面热处理硬度约为 50 HRC,滚轮直径一般在 200~700 mm。使用时,可根据滚轮的特点以及适用范围进行选择。

表 5-5　滚轮的特点及适用范围

滚轮种类	特　点	适用范围
钢轮	承载能力强,制造简单	一般用于 60 t 以上的焊件和需热处理的焊件
橡胶轮	钢轮外包橡胶,摩擦力大,传动平稳,但橡胶易损坏	一般多用于 10 t 以下的焊件和有色金属容器
组合轮	钢轮与橡胶轮相结合,承载能力比橡胶轮高,传动平稳	一般用于 10~60 t 的焊件
履带轮	大面积履带和焊件接触,有利于防止薄壁焊件的变形,传动平稳,结构较复杂	用于轻型、薄壁大直径的焊件及有色金属容器

(3) 焊件变位机。焊件变位机是集翻转(或倾斜)和回转功能于一身的变位机械。翻转和回转分别由两根轴驱动,夹持焊件的工作台除能绕自身轴线回转外,还能绕另一根轴做倾斜或翻转。因此,可将焊件上各种位置的焊缝调整到水平或“船形”易施焊位置。

1) 伸臂式焊件变位机。此种变位机主要用于 1 t 以下中小焊件的翻转变位。伸臂式焊件变位机(见图 5-47)的工作特点是:带有 T 形沟槽的回转工作台 1 由电动机经过回转机构带动回转,并可按照工作台的回转速度规范调整,以充分满足不同焊接速度的需求。旋转伸臂 2 通过电动机和带传动机构以及伸臂旋转减速器传动旋转，伸臂旋转时，其空间轨迹为圆锥面，因此，在改变焊件倾斜位置的同时将伴随着焊件的升高或下降，以满足获得最佳施焊位置的需求。

一般伸臂式焊件变位机的工作台回转机构中安装有测速发电机和导电装置，测速发电机可以进行回转速度反馈，使工作台能以稳定的焊接速度回转，以便获得优良的焊缝成形。导电装置的作用是防止焊接电流通过轴承、齿轮等各级机械传动装置时造成电弧灼伤，影响设备的精度和寿命。

2）座式焊件变位机。图 5-48 所示为一种常用的座式焊件变位机的结构形式。其工作特点是：回转工作台 1 连同回转机构支承在两边的倾斜轴 2 上，工作台以焊接速度回转，通过扇形齿轮 3 或液压油缸使倾斜轴能在 140°范围内恒速倾斜。此种变位机对焊件生产的适应性较强，在焊接结构生产中应用最为广泛。

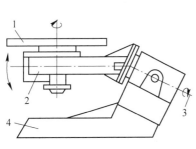

图 5-47　伸臂式焊件变位机

1—回转工作台；2—旋转伸臂；

3—倾斜轴；4—底座

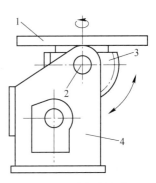

图 5-48　座式焊件变位机

1—回转工作台；2—倾斜轴；

3—扇形齿轮；4—机座

图 5-49 是座式焊件变位机的基本操作状态示意图，图中箭头表示焊嘴的位置和方向。变位机的回转机构传动系统一般采用能均匀调速的直流电动机驱动，可保证工作时能均匀调节回转速度。工作台面上刻有以回转轴为中心的几圈圆环线，作为安装基准用来校正焊件在工作台上的安装位置，加快焊件的安装速度。需要指出的是，当在变位机上焊接环形焊缝时，应根据焊件直径与焊接速度计算出工作台的回转速度；当变位机仅考虑焊件变位，而无焊接速度要求时，工作台的回转及倾翻速度可根据焊件的几何尺寸及其质量加以确定。

3）双座式焊件变位机。此类焊件变位机（见图 5-50）的结构特点是：工作台 1 在 U形架 2 上，U 形架在两侧机座 3 上，工作台以恒速或以焊接速度绕水平轴转动。

双座式焊件变位机是为了获得较高的稳定性和较大的承载能力而设计制造的，特别适用于大型和重型焊件的焊接变位。由于工作台位于转轴中心线的下面，为了减小倾斜翻转时传动系统所受的阻力，通常在变位机右侧转轴上装有可调的平衡配重。焊件置于工作台可动部分的上面，且用四个螺旋定位与夹紧装置固定。这种变位机的两套传动系统都采用蜗轮蜗杆传动系统减速，通过交换齿轮调速，故调速范围很大。

2. 焊机变位机械

焊机变位机，又称焊接操作机，是将焊接机头准确送达并保持在待焊位置，或是以选

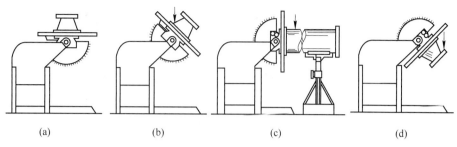

图 5-49　座式焊件变位机操作示意图

（a）工作台水平；（b）工作台倾斜 45°；（c）工作台倾斜 90°；（d）工作台倾斜 135°

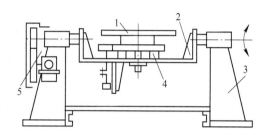

图 5-50　双座式焊件变位机

1—工作台；2—U 形架；3—机座；4—回转机构；5—倾斜机构

定的焊接速度沿规定的轨迹移动焊接机头，配合完成焊接操作的焊接机头变位机械。与焊件变位机配合使用，可以完成多种焊缝，如纵缝、环缝、对接焊缝、角焊缝及任意曲线焊缝的自动焊接工作，也可以进行工件表面的自动堆焊和切割工艺。

（1）焊接操作机有以下几种：

1）平台式操作机。平台式操作机的结构形式如图 5-51 所示，将焊接机头 1 放置在平台 2 上，可在平台的专用轨道上做水平移动。平台安装在立架 3 上且可沿立架升降。立架

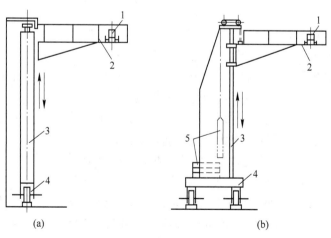

图 5-51　平台式操作机

（a）单轨式；（b）双轨式

1—焊接机头；2—平台；3—立架（柱）；4—台车；5—配重

坐落在台车 4 上，台车沿地轨运行，调整平台与焊件之间的位置。平台式操作机有单轨式和双轨式两种类型，为防止倾覆，单轨式须在车间的墙上或柱上设置另一轨道（图 5-51（a））；双轨式在台车或立架上放置配重 5 平衡（图 5-51（b）），以增加操作机工作的稳定性。

平台式操作机主要用于筒形容器的外纵缝和外环缝的焊接，焊接外纵缝时，焊件横放平台下固定，焊接机头沿平台上的专用轨道以焊接速度移动完成焊接。当焊接外环缝时，焊接机头固定，焊件依靠滚轮架回转完成焊接。一般平台上还设置有起重电葫芦，目的是吊装焊丝、焊剂等重物，从而保证生产的连续性。

2）悬臂式操作机。如图 5-52 所示，是一种悬臂式操作机的结构形式，主要用来焊接容器的内纵缝和内环缝。悬臂 3 上面安装有专用轨道，焊机在轨道上移动，完成内纵缝的焊接；当焊接内环缝时，焊机在悬臂上固定，容器依靠滚轮架回转而完成工作。悬臂通过升降机构 2 与行走台车 1 相连，悬臂的升降是由手轮通过蜗轮蜗杆机构和螺纹传动机构来实现的。为便于调整悬臂高低和减少升降机构所受的弯曲力矩，安装了平衡锤用以平衡悬臂，通过行走台车的运行调整悬臂与容器之间的位置。

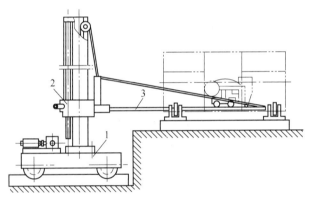

图 5-52　悬臂式操作机
1—行走台车；2—升降机构；3—悬臂

3）伸缩臂式操作机。伸缩臂式操作机（见图 5-53）的工作特点有：

① 该操作机具有台车 11 行走，立柱 8 回转，伸缩臂 5 伸缩与升降四个运动。

② 操作机的伸缩臂 5 能以焊接速度运行，所以与焊件变位机、滚轮架配合，可以完成筒体、封头内外表面的堆焊以及螺纹形焊缝的焊接。

③ 在伸缩臂的一端除安装焊接机头外，还可安装割炬、磨头、探头等工作机头，可完成切割、打磨和探伤等作业，扩大该机的适用范围。

④ 该机可以完成各种工位上内外环缝和内外纵缝的焊接任务。

⑤ 操作机的各种运动应平稳，无卡楔现象，运动速度应均匀。

4）折臂式操作机。这种操作机的结构形式如图 5-54 所示，它是横臂 2 与立柱 4 通过两节折臂 3 相连接的，整个折臂可沿立柱升降，因而能方便地将安装在横臂前端的焊接机头移动到所需要的焊接位置上。采用折臂结构还能在完成焊接后及时将横臂从焊件位置移开，便于吊运焊件。折臂式操作机的不足之处是由于两节折臂的连接、折臂与横臂的连接以及折臂与立柱的连接均采用铰接的方式，因此导致横臂在工作时不太平稳。

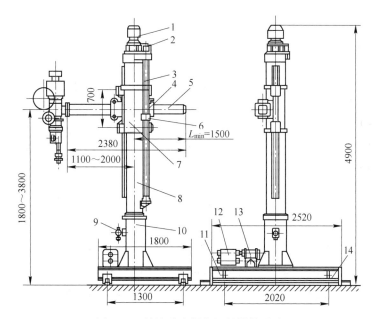

图 5-53　伸缩臂式操作机的结构形式

1—升降用电动机；2，12—减速器；3—丝杠；4—导向装置；5—伸缩臂；
6—螺母；7—滑座；8—立柱；9—定位器；10—柱套；11—台车；
13—行走用电动机；14—走轮

5）门桥式操作机。门桥式操作机是将焊机或焊接机头安装在门桥的横梁上，焊件置于横梁下面，门桥跨越整个焊件，通过门桥的移动或固定在某一位置后以横梁的上下移动及焊机在横梁上的运动来完成高大焊件的焊接。图5-55 所示为一种焊接容器用门桥式操作机，它与焊件滚轮架配合可以完成容器纵缝和环缝的焊接。门桥的两立柱 2 可沿地轨行走，由一台电动机 5 驱动。通过传动轴带动两侧的驱动轮运行，以保证左右轮的同步。平台式横梁 3 由另一台电动机 4 带动两根螺杆传动进行升降。焊接机头 6 可在横梁上的轨道沿长度方向行走。当门桥式操作机仅完成钢板的拼接或平面形的

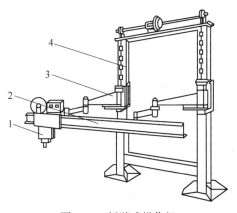

图 5-54　折臂式操作机

1—焊机；2—横臂；3—折臂；4—立柱

焊接任务时，横梁的高度一般是不可调的，而是依靠焊接机头的调节对准焊缝。门桥式操作机的几何尺寸大，占用车间面积多，因此使用不够广泛，主要适用于批量生产的专业车间。

（2）电渣焊立架。焊接生产中，许多厚板材的拼接以及厚板结构焊接常采用电渣焊方法。电渣焊生产时，焊缝多处于立焊位置，焊接机头沿专用轨道由下而上运动。由于产品结构的多样化，通常需要根据产品的结构形式与尺寸设计配备一套专用的电渣焊接机械装置——电渣焊立架，在立架上安装标准的电渣焊机头进行焊接。

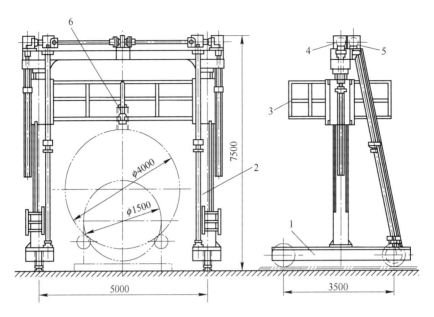

图 5-55　门桥式操作机的结构示意图
1—走架；2—立柱；3—平台式横梁；4，5—电动机；6—焊接机头

图 5-56 所示为专为焊接小直径筒节纵缝的电渣焊立架。供电渣焊机头爬行的导轨安装在厚 20 mm 的钢板及槽钢制成的底座 1 上，底座上有台车轨道，以便安置可移动的台车 2。台车上固定可带动筒节回转的圆盘回转台 6，圆盘回转台上有三个调节筒节水平的螺栓，台车一端装有制动器 3。这套电渣焊立架装置可以完成壁厚 60 mm、长 2500 mm 筒节的纵缝焊接。

（3）焊机变位机械的组合应用。在大批量的焊接结构生产中，各类机械装备多采用多种多样的组合运用的形式，这不仅可满足某种单一产品的生产要求，同时也能为具有同一焊缝形式的不同产品服务。通过组合，更加充分发挥焊接机械装备的作用，提高装配焊接机械化水平，实现高质量、高效率的生产。在前面介绍的内容中，已多次提到这种组合形式的应用。

图 5-57 所示为利用平台式操作机和焊件滚轮架相组合进行筒体外环缝焊接的生产实例。若在操作机上安装割炬，还可以完成筒节端部的切割任务。

图 5-58 所示为采用两台伸缩臂式焊接操作机与滚轮架相组合生产的实例。每台伸缩臂式操作机上安装了两套焊接机头装置，以完成筒体内外环缝的焊接。这种组合可同时完成四道环缝的焊接任务，使生产效率成倍地提高。

3. 焊接机器人

焊接机器人是机器人与现代焊接技术相结合，在焊接结构生产中部分地取代人的劳动，通过程序控制完成焊接作业任务的典型机电一体化产品。我国于 1985 年研制成功国产第一台弧焊机器人，1989 年以国产机器人为主的汽车装焊生产线投入生产，标志着国产机器人实用阶段的开始。随着国内制造业，尤其是汽车工业的发展，采用智能化机器人焊接将是我国 21 世纪焊接自动化的重要发展方向。

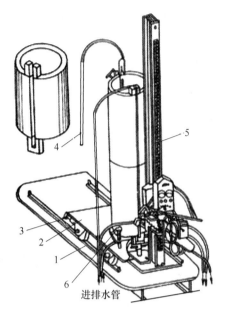

图 5-56　电渣焊立架的结构形式

1—底座；2—台车；3—制动器；

4—电缆线；5—齿条；6—回转台

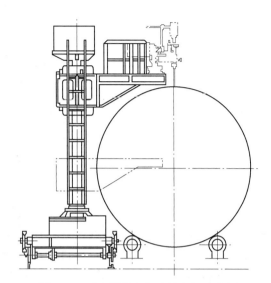

图 5-57　平台操作机与滚轮架组合应用

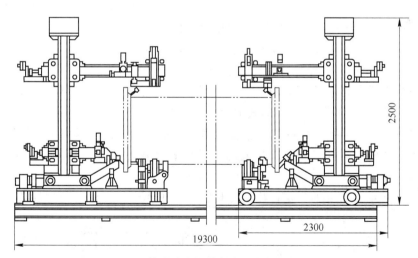

图 5-58　伸缩臂式操作机与滚轮架组合应用

（1）弧焊机器人的基本组成。弧焊机器人应用于所有电弧焊、切割技术范围及类似的工艺方法中。常用的有钢的熔化极活性气体保护焊（CO_2 气体保护焊、MAG 焊），铝及特殊合金熔化极惰性气体保护焊（MIG 焊），钨极惰性气体保护焊（TIG 焊）以及埋弧焊。除气割、等离子弧切割及等离子弧喷涂外，还实现了在激光切割上的应用。

图 5-59 所示为一套完整的弧焊机器人系统，它包括机械手、控制系统、焊接装置和焊件夹持装置等几部分。

1）机械手又称操作机，是弧焊机器人的操作部分，是机器人为完成焊接任务而传递

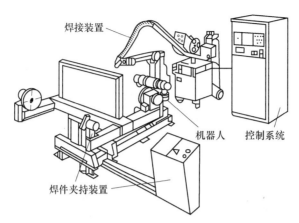

图 5-59　弧焊机器人的组成

力或力矩并执行各种运动和操作的机械结构。其结构形式主要有机床式、全关节式和平面关节等形式。它主要包括机器人的机身、臂、腕、手（焊枪）等。

2）控制系统是负责控制机械结构按所规定的程序和所要求的轨迹，在规定的位置（点）之间完成焊接作业的电子、电气元件和计算机系统。另外，控制系统还必须能与焊接电源通信，设定焊接参数，对引弧、熄弧、通气、断气及焊丝用尽等状态进行检测，对焊缝进行跟踪，并不断填充金属形成焊缝。精度一般可控制在 $\pm(0.2\sim0.5)$ mm。复杂的机器人系统还有引弧失败可以重复引弧、断弧再引弧、解除粘丝、搭接缝搜索、多层焊接、摆动焊接以及焊缝的电弧跟踪或视觉跟踪功能。

3）焊接装置主要包括焊接电源和送丝、送气装置等。

4）焊件夹持装置上有两组可以轮番进入机器人工作范围的旋转工作台。

（2）焊接机器人的应用。采用机器人作业的工位、工段或生产线上的设备综合起来统称为机器人配套工艺装备。其综合形式取决于焊件的特点及其生产的批量。在电弧焊时，通常要合理地分配机械手和焊件变位机械这两类设备的功能，使两类设备按照统一的程序进行作业。这样，不但简化了机器人的运动和自由度数，而且降低了对控制系统的要求。

如图 5-60 所示，采用两个安有装配夹具的回转工作台，操作者将焊件装配好后，由

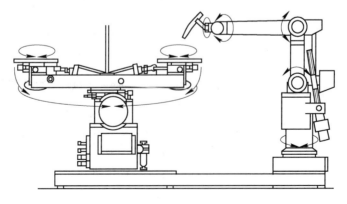

图 5-60　焊接机器人与两工位回转工作台配合使用

回转工作台送入焊接工位，而焊完的焊件同时转回原位，经操作人员检查、补焊后从工作台上卸下。这种组合方式的特点是：1) 能及时地对焊接质量进行检查。2) 简化了机器人配套工艺装备的运用，并能焊接很复杂的焊件。3) 为了使装配间隙保持一致，操作人员可随时进行调整，纠正焊缝的位置偏差。4) 操作人员与焊接机器人同时工作，为了改善作业条件，两者之间应用弧光飞溅隔离屏隔开。

　　应用机器人配套工艺装备生产时，在一个工位上完成的工序应尽量集中。在一套设备上加工焊件，可节省辅助时间，有利于减少焊件的焊接变形，并能提高焊件的制造精度。图 5-61 是将整体装配好的焊件放在焊件翻转机上由机器人进行焊接的示例。

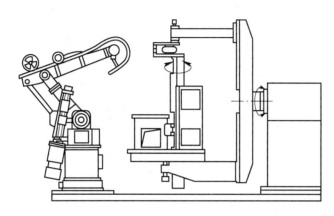

图 5-61　焊件翻转机与机器人配合进行炉体焊接

　　焊接机器人的使用受到焊件结构形式、产品批量、焊接方法及质量要求、配套设备的完善程度以及调试维修技术等多种因素的影响。因此，在引进和选用机器人时应考虑以下几个方面：

　　1) 焊件的生产类型属于多品种、小批量的生产性质。

　　2) 焊件的结构尺寸以中小型焊接机器零件为主，且焊件的材质、厚度有利于采用点焊或气体保护焊的焊接方法。

　　3) 待焊坯料在尺寸精度和装配精度等方面能满足机器人焊接的工艺要求。

　　4) 与机器人配套使用的设备，如各类变位机及输送机等应能与机器人联机协调动作，使生产节奏合拍。

　　4. 焊工变位机械（焊工升降台）

　　这是改变操作工人工作位置的机械装置，它有多种形式。图 5-62 所示为一台移动式液压焊工升降台，负荷为 200 kg，工作台距离地面高度可在 1700～4000 mm 范围内调节，同时工作台的伸出位置也可改变。底架组成 3 和立架 5 都采用了板焊结构，具有较强的刚性且制造方便。使用时，手摇液压泵 2 可驱动工作台 8 升降，还可以移动小车的停放位置，并通过支承装置 1 固定。

　　图 5-63 所示为另一种焊工升降台的结构形式，它由底架 6、液压缸 5、铰接杆 4 及活动平台 2、固定平台 3 等组成，可使工作台台面从地平面升高 7 m，依靠电动液压泵推动顶升液压缸 5 获得平稳的升降。当工作台升至所需高度后活动平台（即工作台）可水平移出，便于焊工接近焊件。此种升降机工作台的负荷量可达 300 kg。

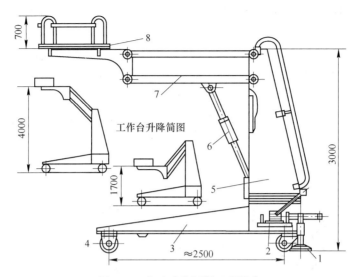

图 5-62　移动式液压焊工升降台

1—支承装置；2—手摇液压泵；3—底架组成；4—走轮；5—立架；
6—柱塞液压泵；7—转臂；8—工作台

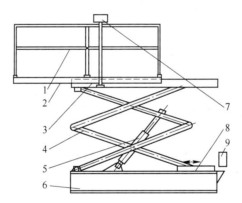

图 5-63　垂直升降液压焊工升降平台

1—活动平台栏杆；2—活动平台；3—固定平台；4—铰接杆；5—液压缸；
6—底架（泵站）；7—开关箱；8—导轨；9—控制板

任务三　焊接结构的焊接工艺

一、焊接工艺制定的原则与内容

1. 焊接工艺制定的原则

（1）能获得满意的焊接接头，保证焊缝的外形尺寸和内部质量都能达到技术要求。

（2）焊接应力与变形应尽可能小，焊接后构件的变形量应在技术条件许可的范围内。

（3）焊缝可达到性好，有良好的施焊位置，翻转次数少。

（4）当钢材淬硬倾向大时，应考虑采用预热、后热，防止焊接缺陷产生等。

（5）有利于实现机械化、自动化生产，有利于采用先进的焊接工艺方法。制定的工艺方案应便于采用各种机械的、气动的或液压的工艺装备，如装配胎夹具、翻转机、变位机、辊轮支座等；如进行大批量生产，应采用机械手或机器人来进行装配焊接；应尽量采用能保证结构设计要求和提高焊缝质量，提高劳动生产率，改善劳动条件的先进焊接方法。

（6）有利于提高劳动生产率和降低成本。尽量使用高效率、低能耗的焊接方法。

2. 焊接工艺制定的内容

（1）根据产品中各接头焊缝的特点，合理地选择焊接方法及相应的焊接设备与焊接材料。

（2）合理地选择焊接参数，如焊条电弧焊时的焊条直径、焊接电流、电弧电压、焊接速度、施焊顺序和方向、焊接层数等。

（3）合理地选择焊接材料中焊丝及焊剂牌号、气体保护焊时的气体种类、气体流量、焊丝伸出长度等。

（4）合理地选择焊接热参数，如预热、中间加热、后热及焊后热处理的工艺参数（如加热温度、加热部位和范围、保温时间及冷却速度的要求等）。

（5）选择或设计合理的焊接工艺装备，如焊接胎具、焊接变位机、自动焊机的引导移动装置等。

二、焊接方法、焊接材料及焊接设备的选择

在制定焊接工艺方案时，应根据产品的结构尺寸、形状、材料、接头形式及对焊接接头的质量要求，结合现场的生产条件、技术水平等，选择最经济、最方便、最先进、高效率，并能保证焊接质量的方法。

（1）选择焊接方法。为了正确地选择焊接方法，必须了解各种焊接方法的生产特点及适用范围（如焊件厚度、焊缝空间位置、焊缝长度和形状等），还需要考虑各种焊接方法对装配工作的要求（工件坡口要求、所需工艺装备等）、焊接质量及其稳定程度、经济性（劳动生产率、焊接成本、设备复杂程度等）以及工人劳动条件等。

在成批或大量生产时，为降低生产成本，提高产品质量及经济效益，对于能够用多种焊接方法来生产的产品，应进行试验和经济性比较，如材料、动力和工时消耗等，最后核算成本，选择最佳的焊接方法。

（2）选择焊接材料。选择了最佳焊接方法后，就可根据所选焊接方法的工艺特点来确定焊接材料。确定焊接材料还必须考虑到焊缝的力学性能、化学成分以及在高温、低温或腐蚀介质工作条件下的性能要求等。总之，必须做到综合考虑才能合理选用。

（3）选择焊接设备。焊接设备的选择应根据已选定的焊接方法和焊接材料，考虑焊接电流的种类、焊接设备的工作条件等方面，使选用的设备能满足焊接工艺的要求。

三、焊接参数的选定

正确合理的焊接参数应有利于保证产品质量，提高生产率。焊接参数的选定主要考虑以下几面：

（1）深入地分析产品的材料及其结构形式，着重分析材料的化学成分和结构因素共同

作用下的焊接性。

（2）考虑焊接热循环对母材和焊缝的热作用，这是获得合格产品及焊接接头焊接应力和应变最小的保证。

（3）根据产品的材料、焊件厚度、焊接接头形式、焊缝的空间位置、焊缝装配间隙等，查找焊接方法的有关标准、资料。

1）通过试验确定焊缝的焊接顺序、焊接方向以及多层焊的熔敷顺序等。

2）参考现成的技术资料和成熟的焊接工艺。

3）确定焊接参数不应忽视焊接操作人员的实践经验。

四、确定合理的焊接热参数

为保证焊接结构的性能与质量，防止裂纹产生，改善焊接接头的韧性，消除焊接应力，有些结构需进行加热处理。加热处理工艺可处于焊接工序之前或之后，主要包括预热、后热及焊后热处理。

（1）预热。预热是焊前对焊件进行全部或局部加热，目的是减缓焊接接头加热时温度梯度及冷却速度，适当延长在 800~500 ℃的冷却时间，从而减少或避免产生淬硬组织，有利于氢的逸出，可防止冷裂纹的产生。预热温度的高低应根据钢材淬硬倾向的大小、冷却条件和结构刚性等因素通过焊接试验而定。钢材的淬硬倾向大、冷却速度快、结构刚性大，其预热温度要相应提高。

（2）后热。后热是在焊后立即对焊件全部（或局部）利用预热装置进行加热到 300~500 ℃并保温 1~2 h 后空冷的工艺措施，其目的是防止焊接区扩散氢的聚集，避免延迟裂纹的产生。

试验表明，选用合适的后热温度，可以降低一定的预热温度，一般可以降低 50 ℃左右，在一定程度上改善了焊工劳动条件，也可代替一些重大产品所需要的焊接中间热处理，简化生产过程，提高生产率，降低成本。

对于焊后要立即进行热处理的焊件，因为在热处理过程中可以达到除氢处理的目的，故不需要另做后热处理。但是，焊后若不能立即热处理而焊件又必须除氢时，则需焊后立即做后热处理，否则，有可能在热处理前的放置期间产生延迟裂纹。

（3）焊后热处理。焊接结构的焊后热处理，是为了改善焊接接头的组织和性能、消除残余应力而进行的热处理。后热处理的目的如下：

1）消除或降低焊接残余应力。

2）消除焊接热影响区的淬硬组织，提高焊接接头的塑性和韧性。

3）促使残余氢逸出。

4）对有些钢材（如低碳钢、500 MPa 级高强度钢），可以使其断裂韧度得到提高，但对另一些钢（如 800 MPa 级高强度钢），由于能产生回火脆性而使其断裂韧度降低，对这类钢不宜采用焊后热处理。

5）提高结构的几何稳定性。

6）增强构件耐应力腐蚀的能力。

实践证明，许多承受动载的结构焊后必须经热处理，消除结构内的残余应力后才能保证其正常工作，如大型球磨机、挖掘机框架、压力机等。对于焊接的机器零件，用热处理方法来消除内应力尤为重要，否则，在机械加工之后发生变形，影响加工精度和几何尺寸，严重时会造成焊件报废。对于合金钢来说，通常是经过焊后热处理来改善其焊接接头的组织和性能之后才能显现出材料性能的优越性。

一般来说，对于板厚不大，又不是用于动载荷，而且是用塑性较好的低碳钢来制造的结构，不需要焊后热处理。对于板厚较大，又是承受动载荷的结构，其外形尺寸越大，焊缝越多、越长，残余应力也越大，也就越需要焊后热处理。焊后热处理最好是将焊件整体放入炉中加热至规定温度，如果焊件太大，可采取局部或分部件加热处理，或在工艺上采取措施解决。消除残余应力的热处理，一般都是将焊件加热到 500~650 ℃ 进行退火即可，在消除残余应力的同时，对焊接接头的性能有一定的改善，但对焊接接头的组织则无明显的影响。若要求焊接接头的组织细化，化学成分均匀，提高焊接接头的各种性能，对一些重要结构常采用先正火随后立即回火的热处理方法，它既能起到改善接头组织和消除残余应力的作用，又能提高接头的韧性和疲劳强度，是生产中常用的一种热处理方法。

预热、后热、焊后热处理方法的工艺参数主要由结构的材料、焊缝的化学成分、焊接方法、结构的刚度及应力情况、承受载荷的类型、焊接环境的温度等来确定。

综合练习

5-1　填空
（1）焊接工装夹具是将工件进行＿＿＿＿＿＿和＿＿＿＿＿＿。
（2）单件生产时，一般选用＿＿＿＿＿＿的工装夹具，批量生产时，通常是＿＿＿＿＿＿专用的工装夹具。
（3）装配焊接夹具一般是由＿＿＿＿＿＿、＿＿＿＿＿＿和＿＿＿＿＿＿。
（4）一个完整的工装夹具，一般由＿＿＿＿＿＿、＿＿＿＿＿＿和＿＿＿＿＿＿三部分组成。
（5）进行焊接结构的装配，必须具备三个基本条件：＿＿＿＿＿＿、＿＿＿＿＿＿和＿＿＿＿＿＿。
（6）在焊接结构生产中常见的测量项目有：＿＿＿＿＿＿、＿＿＿＿＿＿、＿＿＿＿＿＿、＿＿＿＿＿＿及＿＿＿＿＿＿等。

5-2　简答题
（1）焊接工装的作用有哪些？
（2）零件的定位方法有哪几种？
（3）定位焊时应注意哪些事项？
（4）装配-焊接顺序基本类型有哪几种？

项目六　焊接结构生产
工艺规程的编制

学习目标：通过本项目的学习，掌握焊接结构工艺性审查、焊接结构的工艺过程分析、焊接工艺评定及焊接结构生产工艺规程编制的有关知识，并能够编制简单焊接结构的工艺规程。

任务一　焊接结构的工艺性审查

一、工艺性审查的目的

焊接结构的工艺性，是指设计的焊接结构在具体的生产条件下，采用最有效的工艺方法，能否经济地制造出来的可行性。焊接结构的工艺性是关系着一个产品制造快慢、质量好坏和成本高低的大问题，因此，一个结构工艺性的好坏，是衡量这个结构设计好坏的重要标志。为了提高设计产品结构的工艺性，工厂应对所有新设计的产品和改进设计的产品以及外来产品图样，在首次生产前进行焊接结构工艺性审查。

焊接结构的工艺性审查是个复杂的问题，在审查中应实事求是，多分析比较，以便确定最佳方案。

一个焊接结构设计是否经济合理，还不能脱离产品的数量和生产条件。结构工艺性的好坏，是相对某一具体条件而言的，只有用辩证的观点才能更有效地评价。

进行焊接结构工艺性审查的目的概括起来讲，是保证结构设计的合理性、工艺的可行性、结构使用的可靠性和经济性。此外，通过焊接结构工艺性审查可以及时调整和解决工艺性方面的问题，加快工艺规程编制的速度，缩短新产品生产准备周期，减少或避免在生产过程中发生重大技术问题。通过焊接结构工艺性审查，还可以提前发现新产品中关键零件或关键加工工序所需的设备和工装，以便提前安排订货和设计。

二、工艺性审查的步骤

（1）产品结构图样审查。制造焊接结构的图样是工程的语言，它主要包括新产品设计图样、继承性设计图样和按照实物测绘的图样等。由于它们工艺性完善程度不同，因此工艺性审查的侧重点也有所区别。但是，在生产前无论哪种图样都必须按以下内容进行图样审查，合格后才能交付生产准备和生产使用。

对图样的基本要求：绘制的焊接结构图样，应符合国家机械制图标准中的有关规定。图样应当齐全，除焊接结构的装配图外，还应有必要的部件图和零件图。由于焊接结构一般都比较大，结构复杂，所以图样应选用适当的比例，也可在同一图中采用不同的比例绘出。当产品结构较简单时，可在装配图上直接把零件的尺寸标注出来。根据产品的使用性能和制作工艺需要，在图样上应有齐全合理的技术要求，若在图样上不能用图形、符号表示时，应有文字说明。

（2）产品结构技术要求审查。焊接结构技术要求主要包括使用要求和工艺要求。使用要求一般是指结构的强度、刚度、耐久性（抗疲劳、耐腐蚀、耐磨和抗蠕变等），以及在工作环境条件下焊接结构的几何尺寸、力学性能、物理性能等。而工艺要求则是指组成产品结构材料的焊接性及结构的合理性、生产的经济性和方便性。

为了满足焊接结构的技术要求，首先要分析产品的结构，了解焊接结构的工作性质及工作环境，然后必须对焊接结构的技术要求以及所执行的技术标准进行熟悉、消化理解，并结合具体的生产条件来考虑整个生产工艺能否适应焊接结构的技术要求，这样可以做到及时发现问题，提出合理的修改方案，改进生产工艺，使产品全面达到规定的技术要求。

三、工艺性审查的内容

在进行焊接结构工艺性审查前，除了要熟悉该结构的工艺特点和技术要求以外，还必须了解被审查产品的用途、工作条件、受力情况及产量等有关方面的问题。在进行焊接结构的工艺性审查时，主要审查以下几方面内容。

（一）从降低应力集中的角度分析结构的合理性

应力集中不仅是降低疲劳强度的主要原因，也是降低材料塑性、引起结构脆断的主要原因，对结构强度有很坏的影响。为了减少应力集中，应尽量使结构表面平滑，截面改变的地方应平缓并有合理的接头形式。一般常从以下几个方面考虑：

（1）尽量避免焊缝过于集中。图 6-1（a）用 8 块小肋板加强轴承套，许多焊缝集中在一起，应力集中严重，不适合承受动载荷。如果采用图 6-1（b）的形式，不仅改善了应力集中的情况，也使工艺性得到改善。

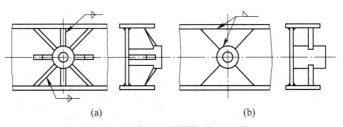

图 6-1　肋板的形状与位置比较

图 6-2（a）的焊缝布置，都有不同程度的应力集中，可焊到性也差，改成图 6-2（b）所示的结构，可焊到性和应力集中情况都有改善。

（2）尽量采用合理的接头形式。对于重要的焊接接头应采用开坡口的焊缝，防止因未焊透而产生应力集中。应设法将角接接头和 T 形接头，转化为应力集中系数较小的对接接头。图 6-3 所示为这种转化的应用实例，将图 6-3（a）的接头转化为图 6-3（b）的形式，实质上是把焊缝从应力集中的位置转移到没有应力集中的地方，同时改善了接头的工艺性。应当指出，在对接接头中只有当力能够从一个零件平缓地过渡到另一个零件上时，应力集中最小。

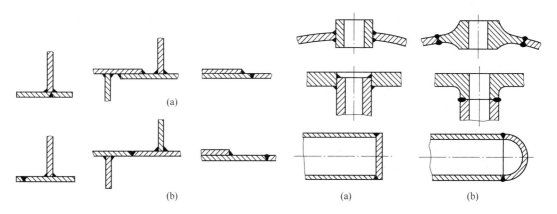

图 6-2　焊缝布置与应力集中的关系　　　　图 6-3　焊接接头转化的应用实例

（3）尽量避免构件截面的突变。在截面变化的地方必须采用圆滑过渡或平缓过渡，不要形成尖角。例如，搭接板存在锐角时（见图 6-4(a)），应把它改变成圆角或钝角（见图 6-4(b)）。又如肋板存在尖角时（见图 6-5(a)），应将它改变成图 6-5(b) 的形式。在厚板与薄板或宽板与窄板对接时，均应在接合处有一定的斜度，使之平滑过渡。

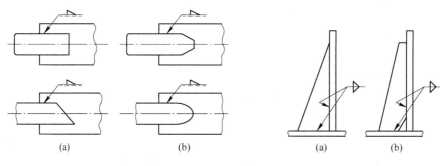

图 6-4　搭接接头中搭板的形式　　　　　图 6-5　肋板的合理形式

（4）应用复合结构。复合结构具有发挥各种工艺长处的特点，它可以采用铸造、锻造和压制工艺，将复杂的接头简化，把角焊缝改成对接焊缝。这样不仅降低了应力集中，而且改善了工艺性。图 6-6 就是应用复合结构把角焊缝改为对接焊缝的实例。

（二）从减小焊接应力与变形的角度分析结构的合理性

（1）尽可能地减少结构上的焊缝数量和焊缝的填充金属量。这是设计焊接结构时一条最重要的原则。因为它不仅对减少焊接应力与变形有利，而且对许多方面都有利。图 6-7 所示的框架转角，就有两个设计方案，图 6-7(a) 是用许多小肋板构成放射形状来加固转角的；图 6-7(b) 的设计是用少数肋板构成屋顶的形状来加固转角的。图 6-7(b) 的方案不仅提高了框架转角处的刚度与强度，而且焊缝数量少，减少了焊后的变形和复杂的应力状态。

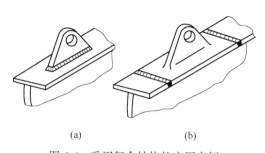

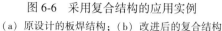

图 6-6　采用复合结构的应用实例

（a）原设计的板焊结构；（b）改进后的复合结构

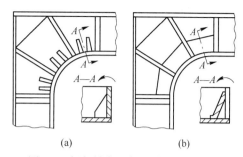

图 6-7　框架转角处加强肋布置的比较

（2）尽可能地选用对称的构件截面和焊缝位置。焊缝位置对称于构件截面的中性轴或使焊缝接近中性轴时，在焊后能得到较小的弯曲变形。图 6-8 所示为各种截面的构件，图 6-8（a）所示构件的焊缝都在 x-x 轴一侧，焊后由于焊缝纵向收缩，最容易产生弯曲变形，图 6-8（b）所示构件的焊缝位置对称于 x-x 轴和 y-y 轴，焊后弯曲变形较小，且容易防止；图 6-8（c）所示构件由两根角钢组成，焊缝位置与截面重心并不对称，若把距重心近的焊缝设计成连续的，把距重心远的焊缝设计成断续的，就能减少构件的弯曲变形。

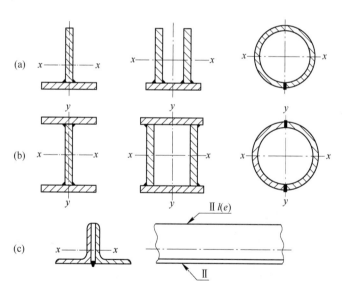

图 6-8　构件截面和焊缝位置与焊接变形的关系

（3）尽可能地减小焊缝截面尺寸。在不影响结构强度与刚度的前提下，尽可能地减小焊缝截面尺寸或把连续角焊缝设计成断续角焊缝，减少塑性变形区的范围，使焊接应力与变形减少。

（4）采用合理的装配焊接顺序。对复杂的结构应采用分部件装配法，尽量减少总装焊缝数量并使之分布合理，这样能大幅减少结构的变形。为此，在设计结构时就要合理地划分部件，使部件的装配焊接易于进行和焊后经矫正能达到要求，这样就便于总装。由于总装时焊缝少，结构刚度大，焊后的变形就很小。

（5）尽量避免各条焊缝相交。如图 6-9 所示的三条角焊缝在空间相交。图 6-9(a) 在交点处会产生三轴应力，使材料塑性降低，同时可焊到性也差，并造成严重的应力集中。若把它设计成图 6-9(b) 所示的形式，能克服以上缺点。

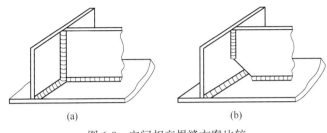

（a）　　　　　　　　　　　　（b）

图 6-9　空间相交焊缝方案比较

（三）从焊接生产工艺性分析结构的合理性

（1）尽量使结构具有良好的可焊到性。可焊到性是指结构上的每一条焊缝都能得到很方便的施焊，在工艺性审查时要注意结构的可焊到性，避免因不易施焊而造成焊接质量不好。图 6-10(a) 所示的三个结构都没有必要的操作空间，很难施焊，如果改成图 6-10(b) 的形式，就具有良好的可焊到性。又如厚板对接时，一般应开成 X 形或双 U 形坡口，若在构件不能翻转的情况下，就会造成大量的仰焊焊缝，这不但劳动条件差，质量还很难保证。

（2）保证接头具有良好的可探到性。严格检验焊接接头质量是保证焊接结构质量的重要措施，对于焊接结构上需要检验的焊接接头，必须考虑到是否方便检验。对高压容器，其焊缝往往要求 100% 射线探伤。图 6-11(a) 所示的接头无法进行射线探伤或探伤结果无效，应该改为图 6-11(b) 的接头形式。

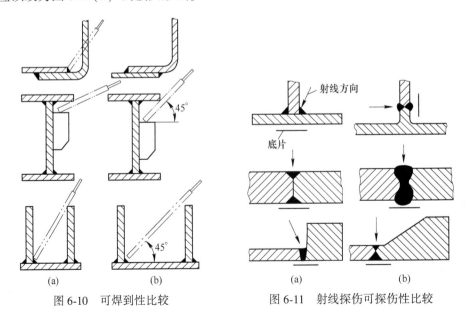

（a）　　　　　　　　　　（b）

图 6-10　可焊到性比较　　　　图 6-11　射线探伤可探伤性比较

（3）尽量选用焊接性好的材料来制造焊接结构。在焊接结构选材时首先应满足焊接结构的工作条件和使用性能的需要，其次是满足焊接特点的需要。在满足第一个需要的前提下，首先考虑的是材料的焊接性，其次考虑材料的强度。另外，在结构设计具体选材时，为了使生产管理方便，材料的种类、规格及型号也不宜过多。

（四）从焊接生产的经济性方面分析结构的合理性

合理地节约材料和缩短焊接产品加工时间，不仅可以降低成本，而且可以减轻产品质量，便于加工和运输等，所以在工艺性审查时应给予重视。

（1）使用材料一定要合理。一般来说，零件的形状越简单，材料的利用率就越高。图6-12 所示为法兰盘备料的三种方案，图 6-12（a）是用冲床落料制作，图 6-12（b）是用扇形片拼接，图 6-12（c）是用气割板条热弯而成，材料的利用率按图 6-12（a）、（b）、（c）顺序提高，但生产的工时也按此顺序增加，哪种方案好要综合比较才能确定。通常是：法兰直径小、生产批量大时，可选用图 6-12（a）方案；法兰直径大、批量大时，采用图 6-12（b）方案能节约材料，经济性好；法兰直径大且窄、批量小时，宜选用图 6-12（c）方案。图 6-13 所示为锯齿合成梁，如果用工字钢通过气割（见图 6-13（a））再焊接成锯齿合成梁，就能节约大量的钢材和焊接工时。

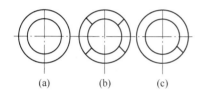

图 6-12　法兰盘的备料方案比较

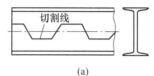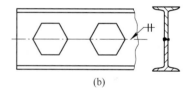

图 6-13　锯齿合成梁

（2）尽量减少生产劳动量。在焊接结构生产中，如果不努力节约人力和物力，不断提高生产率和降低成本，就会失去竞争能力。这就要求除了在工艺上采取一定的措施外，还必须从设计上使结构具有良好的工艺性。减少生产劳动量的方法有很多，归纳起来有以下几个方面：

1）合理地确定焊缝尺寸。工作焊缝的尺寸通常采用等强度原则来计算。但只靠强度计算有时还是不够的，还必须考虑结构的特点及焊缝布局等问题。例如，焊脚小而长度大的角焊缝，在强度相同的情况下具有比大焊脚短焊缝省料省工的优点，图 6-14 中，焊脚尺寸为 K、焊缝长度为 $2L$ 的角焊缝与焊脚尺寸为 $2K$、焊缝长度为 L 的角焊缝强度相等，但焊条消耗量前者仅为后者的一半。

2）尽量取消多余的加工。对单面坡口背面不进行清根就焊接的对接焊缝，通过修整表面来提高接头的疲劳强度是多余的，因为焊缝背面依然存在应力集中。对结构中的联系焊缝，要求开坡口或焊透也是多余的加工，因为焊缝受力不大。如图 6-15 所示，在工字梁的上下翼板拼接处焊上加强盖板是多余的，由于焊缝集中反而降低了工字梁承受动载荷的能力。

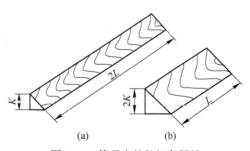

图 6-14　等强度的长短角焊缝

3）尽量减少辅助工时。焊接结构生产中辅助工时一般占有较大的比例，减少辅助工时对提高生产率有着重要意义。焊接结构中的焊缝所在位置应使焊接设备调整次数最少，焊件翻转的次数最少。图 6-16 所示为箱形截面构件，图 6-16(a) 设计为对接焊缝，焊接过程中翻转一次，就能焊完 4 条焊缝；图 6-16(b) 设计为角焊缝，如果采用"船形"位置焊接，需要翻转焊件 3 次，若用平焊位置焊接则需多次调整机头。从焊前装配来看，图 6-16(a) 方案也比图 6-16(b) 要容易些。

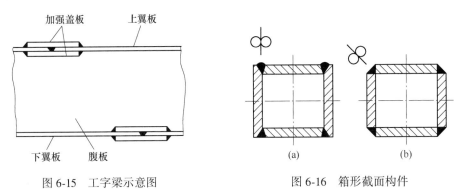

图 6-15 工字梁示意图   图 6-16 箱形截面构件

4）尽量利用型钢和标准件。型钢具有各种形状，经过相互组合可以构成刚度更大的各种焊接结构，对同一种结构如果用型钢来制造，则其焊接工作量会比用钢板制造要少得多。图 6-16 中的箱形截面构件，若用两个槽钢组成时，其焊接工作量可减少一半。图 6-17 所示为一根变截面工字梁结构，图 6-17(a) 是用三块钢板组成的，如果用工字钢组成，可将工字钢用气割分开（见图 6-17(c)），再组装焊接起来（见图 6-17(b)），就能极大减少焊接工作量。

5）有利于采用先进的焊接方法。埋弧焊的熔深比焊条电弧焊大，有时不需开坡口，从而节省工时；采用 CO_2 气体保护焊时，不仅成本低、变形小且不需清渣。在设计结构时应使接头易于使用上述较先进的焊接方法。如图 6-18 所示的箱形结构，图 6-18(a) 的形式可用焊条电弧焊焊接，若做成图 6-18(b) 的形式，就可使用埋弧焊和 CO_2 气体保护焊。

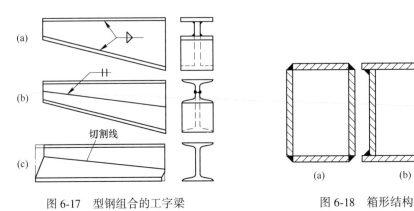

图 6-17 型钢组合的工字梁   图 6-18 箱形结构

任务二 焊接结构的焊接工艺规程

一、生产过程与工艺过程

将原材料或半成品转变为产品的全部过程称为生产过程。改变生产对象的形状、尺寸、相对位置和性质等，使其成为成品或半成品的过程称为工艺过程。生产过程包括直接改变零件形状、尺寸和材料性能或将零、部件进行装配焊接等所进行的加工过程，如划线、下料、成形加工、装配焊接及热处理等；也包括各种辅助生产过程，如材料供应、零部件的运输保管、质量检验、技术准备等。前者属于工艺过程，后者属于辅助生产过程。

在现代焊接产品的制造中，为了提高劳动生产率，便于组织生产，一件产品的生产过程，往往是由许多专业化的工厂联合完成的。如一台压力容器的大部分零部件的制造，整台设备的装配、试车、检验和涂装等都是在容器生产厂进行的。但大型容器中的封头、各类接管、密封件、标准人手孔、大型锻件和其他有关标准件等，则多是由其他专业工厂所制造。一个工厂的生产过程可以划分为不同车间的生产过程，例如焊接车间的生产过程、锻造车间的生产过程、装配车间的生产过程等。因此，任何工厂（或车间）的生产过程，是指该工厂（或车间）直接把进厂（或车间）的原料和半成品变为成品的各个劳动过程的总和。

二、工艺过程的组成

在编制工艺时，要涉及工序、工位和工步的概念。分析它们的目的在于了解影响这些环节的因素，从而为制订合理的工艺打下基础。

（1）工序。由一个或一组工人，在一台设备或一个工作地点对一个或同时对几个焊件所连续完成的那一部分工艺过程，称为工序。工序是工艺过程的最基本组成部分，是生产计划的基本单元，工序划分的主要依据是加工工艺过程中工作地点是否改变和加工是否连续完成。焊接结构生产工艺过程的主要工序有放样、划线、下料、成形加工、边缘加工、装配、焊接、矫正、检验、涂装等。

在生产过程中产品由原材料或半成品经过毛坯制造、机械加工、装配焊接、涂装包装等加工所通过的路线叫作工艺路线或工艺流程，它实际上是产品制造过程中各种加工工序的顺序和总和。

（2）工位。工位是工序的一部分。在某一工序中，焊件在加工设备上所占的每个工作位置称为工位。例如图 6-19 所示是钢板拼焊，焊缝 1、2 焊完后，调整焊机再完成焊缝 3、4 的焊接，即焊机需要调整两次，所以说此焊接工序中包括两个工位。又如在转胎上焊接工字梁上的 4 条焊缝，如用一台焊机焊接，焊件需转动 4 个角度，即有 4 个工位，如

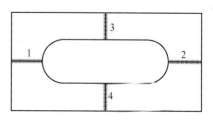

图 6-19 钢板拼焊

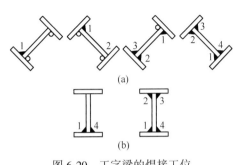

图 6-20　工字梁的焊接工位

图 6-20（a）所示。如用 2 台焊机，焊缝 1、4 同时对称焊→翻转→焊缝 2、3 同时对称焊，焊件只需装配 2 次，即有 2 个工位，如图 6-20（b）所示。

（3）工步。工步是工艺过程的最小组成部分，它还保持着工艺过程的一切特性。在一个工序内焊件、设备、工具和工艺规范均保持不变的条件下所完成的那部分工序称为工步。构成工步的某一因素发生变化时，一般认为是一个新的工步。例如厚板开坡口对接多层焊时，打底层用 CO_2 气体保护焊，中间层和盖面层均用焊条电弧焊，一般情况下，盖面层选择的焊条直径较粗，焊接电流也大一些，则这一焊接工序是由 3 个不同的工步组成的。

三、工艺规程的概念

工艺规程是规定产品或零部件制造工艺过程和操作方法等的工艺文件。也就是将工艺路线中的各项内容，以工序为单位，按照一定格式写成的技术文件。在焊接结构生产中，工艺规程由两部分组成：一部分是原材料经划线、下料及成形加工制成零件的工艺规程；另一部分是由零件装配焊接形成部件或由零、部件装配焊接成产品的工艺规程。

工艺规程是工厂中生产产品的科学程序和方法；是产品零部件加工、装配焊接、工时定额、材料消耗定额、计划调度、质量管理以及设备选购等生产活动的技术依据。工艺规程的技术先进性和经济性，决定着产品的质量与成本，决定着产品的竞争能力，决定着工厂的生存与发展。因此，工艺规程是工厂工艺文件中的指导性技术文件，也是工厂工艺工作的核心。

四、工艺规程的作用

编制工艺规程是生产中的一项技术措施，它是根据产品的技术要求和工厂的生产条件，以科学理论为指导，结合生产实际所拟定的加工程序和加工方法。科学的工艺规程具有很大的作用。

（1）工艺规程是指导生产的主要技术文件。工艺规程是在总结技术人员和广大工人实践经验的基础上，根据一定的工艺理论和必要的工艺试验制定出来的。按照合理的工艺规程组织生产，可以使结构在满足正常工作和安全运行的条件下达到高质、优产和最佳的经济效益。

（2）工艺规程是生产组织和生产管理的基本依据。从工艺规程所涉及的内容可知，它能够为组织生产和科学管理提供基础素材。根据工艺规程，工厂可以进行全面的生产技术准备工作，如原材料、毛坯的准备，工作场地的调整与布置，工艺装备的设计与制造等。其次，工厂的计划、调度部门，可根据生产计划和工艺规程来安排生产，使全厂各部门紧密地配合，均衡完成生产计划。

（3）工艺规程是设计新厂或扩建、改建旧厂的技术依据。在新建和扩建工厂、车间时，只有根据工艺规程和生产纲领才能确定生产所需的设备种类和数量，设备布置，车间面积，生产工人的工种、等级、人数，以及辅助部门的安排等。

（4）工艺规程是交流先进经验的桥梁。学习和借鉴先进工厂的工艺规程，可以极大地缩短工厂研制和开发的周期。同时工厂之间的相互交流，能提高技术人员的专业能力和技术水平。

工艺规程一旦确定下来，任何人都必须严格遵守，不得随意改动。但是随着时间的推移，新工艺、新技术、新材料、新设备的不断涌现，某一工艺规程在应用一段时间后，可能会变得相对落后，所以应定期对工艺规程进行修订和更新，不然工艺规程就会失去指导意义。

任务三　焊接结构的加工工艺规程的编制

一、编制工艺规程的原则

工艺过程需保证四个方面的要求：安全、质量、成本、生产率。它们是产品工艺的四大支柱。先进的工艺技术是在保证安全生产的条件下，用最低的成本，高效率地生产出质量优良且具有竞争力的产品。工艺过程的灵活性较大，对不同零件和产品，在这方面的具体要求有所不同，达到和满足这些要求的方法和条件也不一样，但都存在着一定的规律性。在编制工艺规程时，应深入研究各种典型零件与产品在这方面的规律性，寻求一种科学的解决方法，在保证质量的前提下用最经济的办法制造出零件与产品。编制工艺规程应遵循下列原则：

（1）技术上的先进性。在编制工艺规程时，要了解国内外本行业工艺技术的发展情况，对目前本厂所存在的差距要心中有数。要充分利用焊接结构生产工艺方面的最新科学技术成就，广泛地采用最新的发明创造、合理化建议和国内外先进经验，尽最大可能保持工艺规程技术上的先进性。

（2）经济上的合理性。在一定生产条件下，要对多种工艺方法进行对比与计算，尤其要对产品的关键件、主要件、复杂零部件的工艺方法，采用价值工程理论，通过核算和方案评比，选择经济上最合理的方法，在保证质量的前提下以求成本最低。

（3）技术上的可行性。编制工艺规程必须从本厂的实际条件出发，充分利用现有设备，发掘工厂的潜力，结合具体生产条件消除生产中的薄弱环节。由于产品生产工艺的灵活性较大，在编制工艺规程时一定要照顾到工序间生产能力的平衡，要尽量使产品的制造和检测都在本厂进行。

（4）良好的劳动条件。编制的工艺规程必须保证操作人员具有良好而安全的劳动条件，应尽量采用机械化、自动化和高生产率的先进技术，在配备工装时应尽量采用电动和气动装置，以减轻工人的体力劳动，确保工人的身体健康。

（5）编制工艺规程时必须注意的事项如下：

1）试制和单件小批量生产的产品，编制以零件加工工艺过程卡和装配焊接工艺过程卡为主的工艺规程。

2）工艺性复杂、精密度较高的产品以及成批生产的产品，编制以零件加工工序卡、装配工序卡和焊接工序卡为主的工艺规程。

二、工艺规程的主要内容

（1）工艺过程卡。将产品工艺路线的全部内容，按照一定格式写成的文件即工艺过程卡。其主要内容有：备料及成形加工过程，装配焊接顺序及要求，各种加工的加工部位，工艺留量及精度要求，装配定位基准及夹紧方案，定位焊及焊接方法，各种加工所用设备和工艺装备，检查和验收标准，材料的消耗定额以及工时定额等。

（2）加工工序卡。除填写工艺过程卡的内容外，尚需填写操作方法、步骤及工艺参数等。

（3）绘制简图。为了便于阅读工艺规程，在工艺过程卡和加工工序卡中应绘制必要的简图。图形的复杂程度应能表示出本工序加工过程的内容和本工序的工艺尺寸、公差及有关技术要求等，图形中的符号应符合国家标准。

三、编制工艺规程的步骤

（一）技术准备

产品的装配图和零件工作图、技术标准、其他有关资料以及本厂的实际情况，是编制工艺规程最基本的原始资料。在进行技术准备工作时应做好以下几项工作：

（1）对产品所执行的标准要消化理解，并在熟悉的基础上掌握这些标准；要分析产品各项技术要求的制定依据，以便根据这些依据在工艺上采取不同的措施；找出产品的主要技术要求和关键零、部件的关键技术，以便采用合适的工艺方法，采取稳妥可靠的措施。

（2）对经过工艺性审查的图样再进行一次分析。其作用是通过再次消化分析，可以发现遗漏，尽量把问题和不足暴露在生产前，使生产少受损失；另一个作用是通过分析，明确产品的结构形状，各零、部件间的相对位置和连接方式等，作为选择加工方法的基础。

（3）熟悉产品验收的质量标准，它是对产品装配图和零件工作图技术要求的补充，是工艺技术、工艺方法及工艺措施等决策的依据。

（4）要掌握工厂的生产条件，这是编制切实可行的工艺规程的核心问题。要深入现场了解设备的规格与性能、工装的使用情况及制作能力、工人的技术素质等。

（5）掌握产品的生产纲领与生产类型，根据它来确定工艺类型和工艺装备等。

（二）产品的工艺过程分析

在技术准备的基础上，根据图样深入研究产品结构及备料、成形加工、装配及焊接工艺的特点，对关键零、部件或工序应进行深入的分析研究。考虑生产条件、生产类型，通过调查研究，从保证产品的技术条件出发，在尽可能采用先进技术的条件下，提出几个可行的工艺方案，然后经过全面的分析、比较或试验，最后选出一个最好的工艺路线方案。

（三）拟定工艺路线

工艺路线的拟定是编制工艺规程的总体布局，是对工程技术，尤其是对工艺技术的具体运用，也是工厂提高产品质量、技术水平和经济效益的重要步骤。拟定工艺路线要完成以下内容：

（1）加工方法的选择。确定各零、部件在备料、成形加工、装配和焊接等各工序所采用的加工方法和相应的工艺措施。选择加工方法要考虑各工序的加工要求、材料性质、生产类型以及本厂现有的设备条件等。

（2）加工顺序的安排。焊接结构生产是一个多工种的生产过程，根据产品结构特点，考虑到加工方便、焊接应力与变形以及质量检查等方面问题，应合理安排加工顺序。在大多数情况下，将产品分解成若干个工艺部件，要分别制定它们的装配焊接顺序及它们之间组装成产品的顺序。

（3）确定各工序所使用的设备。应根据已确定的备料、成形加工、装配和焊接等工序的加工方法，选用设备的种类和型号，对非标准设备应提出简图和技术要求。

在拟定工艺路线时要提出两个以上的方案，通过分析比较选取最佳方案。尤其是对关键件、复杂件的工艺路线，在拟定时应深入车间、工段、生产班组做调查了解，征求有丰富经验的老工人的意见，以便拟定出最合理的工艺路线方案。工艺路线一般是绘制出装配焊接过程的工艺流程图，并附以工艺路线说明，也可用表格的形式来表示。

（四）编写工艺规程

在拟定了工艺路线并经过审核、批准后，就可着手编写工艺规程。这一步的工作是把工艺路线中每一工序的内容，按照一定的规则填写在工艺卡片上。

编写工艺规程时，语言要简明易懂，工程术语统一，符号和计量单位应符合国家有关标准，对于一些难以用文字说明的内容应绘制必要的简图。

在编写完工艺规程后，工艺人员还应提出工艺装备设计任务书，编制工艺管理性文件，如：材料消耗定额、外购件、外协件、自制件明细表、专用工艺装备明细表等。

四、工艺文件及工艺规程实例

把已经设计或制定的工艺规程内容写成指导工人操作和用于生产、工艺管理等的各种技术文件，就是工艺文件。工艺文件的种类和形式多种多样，繁简程度也有很大差别。焊接结构生产常用的工艺文件主要有工艺过程卡、工艺卡、工序卡和工艺守则等。

（一）常用工艺文件种类

（1）工艺过程卡。它是描述零件整个加工工艺过程全貌的一种工艺文件，是制定其他工艺文件的基础，也是进行技术准备、编制生产计划和组织生产的依据。通过工艺过程卡可以了解零件所需的加工车间、加工设备和工艺流程，主要用于单件小批生产的产品示例。表6-1所示为装配工艺过程卡。

（2）工艺卡。它是以工序为单位来说明零件、部件加工方法和加工过程的一种工艺文件。工艺卡表示了每一工序的详细情况，所需的加工设备以及工艺装备，用于各种批量生产的产品。表6-2所示为焊接工艺卡。

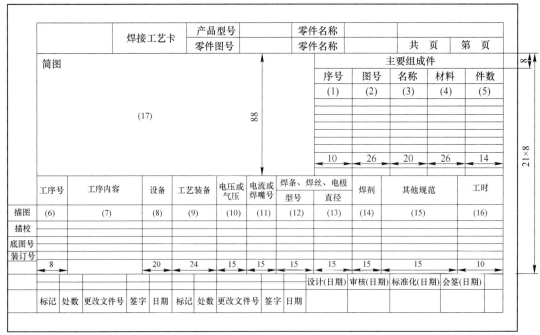

表 6-1　装配工艺过程卡

		装配工艺过程卡		产品型号			零件图号				共　页	第　页	
				产品名称			零件名称						
工序号	工序名称		工序内容	装配部门		设备及工艺装备			辅助材料			工时定额/min	
(1)	(2)		(3)	(4)		(5)			(6)			(7)	

注：表中(　)填写内容：
(1)工序号；
(2)工序名称；
(3)各工序装配内容和主要技术要求；
(4)装配车间、工段或班组；
(5)各工序所使用的设备和工艺装备；
(6)各工序所需使用的辅助材料；
(7)各工序的工时定额。

表 6-2　焊接工艺卡

注：表中(　)填写内容：
(1)序号用阿拉伯数字1、2、3、…填写；
(2)~(5)分别填写焊接的零、部件图号名称，材料牌号和件数，按设计要求填写；
(6)工序号；
(7)每工序的焊接操作内容和主要技术要求；
(8)、(9)设备和工艺装备分别填写其型号或名称，必要时写其编号；
(10)~(16)可根据实际需要填写；
(17)绘制焊接简图。

（3）工序卡。它是在工艺卡的基础上为某一道工序编制的更为详细的工艺文件。工序卡上须有工序简图，表示本工序完成后的零件形状、尺寸公差、零件的定位和装配及装夹方式等，主要用于大批量生产的产品和单件小批生产中的关键工序。表 6-3 所示为装配工序卡。

表 6-3　装配工序卡

	10	10	20	装配工序卡			产品型号		零件图号			
							产品名称		零件名称		共 页	第 页
	工序号	(1)	工序名称	(2)	车间	(3)	工段	(4)	设备	(5)	工序工时	(6)
			简图	60	10	20	10	20	10	40	25	
						(7)						
	工步号	16		工步内容			工艺装备		辅助材料		工时定额/min	
描图	(8)	∞		(9)			(10)		(11)		(12)	
	8						50		50		10	
描校		8×8										
底图号												
装订号								设计(日期)	审核(日期)	标准化(日期)	会签(日期)	
	标记	处数	更改文件号	签字	日期	标记	处数	更改文件号	签字	日期		

注：表中（　）填写内容：

(1) 工序号；
(2) 装配本工序的名称；
(3) 执行本工序的车间名称或代号；
(4) 执行本工序的工段名称或代号；
(5) 本工序所使用的设备型号名称；
(6) 本工序工时定额；

(7) 绘制装配简图或装配系统图；
(8) 工步号；
(9) 各工步名称、操作内容和主要技术要求；
(10) 各工步所需使用的工艺装备型号名称或其编号；
(11) 各工步所需使用的辅助材料；
(12) 工时定额。

（4）工艺守则。它是焊接结构生产过程中的各个工艺环节应共同遵守的通用操作要求。主要包括守则的适用范围，与加工工艺有关的焊接材料及配方，加工所需设备及工艺装备，工艺操作前的准备以及操作顺序、方法、工艺参数、质量检验和安全技术等内容。表 6-4 所示为工艺守则格式。

（二）制定加工工艺规程的实例

以筒体加工工艺规程的制定为例进行阐述。图 6-21 所示为一冷却器的筒体。

（1）主要技术参数如下：

1）筒节数量：4（整个筒体由 4 个筒节组成）。

2）材料：Ni-Cr 不锈钢。

3）椭圆度 e：$(D_{max} - D_{min}) \leqslant 6$ mm。

4）内径偏差：$\phi 600^{+3}_{-2}$ mm。

5）组对筒体：长度公差为 5.9 mm，两端平行度公差为 2 mm。

6）检验：试板做晶间腐蚀试验；焊缝外观合格后，进行 100% 射线探伤。

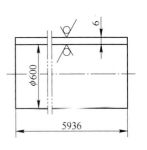

图 6-21　圆筒形筒体

表 6-4　工艺守则

			(工厂名称)			(　　　)工艺守则(1)		(2)	
								共(3)页	第(4)页
描图 (6) 描校 (6) 底图号									
(8)						资料来源	编制	(签字)(18)	(日期)
装订号							审核	(19)	(23)
						(16)	标准化	(20)	
(9)	(11)	(12)	(13)	(14)	(15)	编制部门	批准	(21)	
(10)	标记	处数	更改文件号	签字	日期	(17)		(22)	

注：表中(　　)填写内容：
(1) 工艺守则的类别，如"焊接""热处理"等；　　　(16) 编写该守则的参考技术资料；
(2) 工艺守则的编号；　　　　　　　　　　　　　　(17) 编写该守则的部门；
(3)~(4) 该守则的总页数和顺页数；　　　　　　　　(18)~(22) 责任者签字；
(5) 工艺守则的具体内容；　　　　　　　　　　　　(23) 各责任者签字后填写日期。
(6)~(15) 填写内容同"表头、表尾及附加栏"的格式；

（2）筒体制造的工艺过程。该筒体为圆筒形，结构比较简单。筒体总长为 5936 mm，直径为 $\phi600$ mm，分为 4 段筒节制造。由于筒节直径小于 800 mm，可用单张钢板制作，筒节只有一条纵焊缝。各筒节开坡口、卷制成形，纵缝焊完后按焊接工艺组对环缝并焊接，然后进行射线探伤。具体内容填入筒体加工工艺过程卡，见表 6-5。

表 6-5　筒体加工工艺过程卡

筒体加工工艺过程卡		产品型号		部件图号			共　页
		产品名称	筒体	部件名称			第　页
工序	工序名称	工作内容	车间	工艺装备及设备	辅助材料	工时定额	
0	检验	材料应符合国家标准要求的质量证书	检验				
10	划线	号料，划线，筒体由 4 节组成，同时划出 400(500) mm×135 mm 试块一副	划线				
20	切割下料	按划线尺寸切割下料	下料	等离子弧切割机			
30	刨边	按图要求刨各筒节坡口	机加	刨边机			
40	成形	卷制成形	成形	卷板机			
50	焊接	组队焊缝和试板，除去坡口及其两侧的铁锈、油锈；按焊接工艺组焊纵缝试板	焊机	自动焊	焊丝、焊剂		

筒体加工工艺过程卡		产品型号		部件图号		共　页
		产品名称	筒体	部件名称		第　页
工序	工序名称	工作内容	车间	工艺装备及设备	辅助材料	工时定额
60	检验	1. 纵焊缝外观合格，按 GB/T 3323 标准进行 100%射线探伤Ⅰ级合格 2. 试板按"规程"附录二要求合格 3. 按 GB/T 4334 做晶间腐蚀试验	检验	射线探伤设备		
70	矫形	矫圆：$e \leqslant 3$ mm	成形			
80	组焊	按焊接工艺组对环焊缝	铆焊	自动焊	焊丝、焊剂	
90	检验	环焊缝外观合格后，按 GB/T 3323 标准进行 100%射线探伤Ⅱ级合格	检验	射线探伤设备		
100	焊接	在筒节 1 的右端组焊衬环，要求衬环与筒体紧贴	铆焊			

任务四　焊接结构生产工艺过程分析

任何一项技术都会产生技术和经济两个方面的效果。技术方面的效果不仅表现在达到了技术条件的要求，而且提高了产品质量和改善了劳动条件等。经济方面的效果表现在劳动量的减少、劳动生产率的提高及材料消耗的减少等。采取的技术措施在技术和经济两个方面效果都好，这才是先进的工艺。但是，这两个方面通常并不是统一的，在决策前应进行工艺过程分析。

一、生产纲领对焊接结构工艺过程分析的影响

焊接工艺过程分析的目的，是根据不同的生产纲领选择来确定最佳工艺方案。生产纲领是指某产品或零、部件在一年内的产量（包括废品）。生产纲领不同，工装夹具设计的内容和要求也不相同。按照生产纲领的大小，焊接生产可分为三种类型：单件生产、成批生产、大量生产。生产类型的划分见表 6-6。不同的生产类型其特点是不一样的，因此所选择的加工路线、设备情况、人员素质、工艺文件等也是不同的。

（1）单件生产。当产品的种类繁多，数量较小，重复制造较少时，其生产性质可认为是单件生产，编制工艺规程时应选择适应性较广的通用装配焊接设备、起重运输设备和其他工装设备，这样可以在最大程度上避免设备的闲置。使用机械化生产是得不偿失的，所以可选择技术等级较高的工人进行手工生产。应充分挖掘工厂的潜力，尽可能降低生产成本。编制的工艺规程应简明扼要，只需粗定工艺路线并制定必要的技术文件。

（2）成批生产。成批生产的产品具有周期性重复加工的特点，机械化程度介于单件生产和大量生产之间。应部分采用流水线作业，但加工节奏不同步。应有较详细的工艺规程。

（3）大量生产。当产品的种类单一，数量很多，焊件的尺寸和形状变化不大时，其性质接近于大量生产。因为要长时间重复加工，所以宜采用机械化、自动化水平较高的流水

线生产，每道工序都由专门的机械和工装完成，加工同步进行，生产设备负荷越大越好。对于大量生产的产品，要求制定详细的工艺规程和工序，尽可能实现工艺典型化、规范化。

表 6-6　生产类型的划分

生产类型		产品类型及同种零件的年产量/件		
		重型	中型	轻型
单件生产		5 以下	10 以下	100 以下
成批生产	小批生产	5 ~ 100	10 ~ 200	100 ~ 500
	中批生产	100 ~ 300	200 ~ 500	500 ~ 5000
	大批生产	300 ~ 1000	500 ~ 5000	5000 ~ 50000
大量生产		1000 以上	5000 以上	50000 以上

二、工艺过程分析的方法及内容

产品的工艺过程分析，应从保证技术条件的要求和采用先进工艺的可能性两个方面着手。保证产品技术条件的各项要求，是编制工艺规程最起码的要求。要做到这一点，首先对产品的结构特点和工艺特点进行研究，估计出生产过程中可能遇到的困难；其次要抓住与技术条件所规定的要求有密切关系的那些工序，它们就是工艺分析中的主要对象。例如，在桥式起重机桥架结构的技术条件中，对其外形尺寸有较高的要求，其结构特点是外形尺寸大，腹板一般是用较薄的钢板，而且焊缝分布不对称，因此，可以判定焊接应力与变形是焊接桥架结构的关键，也是工艺分析的主要对象。

工艺过程分析应遵循"在保证技术条件的前提下，取得最大经济效益"的原则，进行工艺过程分析时应主要从两方面着手。

（一）从保证技术条件的要求进行工艺分析

焊接结构的技术条件，一般可归纳为获得优质的焊接接头和获得准确的外形尺寸两个方面。

（1）保证获得优质的焊接接头。焊接接头的质量应满足产品设计的要求，主要表现在焊接接头的性能应符合设计要求和焊接缺陷应控制在规定范围之内两个方面。一般来说，影响焊接接头质量的主要因素可归纳为以下 3 个方面：

1）焊接方法的影响。不同焊接方法的热源具有不同的性质，它们对焊接接头质量有着不同的影响。例如电渣焊时，由于热源移动缓慢且热输入大，因而使焊接接头具有粗大的金相组织，要对焊件进行一定的热处理以后，才能获得所需的力学性能。又如埋弧焊时，由于热源具有电流大、移动快的特点，这就给气孔的产生带来很多可能，如焊剂受潮、焊丝和焊件上的铁锈及油污以及生产管理中的一些问题（如装配后没及时施焊，引起接缝处生锈）等。在进行工艺分析时，这些都是选择工艺方法和确定相应措施的依据。

2）材料成分和性能的影响。在焊接热过程作用下，母材与焊缝金属中发生了相变与组织变化，在熔化金属中进行着冶金反应，所有这些都将影响着焊接接头的各种性能。例如，碳素钢结构的焊接接头内，随着母材含碳量的增加，钢的淬硬倾向增大，热影响区内容易产生冷裂纹，也促使焊缝中气孔和热裂纹的产生，这些都增加了产生缺陷的可能性。合金结构钢中各种合金元素对焊接性的影响更为显著，焊后在热影响区容易产生塑性差的组织和冷裂纹；在焊缝内会形成塑性差的焊缝金属或产生热裂纹。

3）结构形式的影响。由结构因素而引起的焊接缺陷是很常见的，在刚度非常大的接头处，由于应力很大或冷却速度大，都将产生裂纹。有时在接头某一个方向上散热不好，也会产生严重的咬边缺陷，降低焊接接头的动载强度。可焊到性不好的接头，在一般情况下难以得到优良的接头质量（如容易产生成型不好、未焊透等）。

总之，影响焊接接头质量的因素很多，但这些因素不是单一存在的，而是相互作用，错综复杂。在分析接头质量时，既要考虑到如何获得优质的焊缝，又要考虑到不同工作条件下对结构所提出的技术要求。

（2）保证获得准确的外形和尺寸。在焊接结构的技术条件中，另一个主要方面是要求获得准确的外形和尺寸。这不仅关系到它的使用性能，而且还因为焊接过程绝大多数是在不对称的局部加热的情况下完成的，因此，在焊接接头和焊接结构中产生应力与变形也是不可避免的，这就给焊接结构生产带来许多麻烦。所以在焊接工艺分析时应结合产品结构、生产性质和生产条件，提出控制变形的措施，确保技术条件的要求。要做到这一点，必须考虑以下两个方面的问题：

1）结构因素的影响。根据结构的刚度大小和焊缝分布，分析焊后每条焊缝可能引起焊接变形的方向及大小，找出对技术条件最不利的那些焊缝。

2）采用适当的工艺措施。考虑如何安排装配、焊接顺序，才能防止和减小焊接应力与变形。在此基础上考虑焊接方法、焊接参数、焊接方向的影响，采用反变形法或刚性固定法等措施。

（二）从采用先进工艺的可能性进行分析

在进行工艺分析的过程中，首先应分析使用先进技术的可行性。采用先进技术，可极大简化工序，缩短生产周期，提高经济效益。这里从三个方面来讨论：

（1）采用先进的工艺方法。所谓先进的工艺方法，是对某一种具体的焊接结构而言的。如果同一结构可以用几种焊接方法焊接，其中有一种焊接方法相对的生产率高而且焊接质量好，同时对其他生产环节也无不利的影响，工人劳动条件也好，就可以说这种方法是先进的焊接工艺方法。例如某厂高压锅炉的锅筒纵缝焊接，筒体材料为20 g钢，壁厚为90 mm，如图6-22所示。

这种纵焊缝可以用多种方法来焊接，现在只讨论多层埋弧焊与电渣焊的效果，见表6-7。从表6-7可以看出：

1）用电渣焊代替多层埋弧焊以后，大约50%的工序被取消或简化，在生产过程中完全取消了机械加工和预热工序，使生产过程大为简化。

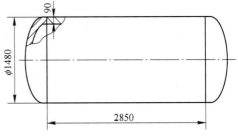

图6-22　高压锅炉的锅筒

2）从两种工艺方法的生产率来比较，多层埋弧焊的机动时间为 100%，电渣焊焊完同样长度焊缝的机动时间为 44%。

3）从焊缝质量来比较，获得优良焊缝的稳定程度，电渣焊比多层埋弧焊要大。生产经验证明，在汽包制造中电渣焊的返修率仅为 5%，而多层埋弧焊的返修率为 15%~20%。

4）从技术经济指标看，也说明了电渣焊的优越性。用电渣焊代替多层埋弧焊后，使生产率提高了 1 倍，成本降低了 25% 左右。

表 6-7　电渣焊与多层埋弧焊两种工艺方法的比较

方　法		多层埋弧焊	电渣焊
工序	1	划线，下料，拼接板坯	划线，下料，拼接板坯
	2	板坯加热（1050 ℃）	板坯加热
	3	初次滚圆（对口处留出 300~350 mm）	滚圆
	4	机械加工坡口	气割坡口
	5	再次加热	
	6	再次滚圆	
	7	装配圆筒（装上卡板、引出板）	装配（焊上引出板）
	8	预热（200~300 ℃）	
	9	手工封底焊缝	
	10	除去外面卡板和清焊根	
	11	预热（200~300 ℃）	
	12	埋弧焊（18~20 层）	电渣焊
	13	回火（焊后立即进行）	正火，随后滚圆
	14	除去内部卡板和封底焊缝	
	15	埋弧焊内部多层焊缝	
	16	焊缝表面加工	
经济技术指标	每千克熔化金属 电能消耗	1.95 kW·h	1.05 kW·h
	焊剂消耗	1.07 kg	0.05 kg
	熔化系数	1.96 g/(A·h)	36.5 g/(A·h)

（2）实现焊接生产过程的机械化与自动化。在焊接结构生产中不断提高机械化与自动化水平，对提高劳动生产率、提高产品质量、改善工人劳动条件，都有着极其深远的意义。

焊接结构的生产过程，可部分实现加工机械化与自动化，也可全盘实现，这要由具体条件来决定。在产品进行批量生产时，应优先考虑机械化与自动化。对于单件小批生产的产品，一般不必采用。但是如果产品的种类具有相似性，工装设备具有通用性时，可以先进行方案对比再做出选择。

（3）改进产品结构，创造先进的工艺过程。在进行工艺分析时，应当创造性地采用完全新的工艺过程，有些产品只要结构形式稍加改变，工艺过程就变化很大，可明显提高产品质量及生产率，机械化与自动化水平也提高了，因此，可以说这就是先进的工艺过程。实践证明，先进工艺过程的创造，往往是从改进产品结构形式或某些接头形式开始的。

例如小型受压容器，常见的结构形式如图 6-23 所示，工作压力为 1.6 MPa，壁厚为 3~5 mm，它由两个压制的椭圆封头和一个圆筒节组成，它用一条纵焊缝和两条环焊缝焊成。对于单件、小批量生产来说，这种结构形式是合理的。它的主要工艺过程是：压制椭圆封头→滚圆筒节→焊纵焊缝→装配→焊接两条环缝。这种工艺过程的优点是封头压制容易、省模具费；其缺点是工序多、焊缝多、需要滚圆设备、装配也麻烦。在产量多的时候就不宜用上述工艺过程，可将容器改成图 6-24 所示的结构形式，这样就能简化工艺过程，使生产率大幅度提高。它的主要工艺过程是：压制杯形封头→装配→焊接环焊缝。很明显，工序、焊缝都减少了，装配也很容易，所以生产率和产品质量都提高了，而工人的劳动条件也有所改善；它的缺点是模具费用多，但由于产量多，平均每个产品所负担的模具费用就不多了。这种结构还取消了圆筒节，节约了购置滚圆筒节设备的费用和车间生产面积，所以在大批量生产的情况下，采用图 6-24 所示的结构是合理的。

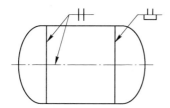

图 6-23　带圆筒节的小型受压容器

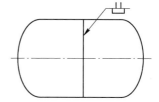

图 6-24　无圆筒节的小型受压容器

最后还要考虑安全生产和改善工人的劳动条件。生产必须要安全，要防触电、防辐射、注意通风等。在焊接带有人孔的容器环缝时，应设计成不对称的双 V 形坡口，内浅外深，这样可以减少容器内的焊接量，劳动条件与对称双 V 形坡口相比改善了很多。

综合练习

6-1　填空题

(1) 一个结构工艺性的好坏，是衡量这个结构＿＿＿＿＿＿的重要标志。

(2) 为了减少应力集中，应尽量使结构＿＿＿＿＿＿，截面改变的地方应＿＿＿＿＿＿并有合理的＿＿＿＿＿＿。

(3) 焊接结构生产工艺过程的主要工序有＿＿＿＿＿、＿＿＿＿＿、＿＿＿＿＿、＿＿＿＿＿、＿＿＿＿＿、＿＿＿＿＿、＿＿＿＿＿、＿＿＿＿＿、＿＿＿＿＿等。

(4) 工艺过程需保证四个方面的要求：＿＿＿＿＿、＿＿＿＿＿、＿＿＿＿＿、＿＿＿＿＿。

(5) 常用工艺文件种类：＿＿＿＿＿、＿＿＿＿＿、＿＿＿＿＿、＿＿＿＿＿。

(6) 按照生产纲领的大小，焊接生产可分为三种类型：＿＿＿＿＿、＿＿＿＿＿、＿＿＿＿＿。

6-2　简答题

(1) 如何从减小焊接应力与变形的角度分析结构的合理性？

（2）减少生产劳动量的方法有哪些？

（3）工艺规程的作用有哪些？

（4）编制工艺规程应遵循哪些原则？

（5）工艺规程的主要内容有哪些？

（6）编制工艺规程的步骤有哪些？

项目七　典型焊接结构的生产工艺

学习目标：焊接结构的品种繁多，应用广泛，本项目介绍起重机桥架、压力容器、船舶和桁架4种典型焊接产品的结构，重点描述其制造难点、技术关键及其生产工艺，以便进一步巩固和运用所学的理论知识，提高分析和解决实际问题的能力。

任务一　桥式起重机桥架的生产工艺

起重机作为运输机械在国民生产各个部门的应用十分广泛，其结构形式多样，如桥式起重机、门式起重机、塔式起重机、汽车起重机等。其中，以桥式起重机应用最广，其结构的制造技术具有典型性，掌握了它的制造技术，对于其他起重机结构的制造都有借鉴作用。

一、桥式起重机桥架的组成及主要部件的结构特点和技术标准

（一）桥式起重机桥架的组成

桥式起重机的桥架结构如图7-1所示，它主要由主梁（或桁梁）、栏杆（或辅助桁架）、端梁、走台（或水平桁架）、轨道及操纵室等组成。桥架的外形尺寸取决于起重量、跨度、起升高度及主梁结构形式。

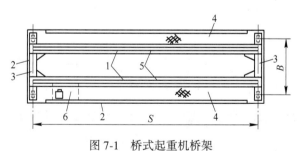

图 7-1　桥式起重机桥架

1—主梁；2—栏杆；3—端梁；4—走台；5—轨道；6—操纵室

桥式起重机桥架常见的结构形式如图7-2所示。

（1）中轨箱形梁桥架。如图7-2（a）所示，该桥架由两根箱形主梁和两根端梁组成。主梁外侧分别设有走台，轨道放在箱形主梁的中心线上，小车载荷依靠主梁上翼板和肋板来传递。该结构工艺性好，主梁、端梁等部件可采用自动焊接，生产率高；制造过程中主梁的变形量较大。

（2）偏轨箱形梁桥架。如图7-2（b）所示，它由两根偏轨箱形主梁和两根端梁组成。小车轨道安装在上翼板边缘主腹板处，载荷直接作用在主腹板上。主梁多为宽主梁形式，

依靠加宽主梁来增加桥架水平刚度，同时可省掉走台，主梁制造时变形较小。

（3）偏轨空腹箱形梁桥架。如图7-2(c)所示，该桥架与偏轨箱形梁桥架基本相似，只是副腹板上开有许多矩形孔洞，自重减轻，又能使梁内通风散热，对梁内放置运行机构和电器设备提供了有利条件，同时便于内部维修，但制造比偏轨箱形梁桥架麻烦。

（4）箱形单主梁桥架。如图7-2(d)所示，它由一根宽翼缘偏轨箱形主梁与端梁不在对称中心连接，以增大桥架的抗倾翻力矩能力。小车偏跨在主梁一侧使主梁受偏心载荷，最大轮压作用在主腹板顶面的轨道上，主梁上要设置一到两根支承小车反滚轮的轨道。该桥架制造成本低，主要用于起重量较大、跨度较大的门式起重机。

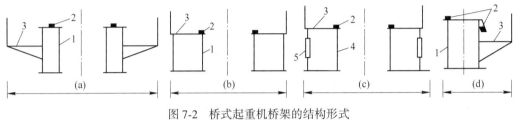

图 7-2　桥式起重机桥架的结构形式
1—箱形主梁；2—轨道；3—走台；4—工字形主梁；5—空腹梁

上述几种桥架形式中，以中轨箱形梁桥架最为典型，应用最为广泛，本节所涉及的内容均为该结构。

（二）桥式起重机桥架主要部件的结构特点及技术标准

（1）主梁。主梁是桥式起重机桥架中的主要受力部件，箱形主梁的一般结构如图7-3所示，由左右两块腹板，上下两块翼板以及若干长、短肋板组成。当腹板较高时，尚需加水平肋板，以提高腹板的稳定性，减小腹板的波浪变形；长、短肋板主要用于提高主梁的稳定性及上翼板承受载荷的能力。

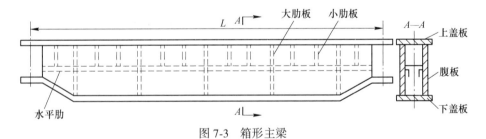

图 7-3　箱形主梁

为保证起重机的使用性能，主梁在制造中应遵循一些主要技术要求，如图7-4所示。由于主梁在工作中不允许有下挠，所以主梁应满足一定的上拱要求，其上拱度 $f_k = L/1000 \sim L/700$（L 为主梁的跨度）；为了补偿焊接走台时的变形，主梁向走台一侧应有一定的旁弯 $f_b = L/2000 \sim L/1500$；主梁腹板的波浪变形除对刚度、强度和稳定性有影响外，也影响表面质量，所以对波浪变形要加以限制，以测量长度1 m计，腹板波浪变形 e，在受压区 $e < 1.2\delta_f$；主梁翼板和腹板的倾斜会使梁产生扭曲变形，影响小车的运行和梁的承载能力，因此一般要求上翼板水平度 $c \leqslant B/250$，腹板垂直度 $a \leqslant H/200$；另外，各肋板之间距离的公差应在 ±5 mm 范围之内。

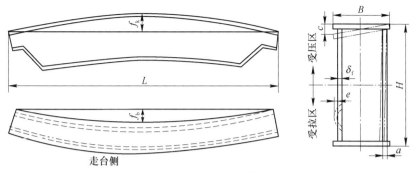

图 7-4　箱形主梁的主要技术要求

（2）端梁。端梁是桥式起重机桥架的组成部分之一，一般采用箱形结构，并在水平面内与主梁刚性连接，端梁按受载情况可分为下述两类：

1）端梁受有主梁的最大支承压力，即端梁上作用有垂直载荷。结构特点是大车车轮安装在端梁的两端部，如图 7-5(a) 所示。此类端梁应计算弯矩，弯矩的最大截面是在与主梁的连接处 A—A、支承截面 B—B 和安装接头螺孔削弱的截面。

2）端梁没有垂直载荷，结构特点是车轮或车轮的平衡体直接安装在主梁端部，如图 7-5(b) 所示。此类端梁只起联系主梁的作用，它在垂直平面几乎不受力，在水平面内仍属刚性连接并受弯矩的作用。

依据桥架宽度和运输条件，在端梁上设置一个或两个安装接头（图 7-5(b) 中为两个接头），即将端梁分成两段或三段，安装接头目前都采用高强螺栓连接板。

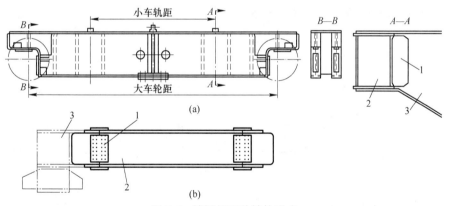

图 7-5　端梁的两种结构形式
1—连接板；2—端梁；3—主梁

对端梁的主要技术要求是：盖板水平倾斜 $b \leqslant B/250$（B 为盖板宽度）、腹板垂直偏斜 $h \leqslant H/250$（H 为腹板高度），同时对两端的弯板有特殊要求。端梁两端弯板（见图 7-6(a)）用于安装角型轴承箱及走轮，大车轮、轴和轴承等零部件装在角型轴承箱内，然后用螺栓紧固在端梁的弯板上，弯板压制成 90° 后焊接在腹板上。角型轴承箱两直角面及止口板均经过机械加工，而弯板是非加工面。如弯板直角偏大，则安装角型轴承箱止口板与弯板的间隙大，需加垫片调整，这样，既费事，又难以保证质量，因而通常要求弯板直角偏差，折合最外端间隙不大于 1.5 mm，同时为保证桥架受力均匀和行走平稳，应控制同一端梁两端弯板高低差 ≤5 mm，并且要求同一车轮两弯板高低差 $g \leqslant 2$ mm，如图 7-6(b) 所示。

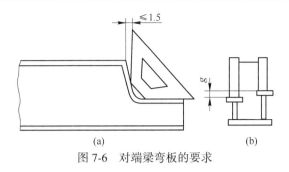

图 7-6　对端梁弯板的要求

（3）小车轨道。起重机轨道有 4 种：方钢、铁路钢轨、重型钢轨和特殊钢轨。中小型起重机采用方钢和轻型铁路钢轨；重型起重机采用重型钢轨和特殊钢轨。中轨箱形梁桥架的小车轨道安放在主梁上翼板的中部。轨道多采用压板固定在桥架上，如图 7-7 所示。

为保证小车正常运行和桥架承载的需要，小车轨道安装时应满足以下要求：对同截面小车两轨道的高低差 c 有一定限制，一般当轨距 $T \leqslant 2.5$ m 时，$c = 3$ mm；轨距 $T > 2.5$ m 时，$c \leqslant 5$ mm，如图 7-8 所示。同时，两轨道应相互平行，轨距偏差为 ±5 mm。小车轨道的局部弯曲也有限制，一般在任意 2 m 范围内不大于 1 mm。

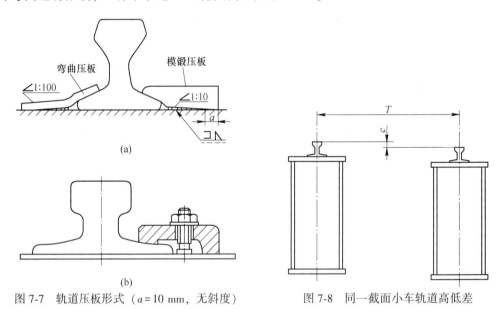

图 7-7　轨道压板形式（$a = 10$ mm，无斜度）　　　　图 7-8　同一截面小车轨道高低差

二、主梁及端梁的制造工艺

（一）主梁的制造工艺要点

（1）拼板对接焊工艺。主梁长度一般为 10~40 m，腹板与上下翼板要用多块钢板拼接而成，所有拼缝均要求焊透，并要求通过超声波或射线检验，其质量应满足起重机技术条件中的规定。根据板厚的不同，对接焊工艺有：开坡口双面手工电弧焊；一面焊条电弧焊，另一面埋弧焊；双面埋弧焊；气体保护焊；单面焊双面成形埋弧焊。采用前 4 种工艺拼接时，当一面拼焊好后，必须翻转焊件进行清根等工序。如拼板较长，翻转操作不当，

会引起翘曲变形。若采用单面焊双面成形埋弧焊，具有焊缝一次成形、不需翻转清根、对装配间隙和焊接参数要求不十分严格等优点，钢板厚度在 5~12 mm 时，此方法应用十分广泛。考虑焊接时有收缩，拼板时应留有余量。

为避免应力集中，保证梁的承载能力，翼板与腹板的拼接接头不应布置在同一截面上，错开距离不得小于 200 mm；同时，翼板及腹板的拼板接头不应安排在梁的中心附近，一般应离中心 2 m 以上。

为防止拼接板时角变形过大，可采用反变形法。双面焊时，第二面的焊接方向要与第一面的焊接方向相反，以控制变形。

（2）肋板的制造。肋板是一个长方形，长肋板中间一般开有减轻孔。短肋板用整料制成，长肋板也可用整料制成，但消耗材料多，为节省材料可用零料拼接。由于肋板尺寸影响到装配质量，要求其宽度差不能太大，只能为 1 mm 左右；长度尺寸允许有稍大一些的误差。肋板的 4 个角应保证 90°，尤其是肋板与上盖板接触处的两个角更应严格保证直角，这样才能保证箱形梁在装配后腹板与上盖板垂直，并且使箱形梁在长度方向不会产生扭曲变形。

（3）腹板上挠度的制备。考虑主梁的自重和焊接变形的影响，为满足技术规定的主梁上挠要求，腹板应预制出数值大于技术要求的上挠度，具体可根据生产条件和所用的工艺程序等因素来确定，一般跨中上挠度的预制值 f_m 可取（1/450~1/350）L。目前，上挠曲线主要有二次抛物线、正弦曲线以及四次函数曲线等，如图 7-9 所示。

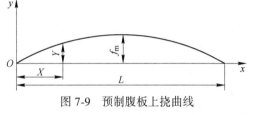

图 7-9　预制腹板上挠曲线

距主梁端部距离为 X 任意一点的上挠度值：

1）二次抛物线上挠计算：

$$Y = 4f_m X(L - X)/L^2 \tag{7-1}$$

2）正弦曲线上挠计算：

$$Y = f_m \sin(180°X/L) \tag{7-2}$$

3）四次函数曲线上挠计算：

$$Y = 16f_m \left[X(L - X)/L^2 \right]^2 \tag{7-3}$$

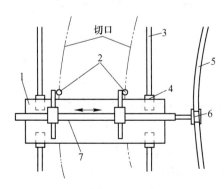

图 7-10　腹板靠模气割示意图
1—气割小车；2—割嘴；3—小车轨道；4—滚轮；
5—靠模；6—靠模滚轮；7—横向导杆

国内的起重机制造一般采用二次抛物线上挠计算法，此方法与正弦曲线上挠计算法的共同问题是端头起挠太快。生产中，开始几点的上挠计算值必须加以修整，以减缓挠度。采用四次函数作上挠曲线，是取在移动载荷与自重载荷作用下主梁下挠曲线的相反值。端头起挠较为平缓，故称为理想挠度曲线。

腹板上挠度的制备方法多采用先划线后气割，切出相应的曲线形状，在专业生产时，也可采用靠模气割。图 7-10 为靠模气割示意图，气割小车 1 由电动机驱动，四个滚轮 4 沿小车轨道 3 做直线运动，运动速度为切割速度且可调节。小车上装有可作横向自由移动的横向导杆7，导杆的一端装有靠模滚轮6沿着靠模5移动。靠模制成与腹板上挠曲线相同形状的导轨。导杆上装有两个可调节的割嘴2，割嘴间的距离应等于腹板的高度加切口宽度。当小车沿导轨运动时，就能切割出与靠模上挠曲线一致的腹板。

（4）装焊Ⅱ形梁。Ⅱ形梁由上翼板、腹板和肋板组成。该梁的组装定位焊分为机械夹具组装和平台组装两种，目前多数采用平台组装的工艺。装配时，先将上翼板放在平台

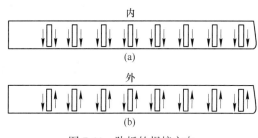

图 7-11　肋板的焊接方向

上作为基准，在上翼板上以划线定位的方式装配肋板，如图 7-11 所示，用90°角尺检验垂直度后进行定位焊；为减小梁的下挠变形，装好肋板后，即焊接肋板与上翼板之间的焊缝。如翼板未预制旁弯，焊接方向应由内侧向外侧（见图 7-11(a)），以形成一定的旁弯；如翼板已预制有旁弯，焊接方向应如图 7-11(b) 所示，以控制变形。

组装腹板时，首先要求在上翼板和腹板上分别划出跨度中心线，然后用吊车将腹板吊起与翼板、肋板组装，使腹板的跨度中心线对准上翼板的跨度中心线，然后在跨中点进行定位焊。腹板上边用安全卡 1（见图 7-12）将腹板临时紧固到长肋板上，可在翼板底下打楔子使上翼板与腹板靠紧，通过平台孔安放沟槽限位板 3，斜放压杆 2，并注意压杆要放在肋板处。当压下压杆时，压杆产生的水平力使下部腹板靠紧肋板。为了使上部腹板与肋板靠紧，可用专用夹具式腹板装配胎夹紧。由跨中组装后，定位焊至腹板一端，然后用垫块垫好（见图 7-13），再装配定位焊另一端腹板。

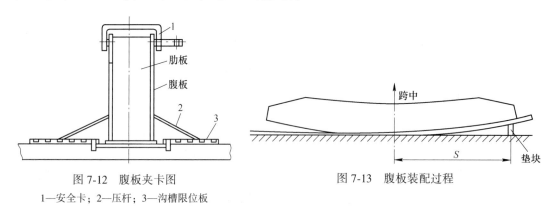

图 7-12　腹板夹卡图　　　　　　　　　　图 7-13　腹板装配过程
1—安全卡；2—压杆；3—沟槽限位板

腹板装好后，即焊接肋板与腹板之间的焊缝。焊前应检查变形情况以确定焊接顺序。如旁弯过大，应先焊外腹板焊缝；如旁弯不足，应先焊内腹板焊缝。对Ⅱ形梁内壁的所有焊缝，大多采用焊条电弧焊。采用 CO_2 气体保护焊，可以减小变形，提高生产效率。为使Ⅱ形梁的弯曲变形均匀，应沿梁的长度方向由偶数焊工对称施焊。

（5）下翼板的装配。下翼板的装配，关系到主梁最后的成形质量。装配时先在下翼板上划出腹板的位置线，将Ⅱ形梁吊装在下翼板上，两端用双头螺杆将其压紧固定（见图 7-14），与两端支点形成四点弯曲；然后用水平仪和线锤检验梁中部和两端的水平和垂直

度及拱度，如有倾斜或扭曲时，用双头螺杆单边拉紧。下翼板与腹板的间隙应不大于
1 mm，定位焊时应从中间向两端同时进行。主梁两端弯头处的下翼板可借助起重机的拉
力进行装配定位焊。

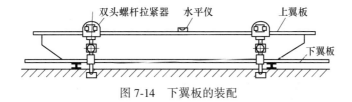

图 7-14　下翼板的装配

（6）主梁纵缝的焊接。主梁有四条纵缝，尽量采用埋弧焊焊接。焊接顺序视梁的拱度
和旁弯的情况而定。当拱度不够时，应先焊下翼板左右两条纵缝；挠度过大时，应先焊上
翼板左右两条纵缝。

采用埋弧焊焊接四条纵缝时，可采用图 7-15 所示的焊接方式，焊接时从梁的一端直
通焊到另一端。图 7-15(a) 为"船形"位置单机头焊，主梁不动，靠焊接小车移动完成
焊接工作。平焊位置可采用双机头焊（见图 7-15(b)、(c)），其中图 7-15(b) 靠移动工
件完成焊接，图 7-15(c) 通过机头移动来完成焊接。

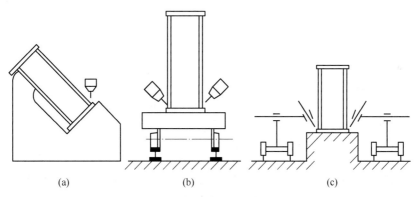

(a)　　　　　　　　　(b)　　　　　　　　　(c)

图 7-15　主梁纵缝自动焊

当采用焊条电弧焊时，应采用对称的焊接方法，即把箱形梁平放在支架上，由 4 名焊
工同时从两侧纵缝的中间分别向梁的两端对称焊接，焊完后翻转，以同样的方式焊接另外
一边的两条纵缝。

（7）主梁的矫正。箱形主梁装焊完毕后应进行检查，每根箱形梁在制造时均应达到技
术条件的要求，如果变形超过了规定值，应进行矫正。矫正时，应根据变形情况采用火焰
矫正法，选择好加热的部位与加热方式进行矫正。

（8）流水线生产主梁的实例。这里简单介绍生产桥式起重机主梁流水作业线上的几个
主要生产环节及其所用的装备。如图 7-16 所示，图 7-16(a) 是用埋弧焊机头 4 焊接上翼
板 5 的拼接焊缝（内侧），依靠龙门架 2 通过真空吸盘 3 把上翼板送至拼焊地点；图 7-16
(b) 是安装长短肋板 6；图 7-16(c) 由龙门架 8 运送和安装腹板，再由龙门架 9 上的气动
夹紧装置使腹板靠向肋板，并让上翼板贴紧腹板，然后定位焊；图 7-16(d) 有两个工作台
同时工作，主梁翻转 90°处于倒置状态后，焊接腹板里侧的拼接焊缝和肋板焊缝，焊完一

侧后，翻转 180°再焊另一侧；图 7-16(e) 是装配下翼板，用液压千斤顶 10 压住主梁两端，再由翻转机 11 送进下翼板，在龙门架 12 的气动夹紧装置压紧下进行定位焊，全部定位焊后松开主梁，然后焊接上翼板外面的拼接焊缝；图 7-16(f) 是焊接箱形主梁外侧的纵向角焊缝和腹板的拼接焊缝；图 7-16(g) 是进行质量检验，整个箱形主梁即告完成。

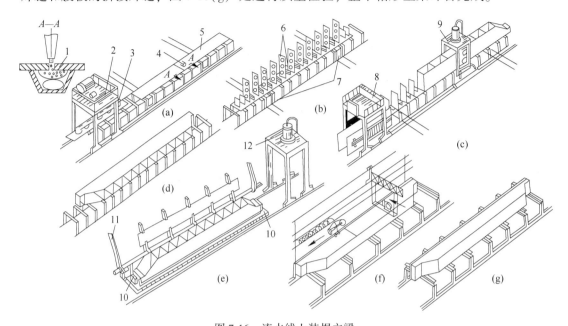

图 7-16　流水线上装焊主梁

1—焊剂垫；2，8，9，12—行走龙门架；3—真空吸盘；4—埋弧焊机头；5—上翼板；
6—肋板；7—焊接小车；10—液压千斤顶；11—翻转机

(二) 端梁的制造工艺要点

箱形主梁桥架的端梁都采用钢板焊成的箱形结构，并在水平面内侧与主梁刚性连接。将主梁和端梁焊接成整体，这对运输造成一定的困难，因此尚需在端梁中设置 1~2 个运输安装接头，即把端梁分成 2~3 段，通过螺栓连接。安装接头有两种形式：一种是连接板连接，另一种是角钢连接，如图 7-17 所示。

考虑到端梁与主梁的连接焊缝均在端梁内侧，因此在组装焊接端梁时应注意各焊缝的方向与顺序，使端梁与主梁装焊前有一定的外弯量。端梁制造的大致工艺过程如下：

（1）备料。包括上下翼板、腹板、肋板及两端的弯板。弯板采用压制成形，各零件应满足技术规定。

（2）装焊。首先将肋板与上翼板装配并焊接，再装配两腹板并定位，然后装弯板（弯板是整个端梁的关键，装焊中必须严格保证弯板的角度）。为保证一端的一组弯板能在同一平面内，可预先在平台上用定位胎具将其连成一体。组装弯板后，要用水平尺检查弯板的水平度，并调节两端弯板的高度公差在规定范围内。接着进行端梁内壁焊缝的焊接，先焊外腹板与肋板、弯板的焊缝，然后焊内腹板与肋板、弯板的焊缝，再装配下翼板并定位。最后焊接端梁的四条纵焊缝，并且应先焊下翼板与腹板的纵缝。端梁制好后，同样在应对其主要技术要求进行检查，不符合规定的应进行矫正。

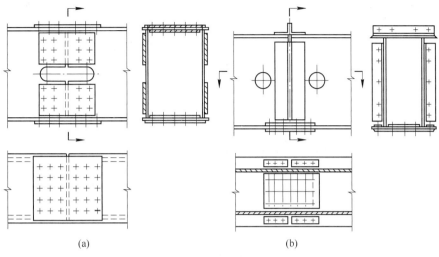

图 7-17　端梁安装的接头形式

（a）连接板连接；（b）角钢连接

三、桥架的装配与焊接工艺

桥架组装焊接工艺，包括已制作好的主梁与端梁的组装焊接、组装焊接走台、组装焊接小车轨道与焊接轨道压板等工序。主梁的外侧焊有走台，主梁腹板上焊有纵向角钢与走台相连。

（一）桥架装焊工艺的选择

（1）作业场地的选择。由于户外环境易造成桥架外形尺寸的变化，所以组装应尽量选择在厂房内进行。必须在露天条件下作业时应随时进行测量，以便对尺寸进行修正。

（2）垫架位置的选择。由于自重对主梁挠度有影响，主梁垫架位置应选择在主梁的跨端或接近跨端的位置。起重量较小的桥架在最后测量调整时应尽量垫到端梁处。

（3）桥架的组装基准。为使桥架安装车轮后能正常运行，两个端梁上的四组弯板组装时应在同一水平面内，以该水平面为组装调整桥架各部位的基准。为此，可穿过端梁上翼板的吊装孔立 T 形标尺（图 7-18 所示为一个端梁上的两组弯板），四个 T 形标尺的下部分别固定到四组弯板上，用水准仪依次测量四个 T 形标尺上的测量点并作调整，如果四个 T 形标尺的测量点在同一水平面上，则四组弯板即在同一水平面内。

（4）桥架的装焊顺序。为减小桥架的整体焊接变形，在桥架组装前应焊完所有部件本身的焊缝，不要等到整体组装后再补焊。因为这样部件的焊接变形容易控制，又便于翻转，容易施焊，可提高焊缝质量。

（二）桥架组装焊接的工艺要点

（1）组装主、端梁。将分别经过阶段验收的两根主梁摆放到垫架上，通过调整，应使两主梁的中心线距离、对角线差及水平高低差等均在相应的规定之内。然后，在端梁的上翼板划出纵向中心线，用直尺将弯板垂直面的位置引到上翼板，与端梁纵向中心线相交得基准点，以基准点为依据划出主梁装配时的纵向中心线，而后将端梁吊起按划线部位与主梁装配，用夹具将端梁固定于主梁的上翼板上，调整端梁，应使端梁上翼板两端的 A'、C'、B'、D' 四点水平度差及对角线 $A'D'$ 与 $B'C'$ 之差在规定的数值内，如图 7-19 所示。同时穿过吊装孔，立 T 形标尺，用水准仪测量调整，保证同一端梁弯板水平面的标高差及跨度方向标高差不超过规定数值，所有这些检查合格后，再进行定位焊。

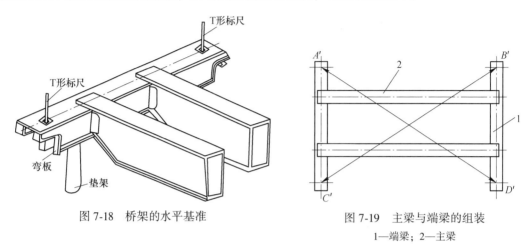

图 7-18　桥架的水平基准

图 7-19　主梁与端梁的组装
1—端梁；2—主梁

主梁与端梁采用的焊接连接方式有直板和三角板连接两种，如图 7-20 所示。主要焊缝有主梁与端梁上下翼板焊缝、直板焊缝或三角板焊缝。为减小变形与应力，应先焊上翼板焊缝，然后焊下翼板焊缝，再焊直板或三角板焊缝；先焊外侧焊缝，后焊内侧焊缝。

（2）组装焊接走台。为减小桥架的整体变形，走台的斜撑与连接板（见图 7-21）要按图样尺寸预先装配焊接成组件，再进行桥架组装焊接。组装时，按图样尺寸划走台的定位线，走台应与主梁上翼板平行，即具有与主梁一致的上挠曲线。装配横向水平角钢时，用水平尺找正，使外端略高于水平线并定位焊于主梁腹板上，然后组装定位焊斜撑组件，再组装定位焊走台边角钢。走台边角钢应具有与走台相同的上挠度。整个走台的焊缝焊接时，为减小应力变形，应选择好焊接顺序。水平外弯大的一侧走台应先焊，走台下部的焊缝应先焊。

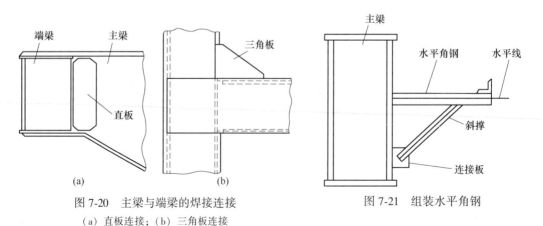

图 7-20　主梁与端梁的焊接连接
（a）直板连接；（b）三角板连接

图 7-21　组装水平角钢

（3）组装焊接小车轨道。小车轨道用电弧焊方法焊接成整体，焊后磨平焊缝。小车轨道应平直，不得扭曲和有显著的局部弯曲。组装轨道与桥架时，应预先在主梁的上翼板划出轨道位置线，然后装配，再定位焊轨道压板。为使主梁受热均匀，从而使下挠曲线对称，可由多名焊工沿跨度均匀分布，同时焊接。

桥式起重机桥架组装焊接后应全面检测，符合技术要求。

任务二　压力容器的生产工艺

一、压力容器的基本知识

压力容器是能承受一定压力作用的密闭容器，它主要用于石油化工、能源工业、科研和军事工业等方面；同时在民用工业领域也得到了广泛应用，如煤气或液化石油气罐、各种蓄能器、换热器、分离器以及大型管道工程等。

（一）压力容器的分类

容器按其承受压力的高低分为常压容器和压力容器。两种容器无论在设计、制造方面，还是结构、重要性等方面均有较大的差别。按国家劳动部 2000 年颁发的《压力容器安全技术监察规程》的规定，其所监督管理的压力容器定义是指最高工作压力 ≥ 0.1 MPa，容积大于或等于 25 L，工作介质为气体、液化气体或最高工作温度高于等于标准沸点的液体的容器。

压力容器的分类方法很多，主要的分类方法有以下两种：

（1）按设计压力划分可分为四个承受等级：

    低压容器（代号 L）   0.1 MPa $\leq p <$ 1.6 MPa

    中压容器（代号 M）   1.6 MPa $\leq p <$ 10 MPa

    高压容器（代号 H）   10 MPa $\leq p <$ 100 MPa

    超高压容器（代号 U） $p \geq$ 100 MPa

（2）按综合因素划分。在承受等级划分的基础上，再综合压力容器工作介质的危害性（易燃、致毒等程度），可将压力容器分为 Ⅰ、Ⅱ 和 Ⅲ 类。

1）Ⅰ类容器。一般指低压容器（Ⅱ、Ⅲ类规定的除外）。

2）Ⅱ类容器。属于下列情况之一者：①中压容器（Ⅲ类规定的除外）；②易燃介质或毒性程度为中度危害介质的低压反应容器和储存容器；③毒性程度为极度和高度危害介质的低压容器；④低压管壳式余热锅炉；⑤搪玻璃压力容器。

3）Ⅲ类容器。属于下列情况之一者：①毒性程度为极度和高度危害介质的中压容器和 $pV \geq 0.2$ MPa·m³ 的低压容器；②易燃或毒性程度为中度危害介质，且 $pV \geq 0.5$ MPa·m³ 的中压反应容器，或 $pV \geq 10$ MPa·m³ 的中压储存容器；③高压、中压管壳式余热锅炉；④高压容器。

（二）压力容器的结构特点

压力容器有多种结构形式，最常见的结构为圆柱形、球形和锥形三种（见图7-22）。

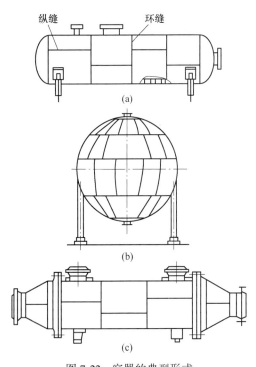

图 7-22　容器的典型形式

（a）圆柱形；（b）球形；（c）锥形

球形容器的结构特点将在后面介绍，由于圆柱形和锥形容器在结构上大同小异，所以这里只简单介绍圆柱形容器的结构特点。

（1）筒体。筒体是压力容器最主要的组成部分，由它构成储存物料或完成化学反应所需要存在大部分压力的空间。当筒体直径较小（小于 500 mm）时，可用无缝钢管制作。当直径较大时，筒体一般用钢板卷制或压制（压成两个半圆）后焊接而成。筒体较短时可做成完整的一节，当筒体的纵向尺寸大于钢板的宽度时可由几个筒节拼接而成。由于筒节与筒节或筒节与封头之间的连接焊缝呈环形，故称为环焊缝。所有的纵、环焊缝焊接接头，原则上均采用对接接头。

（2）封头。根据几何形状的不同，压力容器的封头可分为凸形封头、锥形封头和平盖封头三种，其中凸形封头应用最多。

1）凸形封头有椭圆形封头、碟形封头、无折边球面封头和半球形封头等形式（见图 7-23）。

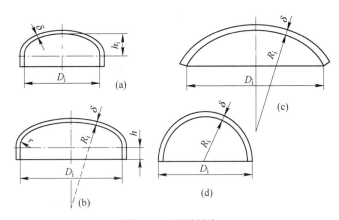

图 7-23　凸形封头

（a）椭圆形封头；（b）碟形封头；（c）无折边球面封头；（d）半球形封头

①椭圆形封头的纵断面呈半椭圆形，一般采用长短轴比值为 2 的标准封头。

②碟形封头又称为带折边的球形封头。它由三部分组成：第一部分为内半径为 R_i 的球面；第二部分为高度为 h 的圆形直边；第三部分为连接第一、二部分的过渡区（内半径为 r）。该封头特点为深度较浅，易于压力加工。

③无折边球形封头又称球缺封头。虽然它深度浅，容易制造，但球面与圆筒体的连接处存在明显的外形突变，使其受力状况不良。这种封头在直径不大、压力较低、介质腐蚀

性很小的场合可考虑采用。

2）锥形封头分为无折边锥形封头、大端折边锥形封头和折边锥形封头三种，如图7-24所示。从应力分析可知，锥形封头大端的应力最大，小端的应力最小。因此，其壁厚是按大端设计的。

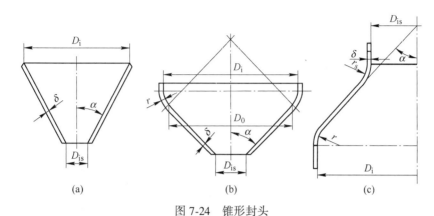

图 7-24　锥形封头

（a）无折边锥形封头；（b）大折边锥形封头；（c）折边锥形封头

锥形封头由于其形状上的特点，有利于流体流速的改变和均匀分布，有利于物料的排出，而且对厚度较薄的锥形封头来说，制造比较容易，顶角不大时其强度也较好，它较适用于某些受压不高的石油化工容器。

3）平盖封头的结构最为简单，制造也很方便，但在受压情况下平盖中产生的应力很大，因此，要求它不仅有足够的强度，还要有足够的刚度。平盖封头一般采用锻件，与筒体焊接或螺栓连接，多用于塔器底盖和小直径的高压及超高压容器。

（3）法兰。法兰按其所连接的部分，分为管法兰和容器法兰。用于管道连接和密封的法兰叫作管法兰；用于容器顶盖与筒体连接的法兰叫作容器法兰。法兰与法兰之间一般加密封元件，并用螺栓连接起来。

（4）开孔与接管。由于工艺要求和检修时的需要，常在石油化工容器的封头上开设各种孔或安装接管，如人孔、手孔、视物孔、物料进出接管，以及安装压力表、液位计、流量计、安全阀等接管的开孔。

手孔和人孔是用来检查容器的内部并用来装拆和洗涤容器内部的装置。手孔的直径一般不小于 150 mm。直径大于 1200 mm 的容器应开设人孔。位于筒体上的人孔一般开成椭圆形，净尺寸为：300 mm×400 mm；封头部位的人孔一般为圆形，直径为 400 mm。对于可拆封头（顶盖）的容器及无需内部检查或洗涤的容器，一般可不设人孔。筒体与封头上开孔后，开孔部位的强度被削弱，一般应进行补强。

（5）支座。压力容器靠支座支承并固定在基础上。随着圆筒形容器的安装位置不同，有立式容器支座和卧式容器支座两类。对卧式容器主要采用鞍形支座，对于薄壁长容器也可采用圈形支座，如图 7-25 所示。

（三）压力容器制造的技术要求和技术条件

压力容器不仅是工业生产中常用的设备，同时也是一种比较容易发生事故的特殊设

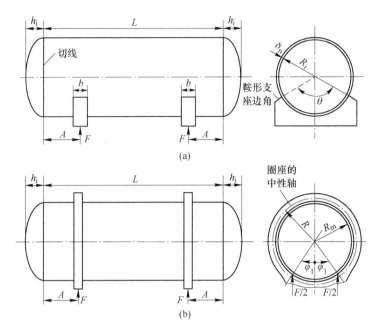

图 7-25　卧式容器典型支座

（a）鞍形支座；（b）圈形支座

备。它与其他生产装置不同，压力容器一旦发生事故，不仅使容器本身遭到破坏，而且往往还诱发一连串的恶性事故，如破坏其他设备和建筑设施，危及人员的生命和健康，污染环境，给国民经济造成重大损失，其结果可能是灾难性的。所以，必须严格控制压力容器的设计、制造、安装、选材、检验和使用监督。目前，我国压力容器的生产厂家多半执行综合性的国家标准《钢制压力容器》（GB 150—1998），内容包括压力容器用钢标准及在不同温度下的许用应力，板、壳元件的设计计算，容器制造技术要求、检验方法与检验标准。为贯彻执行上述基础标准，各部门还制定了各种相关的专业标准和技术条件。

　　GB 150—1998 中规定，压力容器受压元件用钢应具有钢材质检证书，制造单位应按该质检证书对钢材进行验收，必要时应进行复检。把压力容器受压部分的焊缝按其所在的位置分为 A、B、C、D 四类，如图 7-26 所示，具体如下：

　　（1）A 类焊缝：受压部分的纵向焊缝（多层包扎压力容器层板的层间纵向焊缝除外），各种凸形封头的所有拼接焊缝，球形封头与圆筒连接的环向焊缝以及嵌入式接管与圆筒或封头对接连接的焊缝，均属于此类焊缝。

　　（2）B 类焊缝：受压部分的环形焊缝、锥形封头小端与接管连接的焊缝均属于此类焊缝（已规定为 A、C、D 类的焊缝除外）。

　　（3）C 类焊缝：法兰、平封头、管板等与壳体、接管连接的焊缝，内封头与圆筒的搭接填角焊缝以及多层包扎压力容器层板层纵向焊缝，均属于此类焊缝。

　　（4）D 类焊缝：插管、人孔、凸缘等与壳体连接的焊缝，均属于此类焊缝（已规定为 A、B 类的焊缝除外）。

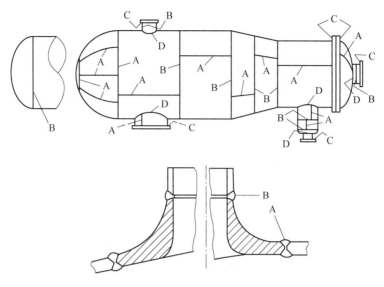

图 7-26　压力容器四类焊缝的位置

　　在标准中，对焊前的冷热加工成形规定了坡口加工的表面要求，规定了封头的拼接要求及形状和尺寸偏差，A、B 类焊缝的对口错边量，焊接在环向、轴向形成的棱角的大小，不等厚板对接时单面或双面削薄厚板边缘的要求，容器壳体圆度的要求，法兰和平盖按相应的标准要求。焊接技术条件中规定了焊前准备、施焊环境、焊接工艺评定的要求及参照标准、焊缝表面的形状尺寸及外观要求，焊缝返修应符合规定。热处理技术条件中规定了容器及其受压元件需进行热处理的条件、热处理的方式及其使用规则。在试板与试样条例中规定了容器制备焊接试板的条件、热处理试板的条件、制备产品焊接试板、焊接工艺纪律检查试板的要求及试板检验与评定的标准。在无损探伤技术中规定，主要受压部件的焊接接头应进行外形尺寸及外观检查，合格后再进行无损探伤检查；同时还规定了射线探伤或超声波探伤的检查范围，焊缝表面进行磁粉或渗透探伤检查的条件，探伤质量检验的标准。在压力试验和致密性试验中，规定了液压和气压试验的介质、试验压力、试验温度及试验的具体方法，规定了气密性试验和煤油渗漏试验的具体过程及要求。

二、中、低压压力容器的制造工艺

　　中低压压力容器的结构及制造较为典型，应用也最为广泛。这类容器一般为单层筒形结构，其主要受力元件是封头和筒体，下面以图 7-27 所示的压力容器为例介绍其具体的生产工艺过程。

（一）封头的制造

　　目前广泛采用冲压成形工艺加工封头。现以椭圆形封头为例来说明其制造工艺。

　　封头的制造工艺大致如下：原材料检验→划线→下料→拼缝坡口加工→拼板的装焊→加热→压制成形→二次划线→封头余量切割→热处理→检验→装配。椭圆形封头压制前的

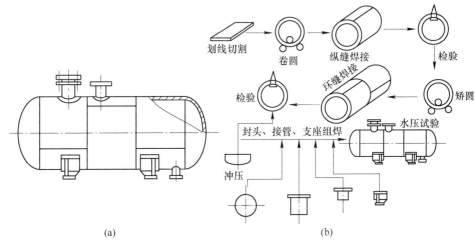

图 7-27　圆筒形压力容器的制造工艺流程

(a) 结构示意图；(b) 制造工艺流程

坯料是一个圆形，封头的坯料尽可能采用整块钢板，如直径过大，一般采用拼接。这里有两种方法：一种是用两块或由左右对称的三块钢板拼焊，其焊缝必须布置在直径或弦的方向上；另一种是由瓣片和顶圆板拼接制成，焊缝方向只允许是径向和环向的。径向焊缝之间最小距离应不小于名义厚度 δ_n 的 3 倍，且不小于 100 mm，如图 7-28 所示。封头拼接焊缝一般采用双面埋弧焊焊接。

封头成形有热压和冷压之分。采用热压时，为保证热压质量，必须控制始压和终压温度。低碳钢始压温度一般为 1000～1100 ℃，终压温度为 850～750 ℃。加热的坯料在压制前应清除表面的杂质和氧化皮。封头的压制是在水压机（或油压机）上，用凸凹模一次压制成形的，不需要采取特殊措施。

已成形的封头还要对其边缘进行加工，以便于筒体装配。一般应先在平台上划出保证直边高度的加工位置线，用氧气切割割去加工余量，可采用图 7-29 所示的封头余量切割机。此机械装备在切割余量的同时，可通过调整割矩角度直接割出封头边缘的坡口（V形），经修磨后直接使用；如对坡口精度要求高或其他形式的坡口，一般是将切割后的封头放在立式车床上进行加工，以达到设计图样的要求。封头加工完后，应对主要尺寸进行检查，合格后才可与筒体装配焊接。

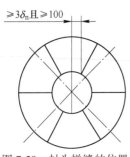

图 7-28　封头拼缝的位置

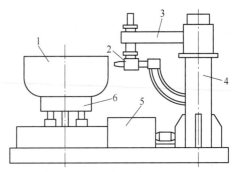

图 7-29　封头余量切割机示意图

1—封头；2—割矩；3—悬臂；4—立柱；5—传动系统；6—支座

（二）筒节的制造

筒节制造的一般过程为：原材料检验→划线→下料→边缘加工→卷制→纵缝装配→纵缝焊接→焊缝检验→矫圆→复检尺寸→装配。

筒节一般在卷板机上卷制而成，由于一般筒节的内径比壁厚要大许多倍，所以，筒节下料的展开长度 L 可用筒节的平均直径 D_p 来计算，即

$$L = 2\pi D_p$$
$$D_p = D_g + \delta \tag{7-4}$$

式中　D_p——筒节的内径；

　　　δ——筒节的壁厚。

筒节可采用剪切或半自动切割下料，下料前先划线，包括切割位置线、边缘加工线、孔洞中心线及位置线等，其中管孔中心线距纵缝及环缝边缘的距离不小于管孔直径的 0.8 倍，并打上样冲标记，图 7-30 为筒节划线示意图。这里需注意，筒节的展开方向应与钢板轧制的纤维方向一致，最大夹角也应小于 45°。

中低压压力容器的筒节可在三辊或四辊卷板机上冷卷而成，卷制过程中要经常用样板检查曲率，卷圆后其纵缝处的棱角、径纵向错边量应符合技术要求。

筒节卷制好后，在进行纵缝焊接前应先进行纵缝的装配，主要是采用杠杆-螺旋拉紧器、柱形拉紧器等各种工装夹具来消除卷制后出现的质量问题，满足纵缝对接时的装配技术要求，保证焊接质量。装配好后即进行定位焊。筒节的纵环缝坡口是在卷制前就加工好的，焊前应注意坡口两侧的清理。

筒节纵缝焊接的质量要求较高，一般采用双面焊，顺序是先里后外。纵缝焊接时，一般都应做产品的焊接试板；同时，由于焊缝引弧处和灭弧处的质量不好，故焊前应在纵向焊缝的两端装上引弧板和引出板，图 7-31 所示为筒节两端装上引弧板、焊接试板和引出板的情况。筒节纵缝焊完后还须按要求进行无损探伤，再经矫圆，满足圆度的要求后才送入装配。

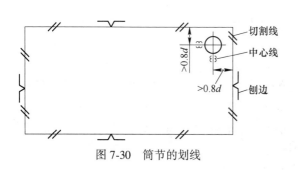

图 7-30　筒节的划线

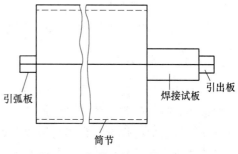

图 7-31　焊接试板、引弧板和引出板与筒节的组装情况

（三）容器的装配工艺

容器的装配是指各零部件间的装配，其接管、人孔、法兰、支座等的装配较为简单，下面主要分析筒节与筒节以及封头与筒体之间的环缝装配工艺。

（1）筒节与筒节之间的环缝装配要比纵缝装配困难得多，其装配方法有立装和卧装两种。

1）立装适合于直径较大而长度不太大的容器，一般在装配平台或车间地面上进行。装配时，先将一筒节吊放在平台上，然后再将另一筒节吊装其上，调整间隙后，即沿四周定位焊，依相同的方法再吊装上其他的筒节。

2）卧装一般适合于直径较小而长度较大的容器。卧装多在滚轮架或 V 形铁上进行。先把将要组装的筒节置于滚轮架上，将另一筒节放置于小车式滚轮架上，移动辅助夹具使筒节靠近，端面对齐。当两筒节连接可靠后，可将小车式滚轮架上的筒节推向滚轮架，再装配下一筒节。

筒节与筒节装配前，可先测量周长，再根据测量尺寸采用选配法进行装配，以减少错边量；或在筒节两端内使用径向推撑器，把筒节两端整圆后再进行装配。另外，相邻筒节的纵向焊缝应错开一定的距离，其值在周围方向应大于筒节壁厚的 3 倍以上，并且不应小于 100 mm。

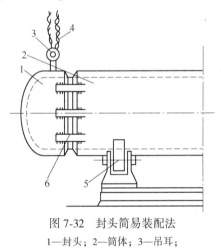

图 7-32　封头简易装配法
1—封头；2—筒体；3—吊耳；
4—吊钩；5—滚轮架；6—Π形马

（2）封头与筒体的装配也可采用立装和卧装，当封头上无孔洞时，可先在封头外临时焊上起吊用吊耳（吊耳与封头材质相同），便于封头的吊装。立装与前面所述筒节之间的立装相同；卧装时，如是小批量生产，一般采用手工装配的方法，如图 7-32 所示。装配时，在滚轮架上放置筒体，并使筒体端面伸出滚轮架外 400～500 mm，用起重机吊起封头，送至筒体端部，相互对准后横跨焊缝焊接一些刚度不太大的小板，以便固定封头与筒体间的相互位置。移去起重机后，用螺旋压板等将环向焊缝逐段对准到适合的焊接位置，再用"Π形马"横跨焊缝用定位焊固定。批量生产时，一般是采用专门的封头装配台来完成封头与筒体的装配。

封头与筒体组装时，封头拼接焊缝与相邻筒节的纵焊缝也应错开一定的距离。

（四）容器的焊接

容器环缝的焊接一般采用双面焊。采用在焊剂垫上进行双面埋弧焊时，经常使用的环缝焊剂垫有带式焊剂垫和圆盘焊剂垫两种。带式焊剂垫（见图 7-33（a））是在两轴之间的一条连续带上放有焊剂，容器直接放在焊剂垫上，靠容器自重与焊剂贴紧，焊剂靠容器转动时的摩擦力带动一起转动，焊接时需要不断添加焊剂。圆盘式焊剂垫是一个可以转动的装满焊剂的圆盘，放在容器下边，圆盘与水平面成 15°，焊剂紧压在工件与圆盘之间，环缝位于圆盘最高位置，焊接时容器旋转带动圆盘随之转动，使焊剂不断进入焊接部位，如图 7-33（b）所示。

容器环缝焊接时，可采用各种焊接操作机进行内外缝的焊接，但在焊接容器的最后一条环缝时，只能采用手工封底的或带垫板的单面埋弧焊。

容器的其他部件，如人孔、接管、法兰、支座等，一般采用焊条电弧焊焊接。容器焊

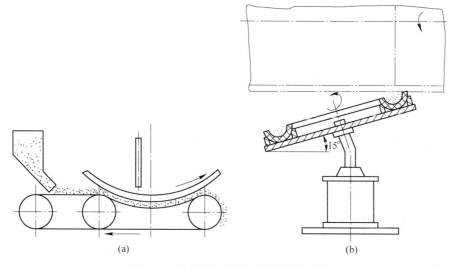

图 7-33　容器环缝焊接时焊剂垫的形式

完以后，还必须用各种方法进行检验，以确定焊缝质量是否合格。对于力学性能试验、金相分析、化学分析等破坏性试验，是用于对产品焊接试板的检验；而对容器本身的焊缝则应进行外观检查、各种无损探伤、耐压及致密性试验等。凡检验出超过规定的焊接缺陷，都应进行返修，直到重新探伤后确认缺陷已全部清除才算返修合格。焊缝质量检验与返修的各项规定可参看 GB 150—1998 的有关内容。

三、高压压力容器的制造工艺

近年来，石油、化工、锅炉等设备都在向大容量、高参数（高压、高温）发展，因此高压容器的容量越来越大，温度和压力越来越高，应用也越来越广泛。高压容器所使用的钢较之中低压容器所使用的钢强度更高，同时壁厚也要大得多。高压容器大体上分为单层和多层结构两大类。在大型容器方面，因为单层结构制造工艺比较简单，或由于本身结构的需要，所以单层结构容器应用较广，如电站锅炉汽包就是如此。

单层结构容器的制造过程与前面所述的中低压单层容器大致相同，只是在成形和焊接方法的选取等方面有所不同。单层高压容器由于壁较厚，筒节一般采用加热弯卷，加热矫正成形。由于加热时产生的氧化皮危害较严重，会使钢板内外表面产生麻点和压坑，所以加热前需涂上一层耐高温、抗氧化的涂料，防止卷板时产生缺陷；同时热卷时，钢板在辊筒的压力下会使厚度减小，减薄量为原厚度的 5%~6%，而长度略有增加，因此下料尺寸必须严格控制。始卷温度和终卷温度视材质而定。筒节纵缝可采用开坡口的多层多道埋弧焊，但如果壁厚太大（$\delta > 50$ mm），采用埋弧焊则显得工艺复杂，材料消耗大，劳动条件差，这时可采用电渣焊，以简化工艺，降低成本，电渣焊后需进行正火处理。容器环缝多用电渣焊或窄间隙埋弧焊来完成。若采用窄间隙埋弧焊技术，可在宽 18~22 mm，深达 350 mm 的坡口内自动完成每层多道的窄间隙接头。与普通埋弧焊相比，效率极大提高，同时可节约焊接材料。容器焊完后，除需进行外观检查外，所有焊缝还要进行超声波探伤及 X 射线探伤。另外，由于壁较厚，焊后应力较大，高压容器焊后均应作消除应力处理。

四、球形容器的制造工艺

（一）球形容器的结构形式

球形容器一般称为球罐，它主要用来储存带有压力的气体或液体。

球罐按其瓣片形状分为橘瓣式、足球瓣式及混合式，如图7-34所示。橘瓣式球罐因安装较方便，焊缝位置较规则，目前应用最广泛。橘瓣式球罐按直径大小和钢板尺寸分为三带、四带、五带和七带橘瓣式球罐。足球瓣式球罐的优点是所有瓣片的形状、尺寸都一样，材料利用率高，下料和切割比较方便，但大小受钢板规格的限制。混合式球罐的中部用橘瓣式，上极和下极用足球瓣式，常用于较大型球罐。一个完整的球体，往往需要数十或数百块的瓣片。

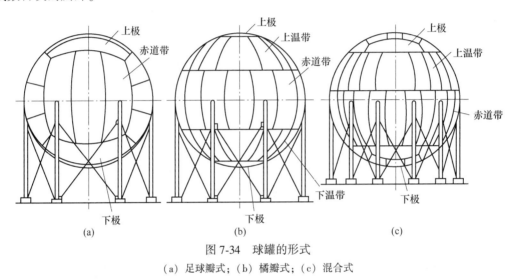

图 7-34　球罐的形式

（a）足球瓣式；（b）橘瓣式；（c）混合式

（二）球罐的技术条件及其分析

球罐的工作条件及结构特征（球罐表面积最小，容积最大）决定了球罐的技术条件是相当高的。

首先球罐的各球瓣下料、坡口、装配精度等尺寸均要确保质量，这是保证球罐质量的先决条件。另外，由于工作介质和压力、环境的要求，且返修困难，故焊接质量要严格控制，要保证受压均匀。焊接变形也要严格控制，这必须有合适的工夹具来配合及采用正确的装焊顺序。

一般球罐多在厂内预装，然后将零件编号，再到工地上组装焊接。球罐的焊缝多数采用焊条电弧焊，要求焊工的技术水平较高，并要有严格的检验制度，每一生产环节都要认真对待。

（三）球罐的制造工艺（最新工艺是由若干小平面或单曲率球瓣拼焊后，充内压成形）

1. 瓣片的制造

球瓣的下料及成形方法较多。由于球面是不可展曲面，因此多采用近似展开下料。通过计算（常用球心角弧长计算法），放样展开为近似平面，然后压延成球面，再经简单修整即可成为一个瓣片，此方法称为一次下料。还可以按计算周边适当放大，切成毛料，压延成形后进行二次划线，精确切割，此方法称为二次下料，目前应用较广。如果采用数学放样，数控切割，可极大提高精度与加工效率。

对于球瓣的压形，一般直径小、曲率大的瓣片采用热压；直径大、曲率小的瓣片采用冷压。压制设备为水压机或油压机等。冷压球瓣采用局部成形法，具体操作方法是：钢板由平板状态进入初压时不要压到底，每次冲压坯料一部分，压一次移动一定距离，并留有一定的压延重叠面，这可避免工件局部产生过大的突变和折痕。当坯料返程移动时，可以压到底。

2. 支柱的制造

球罐的支柱形式多样，以赤道正切式应用最为普遍。

赤道正切支柱多数是管状形式，小型球罐选用钢管制成；大型球罐由于支柱直径大而长，所以用钢板卷制拼焊而成。如考虑到制造、运输、安装的方便，大型球罐的支柱制造时分成上、下两部分，其上部支柱较短。上、下支柱的连接是借助一短管，使安装时便于对拢。

支柱接口的划线、切割一般是在制成管状后进行的。划线前应先进行接口的放样制作样板，其划线样板应以管外壁为基准。支柱制造好后应按要求进行检查，合格后还要在支柱下部的地方，约距其端部 1500 mm 处取假定基准点，以供安装支柱时测量使用。

3. 球罐的装焊

球罐的装配方法很多，现场安装时，一般采用分瓣装配法。分瓣装配法是将瓣片或多瓣片直接吊装成整体的安装方法。分瓣装配法中以赤道带为基准来安装的方法运用得最为普遍。赤道带为基准的安装顺序是先安装赤道带，以此向两端发展。它的特点是由于赤道带先安装，其重力直接由支柱来支承，使球体利于定位，稳定性好，辅助工装少。图 7-35 所示为橘瓣式球罐分瓣装配法中以赤道带为基准的装配流程简图。

装配时，在基础中心一般都要放一根中心柱（见图 7-36）作为装配和定位的辅助装置。它由 $\phi300 \sim 400$ mm 的无缝钢管制成，分段用法兰连接。装赤道板时，用中心柱拉住瓣片中部，用花篮螺钉调节并固定位置。温带球瓣可先在胎具上进行双拼，胎具制成与球瓣具有相同形状的曲面。

胎具分两种：正曲胎，胎具制成凸形，用于球瓣外缝的焊接；反曲胎，胎具制成凹形，用于球瓣内缝的焊接。装下温带时，先把下温带板的上口挂在赤道板下口，再夹住瓣片下口，通过钢丝绳吊在中心柱上，如图 7-36 所示。钢丝绳中间加一导链装置，把温带板拉起到所需位置。装上温带时，它的下口搁在赤道板上口，再用固定在中心柱上的顶杆顶住它的上口，通过中间的双头螺钉调节位置。也可以在中心柱上面做成一个倒伞形架，上温带板上口就搁在其上。温带板都装好后，拆除中心柱。

制造球罐时，一般装焊交替进行，其安装、焊接及焊后的各项工作为：支柱组合→吊装赤道板→吊装下温带板→吊装上温带板→装里外脚手→赤道纵缝焊接→下温带纵缝焊接→上温带纵缝焊接→赤道下环缝焊接→赤道上环缝焊接→上极板安装→上极板坏缝焊接→下极板安装→下极板环缝焊接→射线探伤和磁粉探伤（赤道带焊接结束即可穿插探伤）→水压试验→磁粉探伤→气密性试验→热处理→涂装、包保温层→交货。

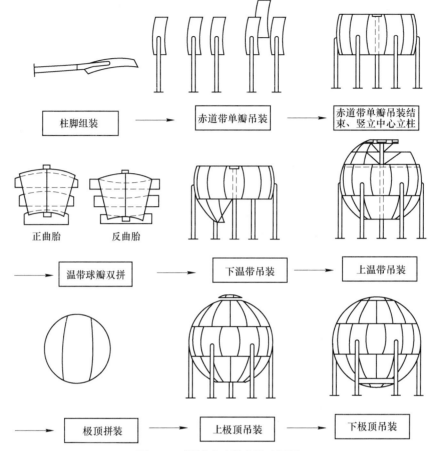

柱脚组装 → 赤道带单瓣吊装 → 赤道带单瓣吊装结束、竖立中心立柱

正曲胎　　　反曲胎

温带球瓣双拼 → 下温带吊装 → 上温带吊装

极顶拼装 → 上极顶吊装 → 下极顶吊装

图 7-35　橘瓣式球罐安装步骤图

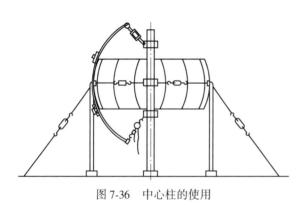

图 7-36　中心柱的使用

球罐的焊接大多数情况下采用焊条电弧焊完成，焊前应严格控制接头处的装配质量，并在焊缝两侧进行预热。同时，应按国家标准进行焊接工艺评定，上岗的焊工必须取得合格证书。现场焊接时，要参照有关条例严格控制施焊环境。焊缝坡口形式为：一般厚 18 mm 以下的板采用单面 V 形坡口；厚 20 mm 以上的板采用不对称 X 形坡口。一般赤道和下温带环缝及其以上的焊缝，大坡口在里，即里面先焊；下温带环缝及其以下的焊缝，大坡口在外，即外面先焊。焊接材料的烘干、发放和使用均按该材料和压力容器焊接的要求执行。焊接纵缝时，每条焊缝要配一名焊工同时焊接。如焊工不够，可以间隔布置焊工，分两次焊接。环缝则按焊工数均匀分段，但层间焊接接头应错开，打底焊应采用分段退焊法。

用焊条电弧焊焊接球罐的工作量大、效率低、劳动条件差，因此，一直在探索应用机械化焊接的方法，现已采用的有埋弧焊、管状丝极电渣焊、气体保护电弧焊等。

4. 球罐的整体热处理

球罐焊后是否要进行热处理,主要取决于其材质与厚度。球罐的热处理一般是进行整体退火。火焰加热处理用的加热装置如图 7-37 所示。加热前将整球连地脚螺钉从基础上架起,浮架在辊道上,以便处理过程中自由膨胀。热处理时应监测实际位移值,并按计算位移值来调整柱脚的位移,温度每变化 100 ℃,应调整一次。移动柱脚时,应平稳缓慢,一般在柱脚两面装 2 个千斤顶来调节伸缩。

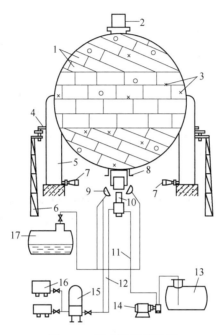

图 7-37　退火装置示意图

1—保温毡;2—烟囱;3—热电偶布置点(○为内侧,×为外侧);4—指针和底盘;5—柱脚;
6—支架;7—千斤顶;8—内外套筒;9—点燃器;10—烧嘴;11—油路软管;12—气路软管;
13—油罐;14—泵组;15—贮气罐;16—空压机;17—液化气贮罐

(1) 加热方法。球罐外部应设防雨、雪棚。球壳板外加保温层并安装测温热电偶。将整台球罐作为炉体,在上人孔处安装一个带可调挡板的烟囱;在下人孔处安装高速烧嘴,烧嘴要设在球体中心线位置,以使球壳板受热均匀。高速烧嘴的喷射速度快,燃料喷出后点火燃烧,喷射热流呈旋转状态,能均匀加热。燃料可用液化石油气、天然气或柴油。另外,在球罐下极板外侧一般还要安装电加热补偿器,作为罐体低温区的辅助加热措施。

(2) 温度的控制。可通过以下措施控制球罐的升、降温速度和球体温度场的均匀化。

1) 通过调节上部烟囱挡板的开闭程度来控制升、降温速度。

2) 通过调节燃料、进风量来调节升温速度和控制恒温时间;通过调节燃料与空气的比例来调节火焰长度,从而控制球体的上下部温差,使球体温度场均匀化。

3) 在下极板采用加电热补偿器的方法,以防下部低温区升温过缓。

4) 通过增加或减少保温层厚度的方法来调节散热量,以使球体温度场均匀化。

(3) 保温与测温。球罐的保温一般通过外贴保温毡实现。先将焊有保温钉的带钢纵向绕在球体外面,然后贴上保温毡。多层保温时,各保温毡接缝处要对严,各层接缝要错开，不得形成通缝。单层保温时，保温毡接缝要搭接 100 mm 以上。在下极板处贴保温毡前要把电热补偿器挂好。保温毡贴好后再用钢带勒紧，以使保温毡贴紧罐壁。

球壳板温度的监测用热电偶测量完成。在球体上设有若干个测温点，热电偶的测温触头要用螺栓固定在球壳板上，外侧测温热电偶工作触点周围要用保温材料包严，接线端应露出一定的长度，并注明编号，用补偿导线将其与记录仪连接起来。

球罐热处理也可采用履带式电加热和红外线电加热。电加热法比较简便、干净，热处理过程可以用电脑自动控制，控制精度高，温差小。

任务三　船舶结构的焊接工艺

焊接技术是现代工业的基础技术之一，焊接在造船中的应用，引起了造船工业的革命，极大地促进了造船事业的发展。船舶焊接代替船舶铆接后，不仅出现了全焊接船（1920 年在世界上出现了第一艘全焊接船），并使船体从散装建造方式发展到分段建造，以及现在的区域造船法，极大地缩短了造船周期。

造船焊接技术是现代船舶制造的关键工艺技术，在船体建造中，焊接工时约占船体建造总工时的 30%~40%，焊接质量是评价造船质量的重要指标，焊接效率直接影响到造船周期和船舶建造成本。因此，焊接技术进步对推动船舶生产的发展具有十分重要的意义。

你知道吗?

船舶，通常反映或代表着同一时代最先进的技术成就。因此，一个国家造船业的发展水平，通常也就能够反映该国经济与技术的发展水平。

中国跨湖桥文化遗址 8000 年前的独木舟，是世界上已发现的早期独木舟中的一例。早在公元前 700 年的春秋时代，中国舰船就开始进行海战和海上航行。秦代徐福入海求仙药并东渡日本的佳话，在中国和日本的民间盛传而且经久不衰。在公元前的汉代就开辟了从中国沿海的徐闻、合浦出发，经南洋诸国而到达印度半岛南端和斯里兰卡的海上丝绸之路。在唐、宋、元三朝，国力强盛，中国的造船业和航海业都相当先进。船尾舵、车轮舟、水密舱壁和指南浮针，是中国古代造船术四大发明，是对全世界造船技术的重要贡献，所有这些也都为全世界的科技史学家所公认。明代初年由明成祖朱棣派遣的郑和下西洋开创了世界航海史的先河。郑和的洲际远航要比哥伦布、达·伽马和麦哲伦的航海早七八十年到一百多年。

一、船体的结构形式

(一) 船舶类型

船舶作为一种工具，可以载客、载货、执行作战任务等，其种类繁多，分类方法也有很多种,按用途可分为民用船舶和军用船舶,按航行区域可分为海船和内河船,按推进动力可分为风帆船、蒸汽机船、内燃机船和核动力船等;按航行状态可分为排水型船、潜艇、滑行船、水翼船和气垫船;按推进器类型可分为螺旋桨推进船、喷水推进船、空气螺旋桨推进船和明轮船;按建造材料可分为钢质船、木船、水泥船、铝合金船和玻璃钢船等。通常按船舶用途来分类,具体见表7-1。

表 7-1 船舶的分类

大分类	中分类	小 分 类
民用船舶	运输船	客船、客货船、渡船、杂货船、集装箱船、散货船、载驳船、滚装船、冷藏船、油船、液化气船等
	工程船	挖泥船、起重船、布设船、救捞船、破冰船、打桩船、浮船坞、海洋开发船、钻井船、钻井平台等
	渔业船	网渔船、钓鱼船、渔业指导船、渔业调查船、渔业加工船、捕鲸船等
	港务船	拖船、引航船、消防船、供应船、交通船、助航工作船等
	其他船舶	高速船艇、游艇、科研船
军用船舶	战斗舰艇	巡洋舰、驱逐舰、护卫舰、航空母舰、布雷舰艇、扫雷舰艇、登陆舰艇、潜水艇、各种军用快艇等
	辅助舰船	补给舰、修理舰、训练舰、消磁舰、医院舰等

(二) 船体结构形式

1. 船体板架结构类型及适用范围

船舶结构是先由钢板和骨架构成板架结构,再由各种相应的板架结构组合焊接成整个船体。板架简图见图7-38,船体结构的组成见图7-39。

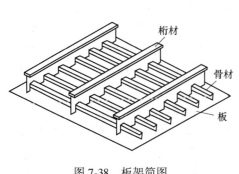

图 7-38 板架简图

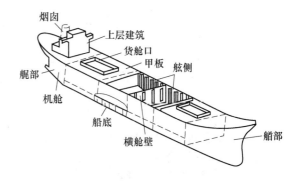

图 7-39 船体结构组成图

船体板架中,骨架一般沿着船长或船宽方向布置,称为纵向骨架或横向骨架。无论是民船或军船的船体板架,按其结构均可分为纵骨架式、横骨架式及混合骨架式三种,其特征和结构性特点见表7-2和表7-3。

表 7-2 船体板架结构的类型及特征

板架类型	结 构 特 征	适 用 范 围
纵骨架式	纵向构件较密、间距较小，而横向构件较稀、间距较大	大型油船的船体；大中型货船的甲板和船底；军船的船体
横骨架式	横向构件较密、间距较小，而纵向构件较稀、间距较大	小型船舶的船体；破冰船的舷侧、中型船舶的甲板；民船的艏艉部
混合骨架式	纵、横构件的密度和间距相差不多	特种船舶的甲板和船底

表 7-3 纵、横板架结构的结构性比较

板架类型	强 度	板的稳定性	结构重量	工 艺 性
纵骨架式	抗总纵弯曲的能力较强，局部弯曲中纵向应力较小	板的稳定性好，故板较薄时，特别是采用高强度钢板的场合，尤为有利	用于中、大型船舶能减轻船体重量	（1）纵向接头多，特别是船舶水密肋板和舱壁时要增加许多补板； （2）线型变化较大的纵骨加工较困难，大合拢时对准较难； （3）分段刚性大，便于吊运
横骨架式	横向强度好，但上甲板和底部参与总组弯曲能力较差。舷侧抗挤压能力较好	板的稳定性差，尤其在板较薄且初始挠度较大时	用于小型船舶能减轻船体结构重量	（1）施工较方便； （2）分段刚性较差，吊运时需做适当加强

2. 船体基本结构

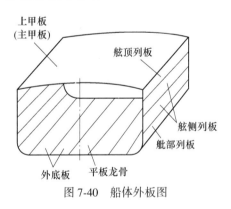

图 7-40 船体外板图

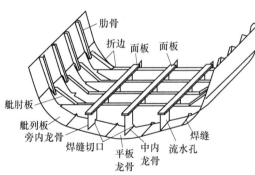

图 7-41 横骨架式单层底结构

根据板或板架结构在船体中所处的位置分为船底板架、舷侧板架、甲板板架和舱壁板架等，并构成了船体结构的外板、底部、舷侧、甲板、舱壁、艏部、艉部、上层建筑等部位。

（1）外板结构。外板保证船体水密，使船舶具有漂浮和运载能力，它与船体骨架一起共同保证船体的强度和刚度。船体外板是由许多块钢板拼合焊接而成，钢板长边通常沿船长方向布置，形成船长方向的一长列，称为列板，见图 7-40。

（2）底部结构。船底是船体的基础，它是保证船体总纵强度、横向强度和船底局部强度的重要结构。根据船舶建造要求，船舶底部可分为单层底结构和双层底结构，按其骨架形式又可分为横骨架式和纵骨架式。横骨架式单层底结构一般多用于小型的内河船舶，见图 7-41；纵骨架式单层底结构多用于中大型的内河船舶，见图 7-42。

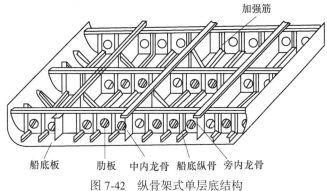

图 7-42　纵骨架式单层底结构

近年来船舶安全越来越受到重视，国际上有关组织甚至对一些油船必须使用双层底做了强制性规定。一些小型货船开始使用横骨架式双层底结构，构件多沿横向安排，而纵向构件较少，见图 7-43。大中型货船多为纵骨架式双层底结构，其主要纵向构件中底桁和若干道旁底桁贯穿横舱壁，同时在外底板上配置较密的纵骨以提高总纵强度，如散货船、油船等，见图 7-44。

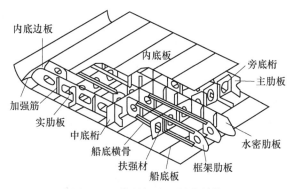

图 7-43　横骨架式双层底结构

（3）舷侧结构。一般货船的货舱通常采用横骨架式舷侧结构，主要骨架是肋骨，有的舷侧还装有强肋骨和舷侧纵桁，见图 7-45。纵骨架式舷侧结构（见图 7-46）常用于军舰或油船。

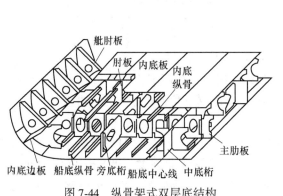

图 7-44　纵骨架式双层底结构

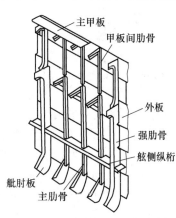

图 7-45　横骨架式单层舷侧结构

一般散货船舷侧采用单一的肋骨，并在舷侧顶部和舭部设置边水舱，见图 7-47。但大型油船和集装箱船的舷侧均采用双层结构，见图 7-48 和图 7-49。

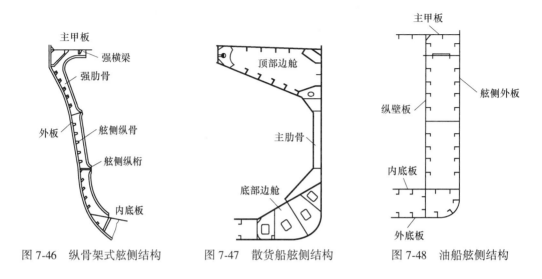

图 7-46　纵骨架式舷侧结构　　　　图 7-47　散货船舷侧结构　　　　图 7-48　油船舷侧结构

（4）甲板结构。上甲板（也称主甲板或强力甲板）是船体抗总纵弯曲的强力构件。大中型货船上甲板都采用纵骨架式，但舱口甲板也有采用横骨架式的，见图 7-50 和图 7-51。中间甲板和下甲板多采用横骨架式。小型船舶的上甲板通常为横骨架式。

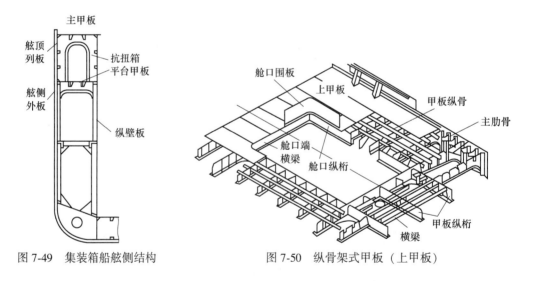

图 7-49　集装箱船舷侧结构　　　　　　图 7-50　纵骨架式甲板（上甲板）

油船货舱区大多采用纵骨架式结构，其结构组成包括高腹板的甲板纵桁、强横梁和密集的甲板纵骨，见图 7-52。散货船将舷顶部分设计成三角形的顶边舱，由甲板、斜旁板、舱口纵桁和部分舷侧外板组成，见图 7-53。

（5）舱壁结构。船上有许多横向和纵向布置的舱壁，横舱壁对保证船体的横向强度和刚性有很大的作用，较长的纵舱壁能提高船体的总纵弯曲强度，此外舱壁作为底部、甲板、舷侧等结构的支座，使船体各构件之间的作用力互相传递。舱壁按结构类型可分为平面舱壁和槽型舱壁两种，见图 7-54 和图 7-55。两种舱壁的结构特点见表 7-4。

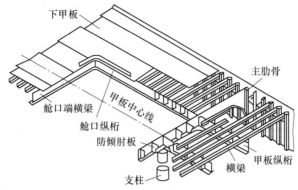

图 7-51　横骨架式甲板（下甲板）

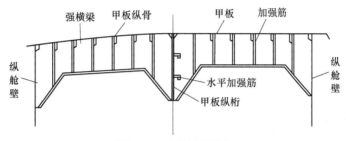

图 7-52　油船甲板结构

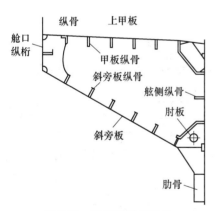

图 7-53　散货船甲板结构

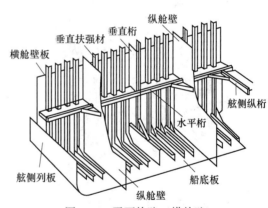

图 7-54　平面舱壁（横舱壁）

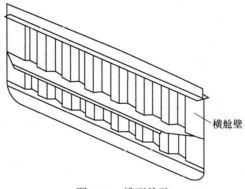

图 7-55　槽型舱壁

表 7-4　平面舱壁与槽形舱壁的结构特点比较

项　目	平　面　舱　壁	槽　型　舱　壁
结构重量	较槽型舱壁重 12%~20%	较轻
弯曲强度	扶强材面板处强度较差	均等
承受总弯曲剪切应力	较好	较差
施工工艺性	易加工，装焊工时多	需压力加工，装焊工时少
适用范围	杂货船、客船及其他货船的艏艉部	大中型散货船、油船的货油舱

（6）艏部及艉部结构。艏部及艉部分别位于船舶的最前端和最后端，艏艉线型变化复杂，其受总纵弯曲作用较小，主要受局部外力作用，因此结构与船体中部有很大不同。一般艏部及艉部多采用横骨架式结构，并进行特别加强，见图 7-56 和图 7-57。

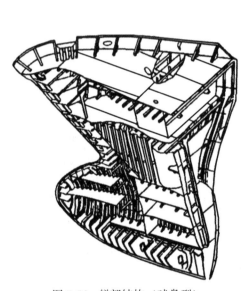

图 7-56　艏部结构（球鼻型）

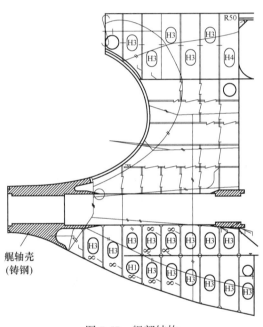

艉轴壳
（铸钢）

图 7-57　艉部结构

（三）船体焊接结构

1. 船体建造工艺

现代船舶的建造工艺流程基本包括：船体放样→船体钢材预处理和号料→船体零件边缘加工和成形加工→船体装配→船体焊接→火工矫正→密性试验→船舶舾装→船舶除锈涂装→船舶下水→船舶试验→交船与验收。

船体装配和焊接是船舶建造的主要部分，一般采用分段焊接建造的方法，可分为以下四个阶段进行。

（1）部件装焊（又称小合拢或小组立）。由船体零件组合焊接成船体部件，如 T 形焊接构件、底板或甲板的拼板、肋骨框架等。

（2）分段装配（又称中合拢或中组立）。由船体零件和部件组成船体分段，如底部分段、舷侧分段、甲板分段、舱壁分段、上层建筑分段、艏艉立体分段等。

（3）分段总组。将已焊接好的若干个分段和零件组成大的总段，如将双层底分段、舱壁分段、左右两舷侧分段及甲板分段组合焊接成一个体积庞大的总段。

（4）船体总装（又称大合拢或搭载）。将全船的各船体分段、总段和零部件等组合焊接成整个船体，一般在船台上或船坞内完成。船体建造基本流程框图见图7-58。

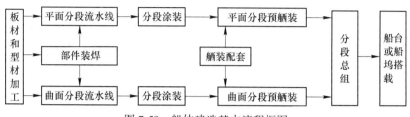

图 7-58 船体建造基本流程框图

2. 船体焊接特点

焊接是船体建造的关键工序，焊接工时在整个船体建造工时中占 30%~40%，焊接成本占船体建造成本的1/3左右，焊接生产率是影响造船产量和生产成本的重要因素之一。同时，船体建造质量中焊接质量也是一项重要的检验指标。在实船建造时，船体焊接必须遵照有关船级社规范中关于焊接方面的规定。船级社有英国劳氏船级社（LR）、美国船级社（ABS）、德国劳氏船级社（GL）、法国船级社（BV）、挪威船级社（DNV）、日本海事协会（NK）、韩国船级社（KR）、意大利船级社（RINA）、中国船级社（CCS）、国际船级社联合会（IACS）等。此外船体焊接质量还要接受船东代表和船级社验船师的检验。

近年来我国的造船工业开始大量采用 CO_2 气体保护焊、埋弧自动焊等高效焊接技术，并采用气电自动立焊、小车式 CO_2 自动对接焊和自动角焊、多电极 CO_2 自动角焊、单丝或多丝埋弧自动焊等工艺初步实现了船体各个焊接位置的自动化、机械化，极大提高了船体建造的焊缝质量水平和加快了船体建造速度。

目前，大多数船舶船体采用的钢材多为船用碳素钢和船用低合金钢。这些钢种的碳当量 C_{eq} 均较低，焊接性较好，采用一般的焊条电弧焊、埋弧自动焊、CO_2 焊等焊接均无困难，不必采用特殊的工艺措施（如预热等）。但焊接时必须遵守合理的工艺规程，否则也有可能造成严重的焊接缺陷。

特殊情况下，船体结构采用奥氏体不锈钢、双相不锈钢、铝合金、低温用钢等材料时，由于此类钢材相比低碳钢或低合金钢而言，焊接性一般较差，需采取适当的工艺措施（如控制焊接热输入等），因此必须严格遵守相应的焊接工艺评定试验的要求进行现场焊接作业，方能得到满意的焊接质量。

3. 船体焊接常用的基本结构图

（1）外板展开图。根据外板展开图可以了解外板的排列与尺寸，选用的钢板材质与板厚，以及舷侧外板和底部外板中平面分段与曲面分段的分界线，从而确定哪些分段可以上平面分段流水线进行装配和焊接，尽量扩大平面分段流水线上自动化焊接技术的应用范围，见图7-59。此外还可利用外板展开图对外板对接接头标注焊接坡口形式，便于坡口加

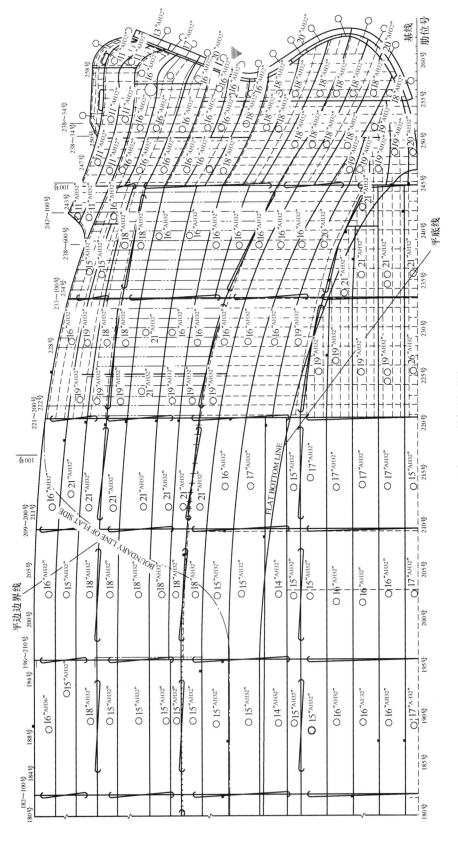

图7-59　外板展开图

工和焊接施工。

（2）中横剖面图。根据中横剖面图可以了解以下内容：横向构件（如肋板、肋骨、横梁、支柱）的大小、结构形式和相互连接方式。纵向构件（如中桁材、旁桁材、舷侧纵桁、甲板纵桁、舭龙骨、纵骨）的大小、结构形式及其分布情况。外板、内底板和甲板的横向排列及其厚度。船体各主要构件的钢板材质和板厚、焊脚要求以及实船可能要进行作业的焊接位置等。船体的全熔透或深熔透关键节点焊接要求、肋板焊脚高度要求等，见图7-60。

通过上述信息可以在新船开工前基本确定现有的焊接工艺评定试验所覆盖的钢材材质、板厚、焊接位置等是否满足生产需求，以及必要时需要开展新的焊接工艺评定试验项目。

（3）分段划分图。从分段划分图中可以了解全船的主尺度、分段的数量、分段接缝位置、分段的理论质量以及装配余量的数量和加放位置，从而预估各位置焊接接头的长度、需消耗的焊接材料以及分段或总组搭载不同阶段的焊接工作量，为现场焊接作业的科学管理提供基础数据，见图7-61。

为了便于识图和船体的顺利建造，必须对各分段进行编号，目前分段编号有两种方法。

一是采用英文字母加数字的方式进行编号，如分段CB01S。第一位字母代表结构区域，如"C""H"代表货舱区后部和前部、"E"代表机舱区、"F"代表艏部、"A"代表艉部、"P"代表上层建筑等。第二位字母代表分段的部位，如"B"代表底部、"W"代表舭部、"S"代表舷侧、"D"代表甲板、"T"代表横隔舱、"L"代表纵隔舱等。第一位数字代表分段层次，如"0"代表底部分段、"1"代表上甲板面分段、"2"代表上甲板下二甲板分段等。第二位数字代表分段数量顺序，从艉向艏。最后一位字母代表分段横向位置，如"P"代表左舷、"C"代表中部、"S"代表右舷。

二是采用全部三位数字进行编号，百位数字表示分段的区域，如用"1"代表艉段、"2"代表舯段、"3"代表艏段等。十位数字表示分段的部位，如用"1"代表底部、"2"代表舷侧、"3"代表甲板、"4"代表舱壁等。个位数字表示分段的序号，序号顺序从艉向艏、自下而上进行。对于大型船舶，同样在最后添加附加符号"P"或"C"或"S"代表横向位置，见图7-61。

二、船体焊接工艺

（一）船体焊接基本工艺

目前国内主要的民用船舶如散货船、油船、集装箱船、LNG液化天然气船等产品船体结构主要的接头形式是对接接头（平对接、横对接、立对接）和T形接头（横角焊、立角焊），且根据船体建造的不同阶段，所采用的焊接工艺也有所区别，但采用的焊接工艺基本以 CO_2 气体保护焊为主，辅助以一部分埋弧自动焊，焊条电弧焊应用最少，见表7-5。

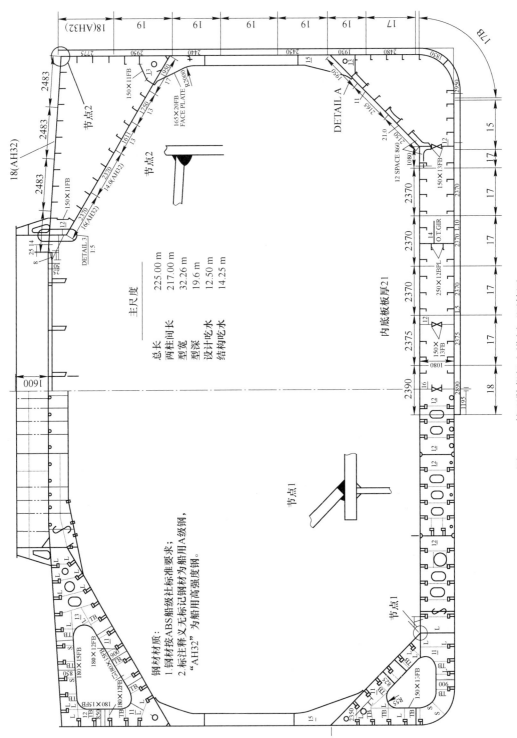

主尺度

总长	225.00 m
两柱间长	217.00 m
型宽	32.26 m
型深	19.6 m
设计吃水	12.50 m
结构吃水	14.25 m

钢材材质：

1. 钢材按ABS船级社标准要求；
2. 标注释义无标记钢材为船用A级钢，"AH32"为船用高强度钢。

图7-60　某型散货船中横剖面图简图

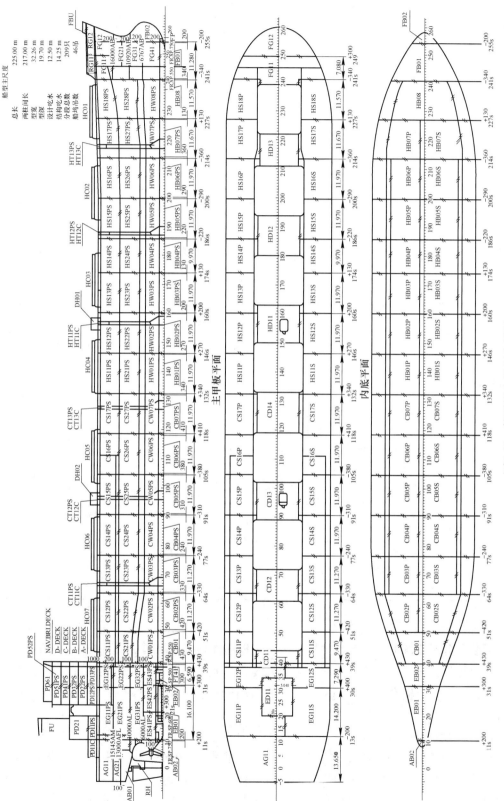

图7-61　某型船分段划分简图

表 7-5　民用船舶各种焊接方法应用范围

焊接方法	分　类	位　置	应用范围及特点
焊条电弧焊	焊条电弧焊	全位置	装配定位焊、舾装件焊接及局部焊缝缺陷修补
埋弧自动焊	单丝埋弧自动焊	平对接、横角焊	拼板平对接，需翻身；构架横角焊
	双丝埋弧自动焊	平对接（1G）	平对接，20 mm 以下板厚可不开坡口，拼板需翻身
	焊剂铜衬垫单面埋弧自动焊（FCB 法）	平对接（1G）	平面分段流水线拼板平对接，焊接一次成形，不需翻身，生产效率高
CO_2 气体保护焊	CO_2 半自动焊	全位置	各种位置的对接缝和角接缝等，船体焊接的主要焊接方法
	CO_2 自动横角焊	横角焊（2F）	部装及分段阶段的 T 形接头横角焊
	双丝 CO_2 自动横角焊	横角焊（2F）	大焊脚要求的 T 形接头横角焊，双丝同时焊接，速度快
	16 电极双侧双丝自动横角焊	横角焊（2F）	平面分段流水线纵骨横角焊，最多同时焊接 4 根纵骨，16 根焊丝同时焊接，效率极高
	CO_2 自动立角焊	立角（3F）	分段构架自动立角焊，焊接质量稳定，成形美观
	CO_2 单面焊与埋弧自动焊混合焊	平对接（1G）	拼板或总组搭载时平对接，CO_2 焊打底，埋弧自动焊盖面焊
	CO_2 自动平对接焊	平对接（1G）	分段总组搭载平对接，采用自动焊接小车进行操作
	CO_2 双丝单面自动平对接焊（双丝 MAG 焊）	平对接（1G）	12～22 mm 的总组或搭载平对接大接头焊接一次成形，装配间隙 0～3 mm，直接在坡口内装配定位焊，不需安装马板
	CO_2 单面自动横对接焊	横对接（2G）	舷侧外板及纵、横舱壁板等部位的横对接缝，采用专用小车带动焊枪行走，焊缝质量稳定
	气电自动立焊（EGW）	平对接（3G）	舷侧外板、斜旁板、纵舱壁板等部位的立对接自动焊，38 mm 以下可焊接一次成形
	CO_2 半自动焊与气电自动立焊混合焊	立对接（3G）	集装箱船舷侧外板（板厚较大时）等部位的立对接缝
	双丝气电自动立焊	立对接（3G）	超大型集装箱船 50～70 mm 的 EH36、EH40 钢焊接一次成形，效率非常高，但对钢材交货状态必须严格限制

1. 部装及分段阶段焊接工艺

部装及分段阶段的焊接包括拼板焊接、肋板部件焊接、纵桁板部件焊接、T 形部件焊接、片段焊接，分段构架焊接、分段合拢焊接等，采用的焊接工艺是埋弧自动焊、CO_2 半自动焊、CO_2 自动横角焊、双侧双丝 CO_2 自动横角焊、16 电极双侧双丝 CO_2 自动横角焊等。

（1）普通埋弧自动焊工艺。普通的双面埋弧自动焊工艺主要用于片段的拼板平对接缝，也可用于总组或搭载阶段平对接大接缝的盖面焊。拼板焊接时，板厚小于等于 14 mm可不开坡口进行焊接。拼板一面焊接后需翻身作业。由于多年来该工艺只使用一根焊丝，因此单位时间内消耗的焊接材料有限，进行厚板拼板焊接时双面都需进行多层多道焊，焊接生产效率提高有限。常用的埋弧自动焊坡口形式见表7-6，工艺参数见表7-7。

表 7-6 常用埋弧自动焊坡口形式

序号	规格/mm	坡口形式	代号	适用范围
1	$t \leq 16$ $c=0^{+1}_{-0}$ $0 \leq t_1-t<4$		AI-1	用于片段双面埋弧自动接缝，如甲板、内底板、外板、隔仓板、平台及上层建筑等焊缝
2	$t=13\sim18$ $f=7^{+1}_{-1}$ $t=19\sim24$ $f=10^{+1}_{-1}$ $c=0^{+1}_{-0}$ $0 \leq t_1-t<4$	60°±5°	AY-1	
3	$t \geq 24$ $f=6^{+1}_{-1}$ $c=0^{+1}_{-0}$ $0 \leq t_1-t<4$	60°±5°	AX-1	用于较厚的双面埋弧自动焊接缝
4	$t \geq 24$ $f=6^{+1}_{-1}$ $c=0^{+1}_{-0}$ $h=10^{+1}_{-1}$ $\alpha=70°\sim90°$ $0 \leq t_1-t<4$	50°±5°	AX-3	用于较厚不对称的双面埋弧自动焊接缝

表 7-7 普通的埋弧自动焊焊接工艺参数

位置	坡口形式	焊丝直径/mm	焊道层次	焊接电流/A	焊接电压/V	焊接速度/cm·min^{-1}
平对接	50° 7 0~3	4.8	打底层	600~700	28~30	42~50
			填充层	650~750	30~33	42~50
			盖面层	650~710	29~33	42~45
	50° 7 0~1 70°		打底层	630~700	27~33	38~60
			填充层	630~800	27~33	38~60
			盖面层	630~800	27~33	38~60

（2）双丝埋弧自动焊工艺。双丝埋弧自动焊工艺是采用两根焊丝同时焊接，因此与普通单丝埋弧自动焊相比，对于 22 mm 以下钢板不需加工坡口，且拼板翻身再焊时省去了碳

刨工作，可提高拼板平对接焊接作业的生产效率 3 倍以上。该工艺应用时拼板一面焊接后也需进行翻身作业。其设备有小车式、悬臂式或门架式等多种形式，电源配置有双电源双丝、单电源双丝等。前者每根焊丝都采用独立电源，设备见图 7-62，工艺参数见表 7-8。

图 7-62　双丝埋弧自动焊设备

表 7-8　双丝埋弧自动焊工艺参数

板厚 t /mm	坡口形式	焊道	焊丝直径 /mm	电源极性和焊接电流		焊接电压 /V	焊接速度 /cm·min^{-1}
				电源极性	焊接电流/A		
$15 \leqslant t < 17$		正面	前丝：4.8	DCRP	800~900	32~36	105~115
			后丝：4.8	AC	650~700	36~40	
		背面	前丝：4.8	DCRP	1000~1100	32~38	95~105
			后丝：4.8	AC	650~700	36~40	
$17 \leqslant t < 19$		正面	前丝：4.8	DCRP	900~950	32~38	95~105
			后丝：4.8	AC	650~700	36~40	
		背面	前丝：4.8	DCRP	1050~1150	32~38	85~95
			后丝：4.8	AC	650~700	36~40	
$19 \leqslant t < 21$		正面	前丝：4.8	DCRP	950~1000	32~35	85~95
			后丝：4.8	AC	650~700	38~42	
		背面	前丝：4.8	DCRP	1150~1250	32~35	80~90
			后丝：4.8	AC	650~700	38~42	
$21 \leqslant t < 22$		正面	前丝：4.8	DCRP	950~1150	32~35	75~85
			后丝：4.8	AC	700~750	38~42	
		背面	前丝：4.8	DCRP	1200~1250	34~38	80~90
			后丝：4.8	AC	700~800	38~42	

（3）焊剂铜衬垫单面埋弧自动焊工艺（FCB 法）。FCB 法是平面分段流水线拼板焊接工位的主要焊接方法，目前国内大多数船厂都有引进，对于厚度为 10~35 mm 的钢板，采用 FCB 法焊接可一次成形，且拼板不需翻身进行封底焊，大幅提高了拼板制作的生产效率，同时还节约了生产成本。其工艺原理是在铜垫板上均匀撒布 4~6 mm 厚度的衬垫焊

剂，然后通过充气软管的压力使衬垫焊剂及铜衬垫紧贴在拼板接缝的反面，另借助电磁平台的电磁吸力使钢板进一步与衬垫紧贴，同时在坡口表面采用 2 根或 3 根焊丝（具体数目根据板厚而定）作为焊缝填充金属，焊接时正面通过表面焊剂自由成形，反面通过背面焊剂和铜衬垫强制成形完成平对接接头单面焊双面成形，工艺原理见图 7-63，焊接设备见图 7-64。

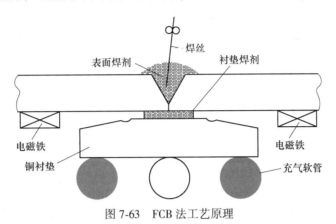

图 7-63　FCB 法工艺原理

图 7-64　FCB 法设备图

FCB 法设备配备了大型门架，各项焊接工艺参数均存储在焊接台车内的控制箱内，施焊过程中可通过控制箱上的控制面板显示出钢板厚度、焊接电流、焊接电压、焊接速度等参数。因此焊前只需在焊接台车的控制面板上输入所需焊接拼板的厚度即可进行焊接。不同板厚焊接时，铜衬垫需进行适当调整，见表 7-9。FCB 法常用坡口形式见表 7-10，焊接工艺参数见表 7-11。

表 7-9　衬垫装置的调节

拼板的板厚关系	衬　垫　的　调　节	
$T=t$	（图：铜衬垫中心）	以相同空气压力同时使用两侧的 2 根空气软管，中间的软管不用； 接头的部位与铜衬垫的中心对齐

拼板的板厚关系	衬 垫 的 调 节
$T-t \leq 3$ mm	以相同空气压力同时使用两侧的 2 根空气软管，中间的软管不用； 接头的部位与铜衬垫的中心对齐
$T-t > 3$ mm	以相同空气压力同时使用中间和厚板一侧的 2 根空气软管； 接头的部位与铜衬垫的槽的中心对齐

表 7-10　FCB 法坡口代号、形式和尺寸

坡口代号	坡口示意图	尺寸/mm
FY-1		$10 \leq \delta < 20$, $\alpha = 60° \pm 2°$, $p = 3 \pm 1$ $20 \leq \delta < 24$, $\alpha = 50° \pm 2°$, $p = 3 \pm 1$ $24 \leq \delta < 32$, $\alpha = 50° \pm 2°$, $p = 5 \pm 1$ $32 \leq \delta < 35$, $\alpha = 40° \pm 2°$, $p = 6 \pm 1$ $b = 0^{+1}$
FY-2		$10 \leq \delta < 20$, $\alpha = 60° \pm 2°$, $p = 3 \pm 1$ $20 \leq \delta < 24$, $\alpha = 50° \pm 2°$, $p = 3 \pm 1$ $24 \leq \delta < 32$, $\alpha = 50° \pm 2°$, $p = 5 \pm 1$ $32 \leq \delta < 35$, $\alpha = 40° \pm 2°$, $p = 6 \pm 1$ $0 \leq \delta_1 - \delta \leq 3$ $b = 0^{+1}$
FY-3		$10 \leq \delta < 20$, $\alpha = 60° \pm 2°$, $p = 3 \pm 1$ $20 \leq \delta < 24$, $\alpha = 50° \pm 2°$, $p = 3 \pm 1$ $24 \leq \delta < 32$, $\alpha = 50° \pm 2°$, $p = 5 \pm 1$ $32 \leq \delta < 35$, $\alpha = 40° \pm 2°$, $p = 6 \pm 1$ $\delta_1 - \delta \geq 3$ $b = 0^{+1}$

表 7-11　FCB 法焊接工艺参数

板厚 t/mm	电极	焊丝直径/mm	焊接电流/A	焊接电压/V	焊接速度/cm·min^{-1}
10	L	4.8	1000	35	90
	T1	4.8	930	44	
11	L	4.8	1030	35	87
	T1	4.8	930	44	
12	L	4.8	1050	35	85
	T1	4.8	930	44	
13	L	4.8	1100	35	81
	T1	4.8	960	44	
14	L	4.8	1150	34	88
	T1	4.8	1000	40	
	T2	6.4	880	44	
15	L	4.8	1150	34	85
	T1	4.8	1050	40	
	T2	6.4	930	44	
16	L	4.8	1170	34	80
	T1	4.8	1070	40	
	T2	6.4	940	44	
17	L	4.8	1190	34	76
	T1	4.8	1100	40	
	T2	6.4	950	44	
18	L	4.8	1210	34	75
	T1	4.8	1130	40	
	T2	6.4	960	44	
19	L	4.8	1240	34	72
	T1	4.8	1150	40	
	T2	6.4	970	44	
20	L	4.8	1260	34	73
	T1	4.8	1210	40	
	T2	6.4	900	44	
21	L	4.8	1260	34	70
	T1	4.8	1210	40	
	T2	6.4	950	44	
22	L	4.8	1290	34	67
	T1	4.8	1230	40	
	T2	6.4	950	44	

板厚 t/mm	电极	焊丝直径/mm	焊接电流/A	焊接电压/V	焊接速度/cm·min^{-1}
23	L	4.8	1310	34	
	T1	4.8	1250	40	64
	T2	6.4	950	44	
24	L	4.8	1380	34	
	T1	4.8	1300	40	69
	T2	6.4	1060	44	
25	L	4.8	1380	34	
	T1	4.8	1300	40	66
	T2	6.4	1060	44	
26	L	4.8	1400	34	
	T1	4.8	1300	40	63
	T2	6.4	1100	44	
27	L	4.8	1400	34	
	T1	4.8	1300	40	60
	T2	6.4	1100	44	
28	L	4.8	1400	34	
	T1	4.8	1320	40	57
	T2	6.4	1100	44	
29	L	4.8	1400	34	
	T1	4.8	1320	40	54
	T2	6.4	1100	44	
30	L	4.8	1400	34	
	T1	4.8	1320	40	51
	T2	6.4	1100	44	
31	L	4.8	1400	34	
	T1	4.8	1320	40	48
	T2	6.4	1100	44	
32	L	4.8	1450	34	
	T1	4.8	1320	40	45
	T2	6.4	1050	44	
33	L	4.8	1450	34	
	T1	4.8	1350	40	42
	T2	6.4	1000	44	
34	L	4.8	1450	34	
	T1	4.8	1350	40	40
	T2	6.4	1000	44	
35	L	4.8	1450	34	
	T1	4.8	1350	40	38
	T2	6.4	1000	44	

（4）CO_2 半自动焊。CO_2 半自动焊以 CO_2 气体作为保护气体，填充金属丝作为电极的一种熔化极的气电焊。它具有生产效率高、成本低、焊接变形小、能进行全位置焊接、有利于焊接过程机械化、自动化等优点。因此，特别是细丝以 CO_2 焊工艺在黑色金属焊接结构的生产中，以及船舶制造中，应用越来越广泛。其设备是由电源、送丝机、焊炬、遥控盒、流量计等组成，焊接气体是由 CO_2 气瓶或 CO_2 供应站的管路直接进入焊炬。

CO_2 半自动焊用的焊丝绕曲成盘状，安装在送丝机上，由进给电动机自动送至手把式（鹅颈式）焊炬，电源通过焊炬内的导电嘴接通。焊接时从焊炬端头的喷嘴内喷出 CO_2 气体，防止大气中的氧、氮对熔敷金属产生影响。焊接过程是手握焊炬，根据不同的焊接位置、不同的焊接规范进行全位置焊，特别是配合使用陶质衬垫，完成对接接头的单面焊，基本取消了总组搭载大合拢对接缝的仰焊工作，提高了焊接效率，减轻了焊工劳动强度，且确保了焊接质量。常用的焊接工艺参数见表 7-12 和表 7-13。

表 7-12　CO_2 半自动焊工艺参数（T 形接头）

位置	端面形状	焊脚尺寸 /mm	焊丝直径 /mm	焊接电流 /A	焊接电压 /V	焊接速度 /cm·min^{-1}
横角焊		4~6	1.2	200~240	20~24	20~34
			1.4	220~280	24~30	24~36
		7~9	1.2	180~260	18~28	20~34
			1.4	200~300	26~34	24~36
		10~12	1.2	180~260	18~28	20~34
			1.4	200~300	26~34	24~36
立角焊 （向上焊）		5~8	1.2	120~160	15~22	16~28
			1.4	180~220	22~28	18~32
		9~12	1.2	120~180	14~24	16~28
			1.4	180~240	20~30	18~32
立角焊 （向下焊）		6~10	1.2	200~240	18~26	24~34
			1.4	220~260	24~30	26~38

表 7-13　　CO$_2$ 半自动单面焊工艺参数

位置	坡 口 形 式	焊丝直径 /mm	焊道层次	焊接电流 /A	焊接电压 /V	焊接速度 /cm·min^{-1}
平对接			成形层	200~220	20~22	15~25
			填充层	200~320	26~34	20~35
			盖面层	220~260	24~28	20~35
立对接		1.4	成形层	180~220	18~22	15~25
			填充层	200~240	20~24	20~30
			盖面层	200~240	20~24	20~30
横对接			成形层	200~240	20~22	15~25
			填充层	240~300	24~30	15~30
			盖面层	220~260	22~26	15~30

（5）CO$_2$ 自动横角焊。CO$_2$ 自动横角焊是将一支直柄式的 CO$_2$ 焊枪利用夹具安装在一台自动行走的横角焊焊接小车上，预先设定好焊接电流、电压、焊接速度、焊枪角度等参数，通过小车不断向前移动进行自动横角焊，见图 7-65 和图 7-66。该工艺主要用于部装及分段构架的 T 形接头的横角焊位置，操作简单，使用方便，可大幅度提高焊接生产效率。常用的焊接工艺参数见表 7-14。

图 7-65　焊接小车

图 7-66　自动横角焊

表 7-14 CO_2 自动横角焊焊接参数

横角焊示意图	焊脚高度 /mm	焊丝直径 /mm	焊接电流 /A	焊接电压 /V	焊接速度 /mm·min⁻¹
	3~4	1.0	170~180	22~24	600~700
	4~6	1.2	180~240	24~30	400~500
	5~7			30~34	300~400
	8~9	1.4	240~300		300~400
	10~12			30~36	300~400

（6）双丝 CO_2 自动横角焊。双丝 CO_2 自动横角焊是将两支专用焊枪通过夹具安装在一台四轮驱动的自动行走小车上，预先设定好焊接电流、电压、焊丝角度和间距等参数，并由小车上的两个可调节的仿形滚轮紧靠小车后侧的导轨向前移动，双丝一前一后同时进行焊接的自动化焊接方法，如图 7-67 所示。

该工艺采用两根 $\phi1.4$ mm 的药芯焊丝纵向排列，装有焊枪的焊接小车沿着导轨进行一次二道焊接，可根据不同的板厚和焊脚尺寸进行多层多道焊。该工艺主要用于分段建造时的槽型隔舱、总组或搭载阶段内底板等部位的横角焊缝，包括不开坡口的 8~12 mm 的大焊脚直角 T 形横角焊缝和开坡口的 T 形熔透横角焊缝。直角或倾斜的 T 形接头双丝焊接时角度应作适当调整，见图 7-68 和图 7-69。常用的焊接工艺参数见表 7-15。

图 7-67 双丝 CO_2 自动横角焊

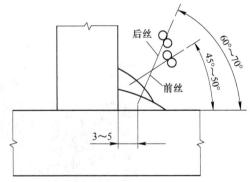

图 7-68 直角横角焊焊丝角度

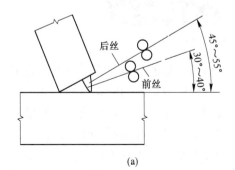

(a)

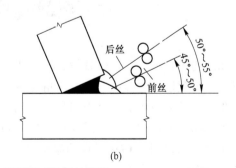

(b)

图 7-69 倾斜横角焊第一层和第二层焊丝角度

(a) 第一层；(b) 第二层

表 7-15　双丝 CO_2 自动横角焊工艺参数

双丝 CO_2 横角焊示意图	接头形式及层次	焊脚名称	焊丝直径/mm	焊接电流/A	焊接电压/V	焊接速度/mm·min⁻¹	焊丝间距/mm
		前丝	1.4	280~300	28~30	280~320	100
		后丝		280~320	30~36		
		前丝	1.4	280~300	28~30	300~350	70
		后丝		200~240	22~26		

（7）CO_2 自动立角焊。CO_2 自动立角焊是将一支 CO_2 焊枪利用夹具安装在一台可自动上下行走的立角焊焊接小车上，预先设定好焊接电流、电压、焊接速度、摆动范围、停留时间等参数，通过小车不断向上移动进行自动立角焊的焊接方法，见图 7-70。

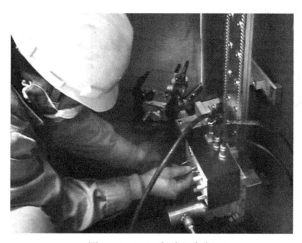

图 7-70　CO_2 自动立角焊

该工艺主要用于双层底分段纵横构架接头处非构架面侧的立角焊缝，以及总组搭载阶段纵横隔舱壁搭载时形成的垂直立角焊缝。该工艺能焊接两种不同的立角焊形式，即不开坡口 T 形直角立角焊缝、开坡口的 T 形熔透立角焊缝。其中不开坡口的直角焊缝最大焊脚可达 18 mm，通常大焊脚只需焊接一次即可，而开坡口的熔透立角焊缝也只需焊接两道，见表 7-16。与常规的 CO_2 半自动焊相比，CO_2 自动立角焊减少了焊道中间接头，可实现较长的立角焊缝长时间连续焊接，焊缝成形整齐美观，焊后表面基本不需进行打磨。常用的焊接工艺参数见表 7-17。

表 7-16　T 形接头 CO$_2$ 自动立角焊

序号	焊接方法	接头形式	焊脚尺寸/mm
1	立角焊多层焊		5
2	立角焊单层焊		$K=6.5\sim18$

表 7-17　CO$_2$ 自动立角焊工艺参数

名　称		开坡口 T 形接头		直角 T 形接头				
		打底层	盖面层	$K^{①}=6.5$ mm	$K=8$ mm	$K=10$ mm	$K=14$ mm	$K=18$ mm
焊接电流/A		210~250	220~260	190~210	180~220	190~230	200~260	210~270
焊接电压/V		24~26	23~25	21~23	21~23	22~25	23~25	23~25
焊接速度/mm·min^{-1}		135~150	75~90	135~150	80~90	65~80	58~72	35~45
摆动速度/周·分$^{-1}$		42~48	22~26	26~30	32~38	38~42	38~42	25~29
摆幅宽度/mm		2.5~40.5	14~17	2.5~40.5	4~6	7~9	10~12	13~15
停留时间/s	左	0.2~0.3	0~0.2	0	0~0.1	0~0.2	0.1~0.3	0.2~0.4
	中	0~0.1	0~0.1	0	0~0.1	0~0.1	0~0.1	0~0.1
	右	0.2~0.3	0.1~0.3	0	0~0.1	0~0.2	0.1~0.3	0.2~0.4

①K 为焊脚尺寸。

（8）16 电极双侧双丝 CO$_2$ 自动横角焊（16 电极法）。16 电极法主要用于平面分段流水线纵骨焊接工位，用于 T 形接头横角焊，最多可同时焊接 4 根纵骨（8 条横角焊缝），是在 T 形接头两侧分别采用双丝（前丝和后丝）同时进行高速横角焊（见图 7-71），最快速度可达 1 m/min。且由于采用了直径 1.6 mm 的药芯焊丝，因此焊接生产率非常高。该工艺配备了大型门架以及四组焊接台车，分别对应 4 根纵骨，设备见图 7-72。每组焊接台车分别对应一根纵骨（两条横角焊缝），只用一组机头时即变为 T 牌流水线，可用于专门生产 T 牌纵骨；增加台车数量，即可同时焊接多根纵骨，目前国内的平面分段流水线多配备的是 4 组台车。16 电极法每侧双丝常用的焊接工艺参数见表 7-18。

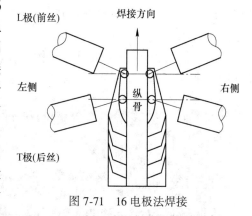

图 7-71　16 电极法焊接

图 7-72　16 电极法设备

表 7-18　16 电极法焊接工艺参数

焊脚尺寸/mm	气体流量/L·min⁻¹	焊　丝	焊接电流/A	焊接电压/V	焊接速度/cm·min⁻¹
5	25~30	前丝	360~380	29	90
		后丝	340~360	31	
6	25~30	前丝	400~420	29	85
		后丝	340~360	32	
7	25~30	前丝	400~420	29	80
		后丝	340~360	32	

2. 总组搭载阶段焊接工艺

在部装及分段建造阶段所采用的自动化焊接技术如 FCB 法、16 电极 CO_2 法、小车式 CO_2 自动角焊等应用范围基本固定，自动焊的应用范围相对有限。因此，要提高船体结构的自动焊水平，从总组或搭载阶段的焊接工艺上推广应用自动焊技术是船体焊接自动化发展的一个重要方向。

（1）CO_2 双丝单面自动焊（双丝 MAG 焊）。CO_2 双丝单面自动焊又称双丝 MAG 焊，是利用双摆动焊丝配 CO_2 气体保护，接缝背面粘贴陶质衬垫，以实施单面焊双面成形的高效自动化焊接方法。双丝 MAG 焊适用的平对接接头坡口间隙必须控制在 0~3 mm，装配时直接在坡口内进行定位焊。焊接时在坡口内预敷一定厚度的铁粒，采用前后相隔一定距离的两根焊丝，利用 400~500 A 的大电流熔化铁粒和定位焊缝，同时焊机行走，与接缝平行，可一次完成厚度 12~22 mm 的 A、AH32、D 级钢平对接接缝，如图 7-73 所示。

图 7-73　双丝 MAG 焊

　　该工艺主要用于船体建造总组、船台（船坞）搭载阶段的内底板、甲板等部位大接头平对接缝的焊接，用以取代传统的 CO_2 半自动单面焊加埋弧自动焊混合焊工艺。因为传统的混合焊工艺，焊前需要安装"Ⅱ"形马板，采用 CO_2 半自动焊至少焊接 2 道后，再拆除马板，最后进行多道埋弧自动焊盖面焊。而双丝 MAG 焊省去了安装马板和拆除马板的时间，只需在坡口内进行定位焊，且整条大接头只需焊接一次即可，生产效率得到大幅度提升。焊接工艺参数见表 7-19。

表 7-19　双丝 MAG 焊焊接工艺参数

板厚	电极	坡口/(°)	坡口间隙/mm	焊接电流/A	焊接电压/V	焊接速度/mm·min⁻¹	铁粒高度/mm	摆幅/mm	摆频 f/次·min⁻¹	两端停留/%
12	L	50	0~3	410~440	37~39	250~270	3~4	1~4	90	35
	T			410~450	36~39			1~2	70	35
14	L	50	0~3	410~440	37~39	240~260	3~4	1~4	90	35
	T			420~460	36~39			1~3	70	35
16	L	50	0~3	410~440	37~39	220~240	4~5	1~4	90	35
	T			430~470	37~40			1~4	70	35
18	L	40	0~3	470~500	38~41	250~270	5~6	1~4	90	35
	T			420~430	35~38			1~4	70	35
20	L	40	0~3	480~520	38~41	250~270	6~7	1~4	90	35
	T			400~440	35~38			2~5	70	35
22	L	40	0~3	480~520	37~40	240~260	7~8	1~4	90	35
	T			430~480	34~38			3~8	70	35

　　（2） CO_2 平对接单面自动焊。CO_2 平对接单面自动焊又称单丝 MAG 焊，是将 CO_2 熔化极焊枪固定在一台焊接小车上，通过控制小车上的摆动机构和控制装置来调整焊枪焊接参数的一种多层多道自动化焊接方法，如图 7-74 所示。单丝 MAG 工艺是在 CO_2 半自动单面焊基础上发展起来的一种自动焊工艺，用以代替繁重的体力劳动，而且焊缝质量有保证，焊缝表面成形良好，省去了手工操作中间过程的停顿，减少了焊道中间接

图 7-74　单丝 MAG 焊

头，大幅减少了焊缝打磨的工作量。与双丝 MAG 焊有明显区别的是，单丝 MAG 焊适用的平对接坡口间隙较大，与常规的 CO_2 半自动单面焊坡口基本相同，因此，当现场平对接缝间隙超过 3 mm 不能采用双丝 MAG 焊时，可以采用后者，这样不论平对接间隙大小都可采用自动化焊接方法解决。

　　该工艺主要用于分段制造阶段在胎架上的平直拼板对接缝，总组及搭载阶段的内底板、主甲板等部位的纵向或横向的平对接大接缝，能确保背面焊缝成形良好，不会出现 CO_2 半自动单面焊在接头处的缩孔等缺陷，也防止了 CO_2 半自动焊焊工由于操作水平等人为因素的影响而产生焊接缺陷。常用的焊接工艺参数见表 7-20。

表 7-20　CO_2 平对接单面自动焊焊接工艺参数

CO_2 平对接单面自动焊示意图	焊缝层次	焊丝直径 /mm	焊接电流 /A	焊接电压 /V	焊接速度 /mm·min^{-1}	摆动停留 时间/s
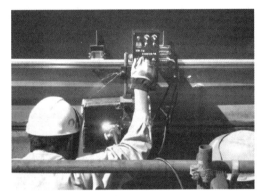	打底层		180~260	20~28	150~260	0.2~0.5
	填充层	1.4	220~340	24~34	250~350	0.3~0.8
	盖面层		220~340	26~34	250~350	0.5~1.0

图 7-75　CO_2 横对接单面自动焊现场焊接

（3）CO_2 横对接单面自动焊。CO_2 横对接自动单面焊工艺是将 CO_2 焊枪夹持在焊接辅助小车上的固定支架上，而焊接辅助小车安装在横对接接缝上侧的一条齿轮轨道上，施焊过程中此小车沿轨道由左向右行走的同时，通过焊接辅助小车上的控制面板来调节各项焊接工艺参数，驱动焊枪摆动或不摆动，并控制送丝机构自动送丝，在 CO_2 气体保护下进行多层多道焊完成单面焊双面成形的自动化焊接方法，如图 7-75 所示。与普通 CO_2 半自动横对接相比，最大的区别在于用焊接辅助小车而不需借助焊工之手来控制焊枪的动作，使焊工从繁重的焊接操作中解放出来，焊接时只需通过观察焊接熔池的状况及时做出相应的调整，一定程度上避免了人为因素对焊接质量的影响，提高了焊缝质量的可靠性。另一方面，采用该工艺时焊工可实现在接缝较长范围内进行连续焊接，极大提高了焊接效率，减轻了焊工的劳动强度，同时简化了对焊工操作水平的要求，有利于自动化焊接技术的推广和应用，且缩短船台或船坞建造周期。

该工艺主要适用于船体舷侧分段、纵横隔舱壁分段搭载时与上下分段所形成的一条拼板横对接缝，用以替代 CO_2 半自动单面焊，是横对接位置实现焊接自动化的主要自动化焊接技术之一。该工艺常用的工艺参数见表 7-21。

表 7-21　CO_2 横对接单面自动焊焊接工艺参数

坡 口 形 式	焊材直径 /mm	电流种类 和极性	焊接电流 /A	焊接电压 /V	焊接速度 /cm·min^{-1}	气体流量 /L·min^{-1}
35°／4~5／5°	1.4	直流反接	190~260	26~30	15~48	20~25

（4）气电自动立焊。气电自动立焊（英文简称 EGW）是以 CO_2 气体保护，采用焊丝直径 1.6 mm 的药芯焊丝，在立对接坡口的前、后分别采用水冷铜滑块和陶质衬垫对熔池强制冷却一次成形的自动化高效焊接方法，如图 7-76 所示。气电自动立焊的焊缝熔敷效率非常高，完成一条 10 m 长的焊缝仅需 4 h 左右，而采用常规 CO_2 半自动焊需要 2~3 天，因而可极大缩短船体总组或搭载阶段的建造周期。气电自动立焊设备见图 7-77。

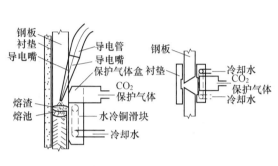

图 7-76 气电自动立焊原理

图 7-77 气电自动立焊设备

该工艺是 20 世纪 80 年代末期从日本引进，经过三十多年的应用与发展，已经应用得较为成熟，使用范围也逐渐扩大，立对接缝的位置也从 90°的垂直面扩展到 80°~135°的倾斜面立对接缝（见图 7-78），以及斜向的立对接缝等（见图 7-79）。气电自动立焊工艺主要用于总组、搭载时立对接大接缝的焊接，对于 38 mm 及其以下的板材可一次焊接成形，且焊接质量稳定，成形美观，是目前自动化焊接工艺中应用最成功的高效焊接方法之一。常用的焊接工艺参数见表 7-22。

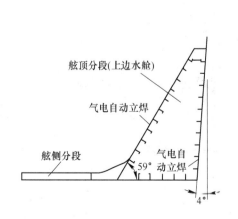

图 7-78 倾斜面气电自动立焊

图 7-79 斜向气电自动立焊

表 7-22　气电自动立焊焊接工艺参数

钢板厚度/mm	焊接规范			焊丝摆动规范②	
	焊接电流 /A	焊接电压 /V	焊接速度① /cm·min⁻¹	摆幅 /mm	停留时间 /s
9	330~350	33~35	13	—	—
12	330~350	33~35	11.5	—	—
14	350~370	35~37	10	5	正面：1.2 反面：0.3
16	360~380	36~38	9	6	正面：1.2 反面：0.3
18	360~380	36~38	8.5	7	正面：1.2 反面：0.3
20	360~380	36~38	8	8	正面：1.2 反面：0.4
22	360~380	36~38	7	9	正面：1.2 反面：0.4
24	360~380	37~39	6	10	正面：1.2 反面：0.5
26	360~380	37~39	6	11	正面：1.2 反面：0.5
28	360~380	37~39	5.3	13	正面：0.8 反面：0.4

①焊接速度由电弧传感器控制，自动生成，只可实测，不可单独设定。

②对于板厚在 24 mm 以下的垂直对接焊，也可不用摆动器。

（5）双丝气电自动立焊。双丝气电自动立焊是在坡口内部设有两支气电自动立焊专用的焊枪（即坡口根侧焊丝和面侧焊丝），两根焊丝在焊接过程中同时焊接，形成液态的熔池金属将整个坡口填满，并通过坡口根部的陶质衬垫和坡口正面的水冷铜滑块进行强制冷却成形，使厚板立对接接头一次焊接双面成形的自动化焊接方法，见图 7-80。

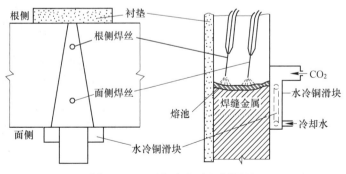

图 7-80　双丝气电自动立焊原理

该工艺是在单丝气电自动立焊工艺（适用的板厚一般不超过 38 mm）的基础上发展起来的，对于 50~70 mm 的超厚板立对接缝时，采用双丝同时焊接可一次成形，因此可大幅度地提高厚板的焊接效率。该工艺可用于 8530TEU 等大型集装箱船板厚超过 50 mm 的超厚板立对接缝，用以取代常规的 CO_2 半自动焊。基本焊接工艺参数见表 7-23。

表 7-23　双丝气电自动立焊焊接工艺参数

板厚 /mm	坡 口 形 式		焊接电流/A	焊接电压 /V	摆 动		焊接速度① /cm·min⁻¹
					范围 /mm	停留时间 /s	
50	根侧　8　面侧 20° 50 20 20	根侧焊丝	380	40	—	—	约 6.8
		面侧焊丝	380	41	—	—	

①双丝气电自动立焊的焊接速度由小车自带的液面跟踪系统自动生成。

　　需要指出的是，双丝气电自动立焊焊接时热输入非常大，68 mm 的厚板焊接时热输入可达 400 kJ/cm，84 mm 焊接线能量可达 600 kJ/cm，因此如果钢材的交货状态仍选用常规的正火钢或热轧钢则易造成焊接接头热影响区晶粒粗大，甚至形成魏氏组织，造成韧性严重下降。因此，目前日本的新日铁和 JFE 以及国内的宝钢等船用钢板生产厂家都采用最新的冶金技术针对性地开发出了大热输入焊接用高强度船体结构钢，此类钢材在大热输入焊接条件下依然具有足够的冲击韧性，且焊前不需进行预热。该工艺已在沪东中华造船（集团）有限公司（以下简称沪东中华造船）建造的 9400TEU 集装箱船上推广应用，并将应用于 23000TEU 超大型集装箱船上。

（二）船体焊接工艺发展方向

　　在世界范围内，船厂的焊接技术水平欧洲和美国最高，日本和韩国其次，中国属于第三梯队。在 20 世纪 90 年代中期，世界各主要造船企业已普遍完成了一轮现代化的技术改造。目前，在此基础上，又陆续启动了新一轮现代化改造计划，投资目标直接集中在高新技术上，投资力度进一步加大，大量采用自动化焊接生产系统和先进的焊接机器人技术，并且把焊接技术融入计算机集成制造系统（CIMS）。目前，各大先进船厂逐步从区域造船向敏捷造船过渡，有两项重点的焊接工艺值得关注。

　　（1）焊接机器人的应用。机器人焊接是焊接自动化的最高水平，是计算机技术、自动控制技术、气体保护焊接技术的完美结合，适用于船舶构件批量化、小型化焊接生产以及狭窄舱室短焊缝全位置焊接。日本的日立造船厂在 1992 年时应用机器人焊接的工作量已达到总焊接量的 20%，近几年正朝着 50% 的目标努力，而远期的目标则要达到 80%。丹麦欧登塞船厂采用日本日立造船公司开发的轻便型数控机器人和自行开发的大型门式焊接机器人，计划使造船生产中 20% ~ 25% 的焊缝由焊接机器人来完成。日本 NKK 津船厂在1995 年已建成了小组立装焊焊接机器人群的工作系统，实现了小组立装焊车间的无人化焊接。2003 年，韩国现代也已研发出 5 种获得国际认证的焊接机器人用于船厂焊接。日本钢管公司在 2000 年推出了 1 种仰焊机器人，能在干船坞里从船体下面焊接船底外板。该机器人是将两把焊枪水平地插入被焊钢板的间隙内，一个在上，一个在下，并使其做横摆运动来充填焊缝。焊枪上装有激光传感器，它能使机器人监控间隙宽度和焊接方向，并能从数据库中选择最佳焊接方案。焊枪与电源、控制设备装在一个 4 轮车架上，该系统采用了焊接、传感器和机器人等方面的新技术，具有良好的实用性和先进性。奥地利的 IGM 机器人系统公司在机器人船舶焊接方面做了大量工作，并在部分船厂有了较成功的工程应用，见图 7-81。

目前，国内各大船厂都开始关注机器人焊接，江南造船（集团）有限责任公司提出了在部装的小型构件上首先尝试使用机器人焊接的设想；上海外高桥造船有限公司则提出了将简易机器人焊接技术作为发展方向的想法；大连船舶重工集团有限公司也提出了适时研究焊接机器人技术，增加技术储备的设想。2015 年，南通中远海运川崎船舶工程有限公司建成了船舶智能制造机器人生产线；2016 年，沪东中华造船在长兴岛也完成了智能制造车间的建设，船舶制造升级转型正在国内逐步实现。

图 7-81　机器人焊接

（2）激光-电弧复合焊接工艺。激光-电弧复合焊接工艺（见图 7-82）具有焊接速度快、自动化程度高、焊接热变形小等优点，是焊接技术发展中一项重要的新技术。与单纯的激光焊相比，焊接电弧的加入使得工件表面的熔合宽度增大，降低了对装配间隙、错边及对中度的敏感性，降低了对工件装配精度的要求，更加适应生产现场的实际情况。这项工艺已经在日本、韩国和欧美一些国家的造船领域得到

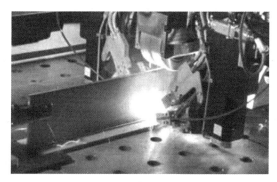

图 7-82　激光-电弧复合焊接工艺

广泛研究与应用。欧洲造船业为了巩固自己在高附加值居民用舰船市场份额上的优势地位，投以巨资，率先将激光焊接和激光复合焊接应用到舰船建造的实践中去，有针对性地发挥其在上述高要求焊接作业环境中良好的适用性能，以期达到提高现有生产效率、降低制造成本、增强企业竞争力的目的，历经多年的不懈努力，积累了丰富的经验，其具有的激光焊接和激光复合焊接在造船业应用的技术及工艺水平处于国际领先地位。

1995 年德国玛雅（Meyer）船厂成功地把激光焊接技术用于钢制船体部件三明治结构的生产中，成为船舶制造业的里程碑。它标志着新的、先进的激光焊接技术代替传统热连接方式在重工业生产中的应用。三明治结构在船舶制造中的应用（提高了整船的强度、刚

性和安全性，同时减轻重量）为船体制造带来了结构性的变革。该厂用12 kW CO$_2$激光器和数字电源设备对5 mm、8 mm、12 mm和15 mm厚度的钢板进行了系统的焊接试验，试验表明，激光-电弧复合焊接工艺的综合焊接能力明显优于其他焊接工艺。2002年，该厂率先将配有激光-电弧复合焊接装置的自动化生产线应用到大型船体部件的实际生产，对20 m×20 m的部件进行平板焊接，无须翻转焊件。目前该船厂已广泛使用CO$_2$激光-电弧焊接工艺。2015年，沪东中华造船在激光焊接技术方面也取得了突破，完成了10 mm的钢板焊接试验，并投入实际生产应用。

任务四　箱形桁架钢结构的焊接工艺

一、箱形（BOX）桁架钢结构的定义、特点

用箱形（BOX）构件，截面形式可为正方形、长方形、菱形。由箱形（BOX）桁架组成的钢结构体系称为箱形（BOX）结构。这是建筑钢结构目前应用最多的主要结构之一。

箱形（BOX）桁架钢结构的特点如下：

（1）箱形（BOX）受力构件和部件全部由箱形截面桁架组成，能够实现复杂造型所需节点。

（2）箱形（BOX）具有很强的承载力，能够实现大跨度异型结构体系。

（3）箱形（BOX）弯扭构件组成的结构体系增加了钢结构体系的魅力，给人们带来视觉上的冲击和美的享受，见图7-83和图7-84。

图7-83 "鸟巢" BOX桁架结构体系

二、箱形（BOX）桁架钢结构的典型节点

箱形（BOX）桁架钢结构的典型节点，见图7-85~图7-89。

图 7-84　深圳湾大学生体育场

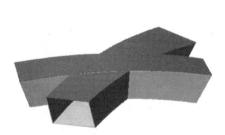

图 7-85　弯扭节点

图 7-86　主桁架交叉节点

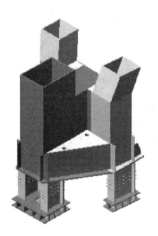

图 7-87　柱脚结构节点

图 7-88　菱形内柱节点

图 7-89　主桁架双 K 节点

三、箱形（BOX）构件制作概述

（一）箱形（BOX）构件制作工艺流程

图 7-90 和图 7-91 所示为箱形（BOX）构件制作工艺流程。

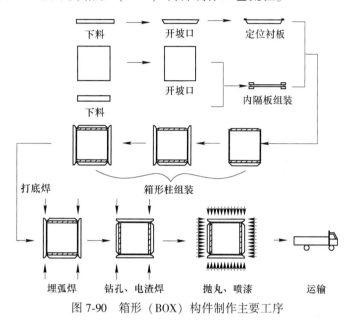

图 7-90　箱形（BOX）构件制作主要工序

（二）钢材下料切割

（1）板厚为 40~85 mm，采用机械或 N/C 数控火焰切割下料。根据结构特点，确定下料方法及相关的焊接收缩余量，并将收缩量加在实际尺寸上，进行样板制作。具体收缩量见表 7-24 和表 7-25。

表 7-24　预留焊接收缩余量参考值

序号	结构类型	截 面 规 格	焊 接 收 缩 余 量
1	实腹结构	截面高度在 1000 mm 以内及钢板厚度在 25 mm 以内	纵长焊缝：每米焊缝为 0.5 mm（每条焊缝）； 接口焊缝：每个接口为 1 mm； 加筋板焊缝：每对加筋板为 1 mm
		截面高度在 1000 mm 以内及钢板厚度在 25 mm 以上各种厚度的钢材，其截面高度在 1000 mm 以上	纵长焊缝：每米焊缝为 0.2 mm（每条焊缝）； 接口焊缝：每个接口为 1 mm； 加筋板焊缝：每对加筋板为 1 mm
2	格构式结构	轻型（桁架、塔架等）	接口焊缝：每个接口为 1 mm； 搭接接头：每米焊缝为 0.5 mm
		重型（组合截面柱子等）	组合截面的梁、柱的收缩余量，按本表序号 1 采用； 焊接搭接接头焊缝：每个接口为 0.5 mm

续表 7-24

序号	结构类型	截 面 规 格	焊接收缩余量
3	板壳结构	厚 18 mm 及以下的钢板	竖向焊缝（垂直缝）产生的圆周长度收缩量：每个接口 1.0 mm； 环向焊缝（水平缝）产生的高度方向的收缩量：每个接口 1.0 mm
		厚 18 mm 以上的钢板	竖向焊缝（垂直缝）产生的圆周长度收缩量：每个接口 0.2 mm； 环向焊缝（水平缝）产生的高度方向的收缩量：每个接口 2.5～3.0 mm

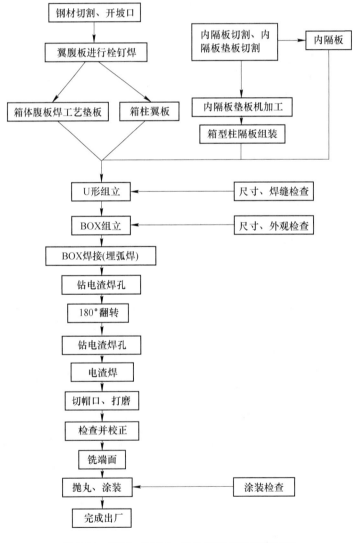

图 7-91　箱形（BOX）构件制作主要工序流程

表 7-25　切割及加工预留量参考值　　　　　　　　　　　（mm）

加工余量	切　割　方　法				
	锯切	剪切	手工切割	自动切割	精密切割
切割缝	10	1	4~5	3~4	2~3
边缘加工	2~3	2~3	3~4	2~3	2~3
刨（铣）平	3~4	2~3	4~5	2~3	2~3

（2）箱形柱面板下料时应考虑到焊接收缩余量及后道工序中的端面铣的机加工余量，并喷出箱形柱隔板的装配定位线。

（3）操作人员应当将钢板表面距切割线边缘 50 mm 范围内的锈斑、油污、灰尘等清除干净。

（4）材料采用火焰切割下料，下料前应对钢板的不平度进行检查，要求：厚度小于等于 15 mm 时，不平度不大于 1.5 mm/m；厚度大于 15 mm 时，不平度不大于 1 mm/m。如发现不平度超差的禁止使用。

（5）下料完成后，施工人员必须将下料后的零件标注上工程名称、钢板材质、钢板规格、零件号等标记，并归类存放。

（6）余料应标明钢板材质、钢板规格和轧制方向。

（7）内隔板及内隔板垫板下料要求如下：

1）内隔板的切割在数控切割机上进行，保证尺寸及形位公差；垫板切割在数控等离子切割机上进行，并在长度及宽度方向上加上机加工余量。

2）垫板长度方向均需机加工，且加工余量在理论尺寸上加 10 mm；垫板宽度方向仅一头需机加工，加工余量在理论尺寸上加 5 mm；内隔板对角线公差精度要求为 3 mm。

3）切割后的内隔板四边应去除割渣、氧化皮，并用角向磨光机进行打磨，保证以后的电渣焊质量。

（三）组装

1. 箱形构件隔板组装

（1）箱形柱隔板组装在专用设备上进行，保证其尺寸及形位公差。箱形柱隔板长、宽尺寸精度为±3 mm，对角线误差为 1.5 mm。

（2）将隔板组装机的工作台面置于水平位置。

（3）将箱形柱隔板一侧的两块垫板先固定在工作平台上，然后居中放上内隔板，再将另一侧的两块垫板置于内隔板上，并在两边用汽缸进行锁紧，见图 7-92。

2. 箱形（BOX）钢结构 U 形组立（见图 7-93）

（1）先将腹板置于专用机平台上，并保证钢板的平直度。

（2）扁铁安装尺寸必须考虑箱形柱腹板宽度方向的焊接收缩余量，因此在理论尺寸上加上焊缝收缩余量 2 mm，在长度方向上比箱形柱腹板长 200 mm。同时应保证两扁铁之间的平行度控制在 0.5 mm/m，但最大不超过 1.5 mm，扁铁与腹板贴合面之间的间隙控制在 0~1 mm。

图 7-92　内隔板组装照片

图 7-93　箱形（BOX）钢结构 U 形组立

（3）扁铁与腹板的连接用气保焊断续焊。

（4）两扁铁外侧之间的尺寸：在理论尺寸上加 2 mm。

（5）然后将腹板置于流水线的滚道上，吊运时，注意保护焊接垫板。

（6）根据箱形柱隔板的划线来定位隔板，并用 U 形组立机上的夹紧液压缸进行夹紧。

（7）用气保焊将箱形柱隔板定位焊在腹板上。

（8）然后将箱形柱的两块翼板置于滚道上，使三块箱形柱面板的一端头平齐再次用液压缸进行夹紧，最后将隔板、腹板、翼板进行定位焊，保证定位焊的可靠性。

3. 箱形（BOX）钢结构 BOX 组立（见图 7-94）

（1）采用机械：BOX 组立机。

（2）装配盖板时，一端与箱形柱平齐。

（3）在吊运及装配过程中，应特别注意保护盖板上的焊接垫板。

（4）上液压缸顶工件时，尽量使液压缸靠近工件边缘。

（5）在盖板之前，必须划出钻电渣焊孔的中心线位置，打上样冲。

（四）焊接及检验

1. 箱形（BOX）钢结构 BOX 焊接（见图 7-95）

图 7-94　箱形（BOX）钢结构 BOX 组立

图 7-95　箱形（BOX）钢结构 BOX 焊接

（1）焊接方法：GMAW 打底，SAW 填充、盖面。

（2）该箱形柱的焊接初步定为腹板与翼板上均开 20° 的坡口，腹板上加垫板。

（3）为减小焊接变形，两侧焊缝同时焊接。

（4）埋弧焊前定位好箱柱两头的引弧板及熄弧板，引弧板的坡口形式及板厚同母材。

2. 钻电渣焊孔

（1）采用机械：轨道式摇臂钻。

（2）找出钻电渣焊孔的样冲眼。

（3）选择合适的麻花钻。

（4）要求孔偏离实际中心线的误差不大于 1 mm。

（5）钻完一面的孔后，将构件翻转 180°，再钻另一面的孔，并清除孔内的铁屑等污物。

3. 电渣焊（见图 7-96）

图 7-96　电渣焊

（1）采用高电压、低电流，慢送丝起弧燃烧。

（2）当焊缝焊至 20 mm 以后，电压逐渐降到 38 V，电流逐渐上升到 520 A。

（3）随时观察外表母材烧红的程度，来均匀地控制熔池的大小。熔池既要保证焊透，又要不使母材烧穿。用电焊目镜片观察熔嘴在熔池中的位置，使其始终处在熔池中心部位。

（4）保证熔嘴内外表面清洁和焊丝清洁，焊剂、引弧剂干燥、清洁。

4. 焊缝检验

（1）按《钢结构焊接规范》（GB 50661—2011）相关规定执行。

（2）无损检测应在外观检查合格后进行，焊缝无损检测报告签发人员必须持有相应探伤方法的Ⅱ级或Ⅱ级以上资格证书，探伤应按《焊缝无损检测　超声检测　技术、检测等级和评定》（GB 11345—2013）标准中的规定执行。

（五）后处理

1. 变形矫正

（1）对钢构件的变形采用火焰矫正，加热温度应控制在 900 ℃ 以下。

（2）本工程箱形构件壁厚是 12~70 mm，变形矫正采取三角形或线状方式加热。

（3）加热的部位是变形的凸起处，热矫正后特别是低合金钢，应在空气中缓慢冷却，严禁用浇水骤冷。

（4）如果一次加热未达到矫正效果，则需要进行第二次加热，加热温度应稍高于前次，否则亦将无效果。

2. 切冒口、矫正、铣端面、抛丸

（1）采用设备：割枪、端面铣、八抛头抛丸机、高压无气喷涂机。

（2）电渣焊帽口需用火焰切除，并用磨光机打磨平整，绝对禁止用锤击。

（3）对钢构件的变形采用火焰加机械矫正，加热温度应控制在 900 ℃ 以下。

（4）构件的两端面进行铣削加工，其端面垂直度在 0.3 mm 以下，表面粗糙度 R_a 在 12.5 μm 以下。

（5）采用八抛头抛丸机进行全方位抛丸，一次通过粗糙度达到 S_a2.5 级，同时，也消除了一部分焊接应力。

（6）箱形柱的抛丸分两步进行：在钢板下料并铣边机加工后，对箱板的外表面侧进行抛丸；在箱柱全部组焊好后、涂漆前，进行外表面的抛丸或喷砂。

（7）喷漆采用高压无气喷涂机进行，其优点为漆膜均匀等。为防止钢材受腐蚀，钢材必须于适当的时机做表面抛丸处理并涂防锈漆。采用防锈漆时必须兼顾考虑到防火涂料的适应性。

四、箱形（BOX）构件焊接技术

（一）箱形（BOX）构件主焊缝焊接技术

为了保证箱形（BOX）构件主焊缝根部熔透质量，防止使用埋弧焊时可能烧穿根部垫板，打底选用 GMAW-CO$_2$ 焊接，填充、盖面选用 SAW 焊接。

1. 箱形（BOX）构件主焊缝 GMAW-CO$_2$ 打底焊接技术

（1）主焊缝焊接。主焊缝焊接前，两端需要加装引、熄弧板，焊接引弧在引弧板上，收弧在熄弧板上，见图 7-97。

（2）GMAW-CO$_2$ 打底焊两道。焊接采用两边对称、同时、同方向、同焊接参数的原则，焊接参数见表 7-26。GMAW-CO$_2$ 气体保护焊是明弧焊接，当两条焊缝同时焊接时，弧光会对焊工的眼睛造成灼伤，为此应在构件中间设置遮挡弧光的可移动挡板，见图 7-98。

表 7-26　箱形构件主焊缝 GMAW-CO$_2$ 打底焊焊接工艺参数

板厚 /mm	焊道	坡口间隙 /mm	焊接电流 /A	焊接电压 /V	气体流量 /L·min^{-1}	熄弧电流 /A	熄弧电流 /V	焊丝直径 /mm
<30	1	6~8	240~280	26~31	17~18	100~120	16~19	1.2
	2	6~8	260~290	28~32	17~18	100~120	16~19	1.2
≥30	1	8~10	250~290	27~32	18~20	100~120	16~19	1.2
	2	8~10	270~300	28~33	18~20	100~120	16~19	1.2

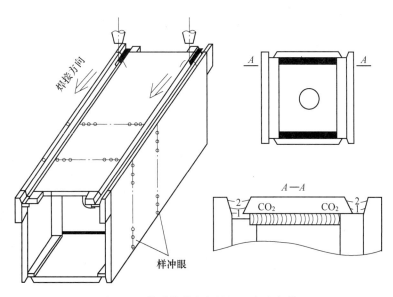

图 7-97　箱形构件主焊缝 CO_2 打底焊接

（3）厚钢板深坡口加钢衬垫焊缝。当采用 GMAW-CO_2 打底焊时，容易产生根部未熔合。原因是 GMAW-CO_2 大电流焊接时，焊枪角度不正确容易造成铁水向前流淌，使得熔深变小，对此可采用打底层分道焊接，调整焊枪角度，来防止铁水超前现象（见图 7-99），避免根部未焊透。

（4）小间隙坡口打底焊接技术。阐述如下：

1）深坡口窄间隙焊缝 GMAW-CO_2 打底焊接时，因坡口狭小，焊枪保护嘴不能够贴近焊缝，造成了焊丝干伸长度过大，保护气体功能减弱，焊缝产生大量气孔。对此，应采用 GMAW-CO_2 锥形保护嘴，或是将常规保护嘴加工成扁口形，使得焊枪保护嘴能够靠近焊缝，加强气体保护，保证焊接质量，如图 7-100 所示。

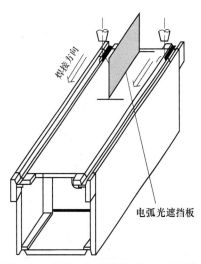

图 7-98　两边对称焊接遮挡电弧光措施

2）GMAW-CO_2 气体保护焊标准的保护嘴与焊缝表面距离宜在 $10 \sim 18$ mm，距离过小保护嘴易堵塞，过大则焊缝易产生大量气孔，且电弧稳定性差。

3）厚钢板深坡口加钢衬垫焊缝的焊接，当焊缝间隙在 $5 \sim 7$ mm 时，打底焊道可不采用分道，每层一道焊接完成。焊接过程中注意焊枪角度的变化，采用右向施焊，沿焊缝宽度小幅度左右摆动。第一道焊接当电弧摆动至翼缘板侧与垫板夹角处时，焊丝端头电弧要吹向夹角并在此有停留时间，电弧在翼缘板侧与腹板侧左右摆动的停留时间比为 2：1，翼缘板侧停留时间长，保证根部焊缝的完全熔透。翼缘板厚度小于等丁 30 mm 时，腹板侧开坡口，其打底焊接见图 7-101；翼缘板厚度大于 30 mm 时，翼缘板和腹板侧均开坡口，其打底焊接见图 7-102。

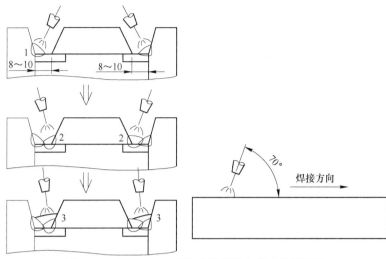

图 7-99 GMAW-CO₂ 打底分道焊接与焊枪角度示意

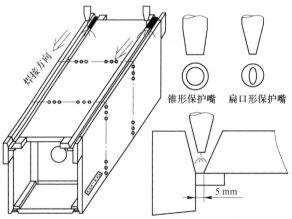

图 7-100 小间隙坡口 GMAW-CO₂ 打底焊接示意图

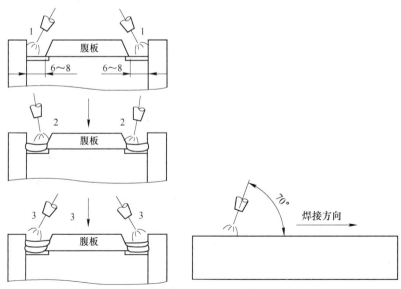

图 7-101 腹板侧开坡口的打底焊接示意图

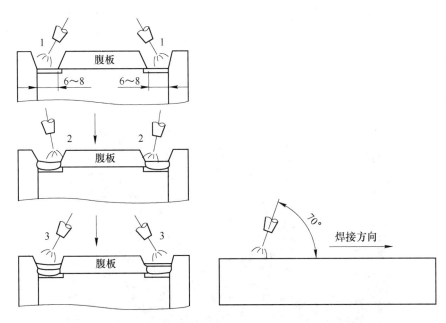

图 7-102 翼缘板和腹板侧均开坡口的打底焊接示意

4）箱形构件主焊缝 GMAW-CO_2 打底焊接：当厚钢板深坡口间隙小于 5 mm，且坡口与板厚的宽深比小于 1.0 时，则容易导致打底焊道产生以下缺陷。

①间隙过小，导致打底焊道翼缘板侧与垫板夹角处产生未焊透缺陷，见图 7-103(a)。

②间隙过小，坡口与板厚的宽深比在 1 以下时，容易导致打底焊道焊缝中心产生热裂纹，见图 7-103(b)。

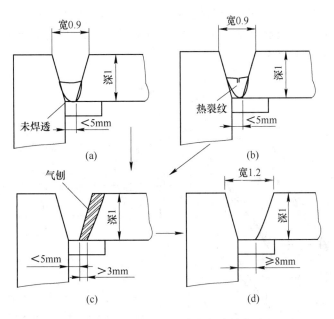

图 7-103 厚钢板深坡口狭小间隙缝的处理

③未焊透与热裂纹的防止措施有：构件组装、坡口加工、对口间隙的预留必须严格按照加工装配工艺进行；组对间隙、坡口宽度较小时，必须进行加宽处理，可采用碳弧气刨、磨光机打磨方法，见图 7-103（c），将坡口、间隙加工至图 7-103（d）所示尺寸为宜。

箱形构件主焊缝 GMAW-CO$_2$ 打底焊接生产见图 7-104。

图 7-104　箱形构件主焊缝 GMAW-CO$_2$ 打底焊接生产

2. 箱形（BOX）构件主焊缝埋弧焊接技术

（1）填充、盖面层焊接。采用双面对称、同方向、同焊接参数进行埋弧焊接，见图 7-105。当焊缝宽度增加时，应分道焊接，焊剂侧挡板与箱形侧壁贴严（焊剂侧挡板与机头相连接），阻挡焊剂侧面的流淌，保证焊接过程的顺利。龙门单丝埋弧焊接参数见表 7-27，龙门双丝埋弧焊接参数见表 7-28。

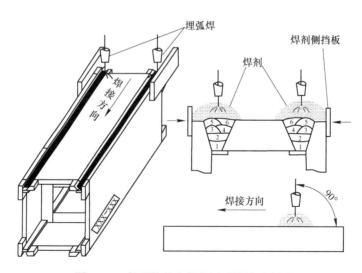

图 7-105　箱形构件主焊缝埋弧焊接示意图

表 7-27 龙门单丝埋弧焊接参数

腹板厚度/mm	坡口	焊道	焊接方法	电源极性	焊丝直径/mm	焊丝干伸长度/mm	焊接电流/A	焊接电压/V	焊接速度/cm·min⁻¹
<30	单边V形	打底焊	SAW	反/DC	4.0	40~50	500~600	32~33	50~60
		填充焊				50~60	650~750	30~31	60~70
		盖面焊				40~50	600~700	30~31	60~80
≥30	单边V形	打底焊	SAW	反/DC	4.0	40~50	500~600	32~33	50~60
		填充焊				50~60	650~750	30~31	60~70
		盖面焊				40~50	600~700	30~31	60~80

表 7-28 龙门双丝埋弧焊接参数

腹板厚度/mm	坡口	焊道	电极布置	双丝间距/mm	焊丝直径/mm	焊丝干伸长度/mm	焊接电流/A	焊接电压/V	焊接速度/cm·min⁻¹
<30	单边V形	打底焊	前丝DC	≤30	4	40~50	600~650	32~33	80~100
			后丝AC		4	50~60	500~550	31~32	
		填充焊	前丝DC	≤30	4	40~50	650~700	30~31	70~90
			后丝AC		4	50~60	550~600	29~30	
		盖面焊	前丝DC	≤30	4	40~50	600~550	29~30	70~80
			后丝AC		4	50~60	550~600	29~30	
≥30	单边V形	打底焊	前丝DC	≤30	4	40~50	600~650	32~33	80~100
			后丝AC		4	50~60	500~550	31~32	
		填充焊	前丝DC	≤30	4	40~50	650~700	30~31	70~90
			后丝AC		4	50~60	550~600	29~30	
		盖面焊	前丝DC	≤30	4	40~50	600~550	29~30	70~80
			后丝AC		4	50~60	550~600	29~30	

箱形构件主焊缝双丝埋弧焊接生产见图 7-106。

图 7-106 箱形构件主焊缝双丝埋弧焊接生产

（2）箱形构件主焊缝双丝埋弧焊接。箱形构件较厚钢板的坡口焊缝，焊至近焊缝表面时，坡口变得越来越宽，此时采用每层焊缝多道焊接，如图 7-107（b）所示，防止焊缝两侧出现咬边、未熔合等缺陷，同时还可改善焊缝表面质量，另外，控制焊接热输入，有利于提高焊接接头性能。

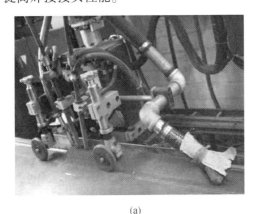

（a）　　　　　　　　　　　　　　　　　　　（b）

图 7-107　箱形构件主焊缝双丝埋弧焊与焊缝

（a）箱形主焊缝双丝埋弧焊；（b）箱形主焊缝双丝埋弧焊焊缝

（二）箱形（BOX）内隔板电渣焊技术

1. 焊接方法的选择

（1）内隔板封闭焊接：采用熔嘴电渣焊或丝极电渣焊。

（2）熔嘴电渣焊特点：设备造价低、焊接成本高、焊接操作调节方便灵活。

（3）丝极电渣焊特点：设备造价较高、焊接成本低、焊接操作调节方便灵活。

2. 焊前准备

（1）熔嘴管选用：当坡口尺寸为 20 mm×20 mm 时，熔嘴管采用 ϕ8 mm；当坡口尺寸为 20 mm×25 mm 时，熔嘴管采用 ϕ10 mm；当坡口尺寸为 25 mm×30 mm 时，熔嘴管采用 ϕ12 mm（注：熔嘴管规格的选用应与焊丝相匹配）。

（2）装填熔嘴管和引弧帽：熔嘴管夹持在焊机头上，并装入箱形电渣焊孔内，见图 7-108，熔嘴管焊丝伸出底部 30 mm 左右，检查熔嘴管在坡口内和底部的位置是否对中，

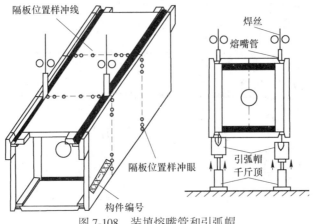

图 7-108　装填熔嘴管和引弧帽

需要借助镜子反照来观察（见图 7-109），确定位置准确后，在底部加装引弧帽，在引弧帽内添加适量钢砂和焊剂，用千斤顶将引弧帽与箱体顶紧，如果顶紧引弧帽与箱体后接触面仍然存在有间隙，可用黄泥将其堵塞严实，防止电渣焊时漏渣。

图 7-109 熔嘴管在坡口内的位置检查

3. 电渣焊焊接

根据电渣焊工艺试验评定的工艺焊接参数进行焊接，不熔化嘴丝极电渣焊工艺参数见表 7-29，熔嘴电渣焊工艺参数见表 7-30。焊接过程中随时观察坡口内的焊接状态，随时调整焊接参数，焊接收弧前加装收弧帽，收弧焊缝高度以高出板面 20 mm 左右为宜。图 7-110 所示为箱形内隔板熔嘴电渣焊，图 7-111 所示为电渣焊焊缝熔透状态，图 7-112 所示为箱形内隔板不熔嘴丝极电渣焊，图 7-113 所示为箱形薄壁内隔板不熔嘴丝极电渣焊接生产。图 7-114 所示为电渣焊收弧帽，图 7-115 所示为电渣焊引弧帽。

表 7-29 不熔化嘴丝极电渣焊工艺参数（焊丝直径 ϕ1.6 mm）

壁板厚 /mm	垫板规格 /mm	隔板厚 /mm	焊接电流 /A	焊接电压 /V	送丝速度 /m·min⁻¹	有无摆动	电源极性	坡口间距 /mm
14	22×55	14~16	370~380	42~46	5.2~5.4	无	反/DC	20
16	22×55	14~18	370~380	42~46	5.0~5.2	无	反/DC	22
20	24×55	14~20	370~380	42~47	5.0~5.2	无	反/DC	22
24	24×55	16~24	370~380	42~48	5.0~5.2	无	反/DC	25
28	26×55	16~28	370~380	44~48	5.0~5.2	有	反/DC	25
30	28×55	16~30	380~390	44~49	4.9~5.1	有	反/DC	25
34	28×55	18~32	380~390	44~49	4.9~5.1	有	反/DC	26
38	30×55	18~38	380~390	44~50	4.9~5.0	有	反/DC	26
42	32×55	18~40	380~390	44~50	4.9~5.0	有	反/DC	28
48	32×55	18~50	380~390	44~50	4.9~5.0	有	反/DC	28

注：送丝速度为读表刻度数，坡口间距为隔板端头与翼板的距离，隔板厚度大于等于 40 mm 时考虑采用双管焊接。

表 7-30　熔嘴电渣焊工艺参数（焊丝直径 φ3.2 mm）

壁板厚 /mm	垫板规格 /mm	隔板厚 /mm	焊接电流 /A	焊接电压 /V	送丝速度 /cm·min⁻¹	焊丝直径 /mm	熔嘴直径 /mm	坡口间距 /mm
14	22×55	14~20	400~420	34~36	30~40	2.4	10	20
16	22×55	14~20	400~420	34~37	30~40	2.4	10	20
20	24×55	14~20	400~420	34~38	30~40	2.4	10	22
24	24×55	16~24	440~460	36~40	25~40	3.2	12	23
28	26×55	16~28	440~460	36~40	25~40	3.2	12	25
30	28×55	16~30	440~460	38~42	25~40	3.2	12	25
34	28×55	18~32	460~480	38~42	25~40	3.2	12	26
38	30×55	18~38	460~480	38~42	25~40	3.2	12	26
42	32×55	18~40	460~480	38~44	25~35	3.2	12	28
48	32×55	18~50	460~480	38~44	25~35	3.2	12	28

图 7-110　箱形内隔板熔嘴电渣焊

图 7-111　电渣焊焊缝熔透状态

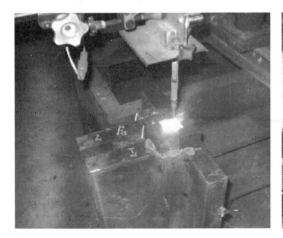

图 7-112　箱形内隔板不熔嘴丝极电渣焊

图 7-113　箱形薄壁内隔板不熔嘴丝极电渣焊接生产

图 7-114　电渣焊收弧帽

图 7-115　电渣焊引弧帽

如图 7-116 所示，采用碳弧气刨去除引弧端和熄弧端头多余部分，至无缺陷后，用 CO_2 气体保护焊将低凹处补焊至与打底焊缝平齐。

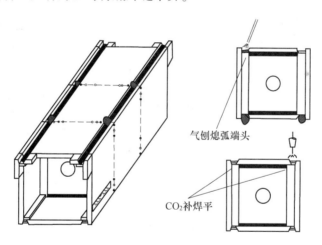

图 7-116　内隔板电渣焊引熄弧端处理

（三）箱形构件变形矫正

（1）箱形柱体弯曲变形。当柱体（每 10000 mm）的弯曲度 $f > 10$ mm 以上时，则需要进行矫正，采用火焰加热矫正加热温度不应超过 700 ℃，加热后构件自然冷却，材质 Q345 以上级别钢严禁用水冷却。加热部位应选择在构件伸长一侧，见图 7-117。

（2）箱形柱体扭曲变形。如图 7-118（a）所示，分别在柱两端吊线坠测量垂直度，正、负数据差即为扭曲变形量，当扭曲变形量在 5 mm 以上时，需要进行矫正处理。矫正方法采用机械压力加火焰加热相结合的方法，固定一端，加压另一端，中间对称火焰加热，如图 7-118（b）所示。该矫正法只适于变形较小的构件。注意：箱形扭曲变形主要靠构件焊接过程中采用合理有效的焊接工艺来预防。

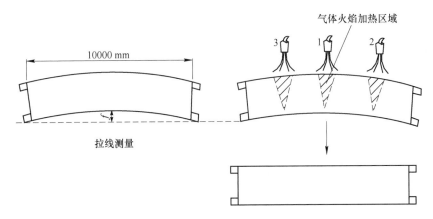

图 7-117　箱形构件变形矫正

1~3—加热顺序号

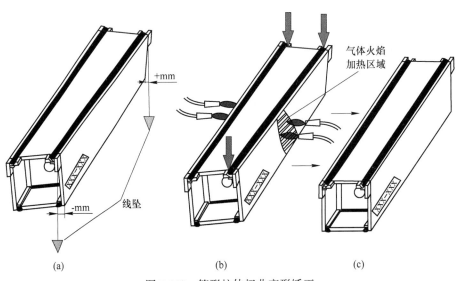

图 7-118　箱形柱体扭曲变形矫正

焊接人物故事：武船重工装焊制作部的电焊班班长沈红生被称为焊接"达人"，绝对名不虚传。

沈红生中专毕业后就到武船重工做了一名电焊工。爱动脑筋的他，凭着勤学苦练和精益求精，硬是练就了一身焊接绝活。

电焊这个岗位有"三高"：高温、高辐射、高噪声。艰苦的焊接环境，使得电焊这个工种，上手容易，但要精通并不简单。沈红生通过多年的潜心苦练，总结出焊接的诀窍：首先要细心，眼睛要时刻仔细观察焊接熔池的状态，耳朵要时刻听着铁水熔化的声音；其次是手稳，手不能颤抖，即便是火星落在了手上烫得疼也要忍住，以保证熔滴的平稳过渡，避免出现夹渣和咬边等缺陷。

　　根据上述焊接诀窍，沈红生能够通过听声识态稳手做到根据焊机性能的不同、钢板厚度的差异，采取适当的手法和技巧，让焊接电流、电压、速度实现最完美的匹配，焊出最完美的焊缝。

　　遇到生产中一些不能焊接的位置，他通过创新制作工装来解决实际问题。

　　2013 年 3 月，武船重工中标港珠澳大桥 CB02 标段，沈红生参加了钢箱梁首轮小节段的总装制造。小节段面板双拼过程需要进行大量的埋弧焊对接。相比于其他桥梁面板结构，由于港珠澳大桥面板 U 肋密集，间距较小，埋弧焊机和轨道无法放置，导致该类型焊缝无法完成。沈红生根据埋弧焊接原理，开动脑筋，大胆创新，改进了埋弧焊机焊接机头，制作出新轨道，保证了该类型焊缝的完成，赢得了好评。5 月 28 日，钢箱梁第一轮小节段制造完成，首制节段通过专家评审，获得了相关专家和港珠澳大桥管理局领导的高度赞誉。

　　传统的焊接方式会留下明显的泡印，使得焊接面凹凸不平，那样既不美观，也影响焊接质量。为了保证港珠澳大桥的质量和美观，业主方要求钢箱梁的焊接不能留下任何痕迹。为了解决这个问题，沈红生和工友们反复试验，改装焊接设备。经过近半个月的尝试，他最终成功将传统的焊接机装上车轮，安上定位杆。

　　改装焊接机，发明焊接轨道，改良打磨机……沈红生这一系列倒腾，不仅焊接质量改善了，而且工作效率也大幅提高。几年来，沈红生先后发明出了 6 种不同轨道下的焊接打磨设备。由于工作认真负责和敢啃硬骨头，沈红生成了工友们心目中的"焊神"。

　　超级工程无痕焊接，细微之处显匠心。

　　沈红生和工友们完成了港珠澳大桥 CB02 标段全部钢箱梁焊接工作，总长度达到 7 公里。整体焊接质量，始终保持超声波探伤合格率 100%、射线探伤合格率99.6%的好成绩。

　　沈红生说过：为之奋斗过的项目，它的潜质会影响一生。如果把所有这些潜质凝聚成一个词，那就是"精益求精"。

综 合 练 习

(1) 桥式起重机的桥架由哪些主要部件组成，各部件的结构有什么特点？

(2) 分析桥式起重机主梁及端梁制造的工艺要点。

(3) 箱形主梁的上挠度可否采用焊后加热梁的下部来完成，为什么？

(4) 桥架组装有哪些技术要求，如何保证？

(5) 压力容器有哪些类型？Ⅰ、Ⅱ、Ⅲ类压力容器是如何划分的？

(6) 圆筒形压力容器有哪些主要部件？为什么压力容器制造必须严格执行国家标准？

(7) 分析中、低压压力容器各主要部件的装焊工艺要点。

(8) 高压容器的制造有何特点？分析球形容器的制造工艺。

(9) 制定船体结构焊接顺序的基本原则有哪些？

（10）在船体结构的焊接过程中，遇到坡口间隙过大时，应采取哪些措施补救？

（11）当构件连续角焊缝与已焊完的拼接缝相交时，应采用什么工艺措施？

（12）船体的哪些构件和结构的焊接应选用低氢型焊条？

（13）船体分段拼板的焊接顺序是什么？

（14）十字形、T形交叉对接焊缝的焊条电弧焊焊接顺序是什么？

（15）船体主要结构中对接焊缝之间、对接焊缝与角焊缝之间的平行距离有什么规定？

（16）何谓"倒装法"？简述船体双层底分段采用"倒装法"时的焊接工艺。

项目八 焊接结构生产中的安全技术、劳动保护与安全管理

学习目标：通过本项目学习，了解焊接生产中的安全技术相关内容，以及在焊接生产中能够谨记劳动保护措施以及安全管理内容，指导实践，避免意外发生。

任务一 焊接结构生产中的安全技术

一、企业安全文明生产常识

（一）正确执行安全技术操作规程

为了保障焊工的安全和健康，促进企业的生产安全，对从事焊接生产的焊工，必须遵守有关焊接安全操作规程，在这方面国家已制定相应的国家标准，如《焊接与切割安全》（GB 9448—1999），主要包括两大部分安全技术操作规程的内容：

1. 气焊与气割的安全操作规程

具体包括：

（1）氧气瓶与乙炔瓶的安全使用。

（2）乙炔发生器与电石的安全使用。

（3）减压阀与回火防止器的安全使用。

（4）焊炬与割炬的安全使用。

（5）气焊与气割中胶管的安全使用。

（6）气焊与气割中的劳动保护技术。

2. 电焊安全操作规程

具体包括：

（1）电焊设备的安全使用。

（2）焊钳与焊接电缆的安全使用。

（3）各种焊接方法的安全技术。

（4）电焊作业中的劳动保护技术。

3. 特殊条件与材料的安全操作规程

此外，各生产单位还就特殊的材料和特殊的生产条件制定有相应的安全操作技术规程，如：

（1）钎焊安全操作技术规程。

（2）黄铜焊接安全操作技术规程。

（3）塑料焊接安全操作技术规程。

（4）登高焊割作业安全技术规程（焊工在离地面 2 m 以上的地点进行焊割作业称高空焊接作业）。

（5）水下焊割作业安全技术规程。

（6）化工、燃料容器及管道焊割作业安全技术规程。

（二）工作场地整洁，工件、工具摆放整齐

目前各企业普遍地推行《工厂定置管理规定》，注重考评职工个人的管理意识，考核班组作业现场。根据制订的定置图和班组责任区，具体要求如下：

（1）厂房门窗窗明壁净，各种图表、标语整洁。

（2）按定置图归类存放物品，标识清晰、摆放整齐、平稳。

（3）保持地面平整清洁，无积水、烟头纸屑，无残料焊条头，无油垢痰迹。

（4）应保证安全通道畅通，无占道现象。

（5）工具箱应摆放整齐合理，工量具与生活用分隔放置。

（6）机台常用工夹具摆放合理。

（7）应防止生产过程中零部件磕碰划伤，合理配置专用工位器具。

二、焊接安全操作常识

（一）安全用电的基本知识

在现代工业中应用的各种焊接方法，除少数几种，绝大部分是直接应用电能，或是以电为动力实行焊接，所以焊工在焊接时经常接触电源和电气设备，可能因设备故障或操作失误等原因造成触电事故和火灾等，所以焊接时的安全用电直接关系到个人生命和国家财产的安危。

1. 造成触电事故的原因

造成焊工触电事故的原因很多，归纳起来有不安全的操作行为和设备不安全状态两个方面。

（1）属于操作行为的事故有：

1）在更换焊条、电极和焊件的操作中，手或身体某部位接触到焊条、焊钳或焊枪的带电部分，而脚或身体其他部分对地和金属结构间无绝缘防护。例如在金属容器、管道、锅炉、船舱或金属构架上施焊时，或当人身上大量出汗时，或在阴雨天、潮湿地点焊接时。

2）在接线、调节焊接工艺参数和移动焊接设备时，手或身体某部位碰触到接线柱、极板等带电体而造成触电。

3）在登高焊接时，触及低压线路或靠近高压网路引起的触电事故。

4）利用厂房金属结构、管道、轨道、天车吊钩或其他金属体搭接作为焊接回路而发生触电事故。

（2）属于设备故障的有：

1）电焊设备罩壳漏电，人体碰触罩壳而触电。

2）由于电焊设备或线路发生故障而引起的事故，如焊机的火线与零线接错，使外壳带电而造成触电事故。

3）焊接过程中，人体触及绝缘破损的电缆、破裂的胶木闸盒等。

2. 预防触电事故的技术措施

人体触及带电体就会引起触电，所以只要人不接触带电体，或带电导体的电压很低，或带电体与大地电位相等，或采用漏电保护装置等措施，就能预防触电事故的发生。为此目的常采用下述措施：

（1）隔离措施。指不使人接触带电导体。通常有两方面安全措施：

1）安全距离。包括线路间、设备间和安全作业及检修时，应留有一定的安全距离。

2）屏护。对带电设备或装置采用防罩壳、遮栏等方法实行隔离。

（2）绝缘措施。指把带电体用绝缘物封闭起来。

电焊设备的带电部分（如初、次级线圈间，线圈与外壳间）必须符合绝缘标准要求，其绝缘电阻值均不得小于 1 Ω；对于手持式电动工具的绝缘电阻值不低于 2 Ω；一般低压设备绝缘电阻值要大于 0.5 Ω。

（3）保护接地。指将正常情况下不带电的金属壳体，用导线和接地极与大地连接起来以保障人身安全。它只适用于三相三线制的中性线、中性点不接地的供电系统。

（4）保护接零。指将正常情况下不带电的金属壳体同电网的零线可靠地连接起来，保护接零适用于三相四线制电源，中性点直接接地的配电系统是目前绝大多数企业所采用的安全措施之一。

（5）保护切断与漏电保护装置。焊接设备采用了保护接地或接零，但发生碰壳时的短路电流不足够大时，就不能及时使熔断器中的熔丝熔断，或使自动开关跳闸，所以仍有触电危险。为了确保人身安全，防止触电事故，还有必要采用漏电保护装置，这就是目前国际上较为流行的"双保险"防触电措施，它还能预防漏电引起的电气火灾事故。常用的漏电保护装置有电压式与电流式两种。

（6）安全电压。为防止触电事故而采用的特定电源供电的电压系列，共分成 42 V、36 V、24 V、12 V、6 V 五个等级，这个电压系列上限值，在任何情况下，两导体间或任一导体与地之间不得超过交流（50~500 Hz）有效值 50 V。

根据有关安全技术标准，对特定作业环境下的安全电压还作了如下规定：

1）对于比较干燥而触电危险较大的环境，规定安全电压为 36 V。

2）对于潮湿而触电危险性又较大的环境，规定安全电压为 12 V。

3）对于水下或其他由于触电导致严重二次事故的环境，规定安全电压为 3 V。

（7）焊机空载自动断电保护装置。因焊机的空载电压远大于安全电压（通常交流弧焊机不大于 80 V、直流弧焊机不大于 90 V），所以采用空载自动断电保护装置，不但可以避免更换焊条及其他辅助作业时产生触电的危险，还可减少空载运行时的电力消耗。

3. 影响触电伤害程度的主要因素

触电伤害程度除了与通过人体的电流大小、持续时间和途径有关，还与电流的种类、频率和人体状况有关。

（二）焊接设备及焊接工具的安全使用常识

1. 焊机（弧焊电源）的安全使用要求

（1）所有交流、直流电焊机的内外壳，必须装设保护性接地或接零装置。

（2）焊机的接地装置可采用自然接地极，但氧气和乙炔管道及其他易燃可燃用品的容器和管道，严禁作为自然接地。

（3）自然接地极电阻超过 4 Ω 时，应采用人工接地极。

（4）弧焊变压器的二次线圈与焊件相接的一端也必须接地（或接零），但二次线圈一端接地或接零时焊件不应接地或接零。

（5）凡是在有接地或接零装置的焊件上，进行焊接时应将焊件的接地线（或接零线）暂时拆除，焊完后方可恢复。

（6）用于焊机接地或接零的导线，应当符合下列安全要求：

1）要有足够的截面。接地线截面积一般为相线截面积的 1/3～1/2，接零线截面的大小，应保证其容量（短路电流）大于离电焊机最近处的熔断器额定电流的 2.5 倍，或者大于相应的自动开关跳闸电流的 1.2 倍。采用铝线、铜线和钢丝的最小截面，分别不小于 6.4 mm² 和 12 mm²。

2）接地或接零线必须用整根的，中间不得有接头。与焊机及接地体的连接必须牢靠，应用螺栓拧紧。在有振动的地方，应当用弹簧垫圈、防松螺帽等防松动措施。固定安装的电焊机，上述连接应采用焊接。

（7）所有电焊设备的接地（或接零）线，不得串联接入接地体或零线干线。

（8）连接接地或接零线时，应当首先将导线接到接地体或零线干线上，然后将另一端接到焊接设备外壳上，拆除接地或接零线的顺序恰好与此相反，不得颠倒顺序。

（9）焊机一般都应该装设空载自动断电保护装置；在高空、水下、容器管道内或局限性空间等处的焊接作业，焊机必须安装空载自动断电保护装置。为达安全与节电的目的，焊机空载自动断电保护装置应满足以下基本要求：

1）对焊机引弧无明显影响。

2）保证焊机空载电压在安全电压之下。

3）保护装置的最短断电延时为（1±0.3）s。

4）降低空载损耗不低于 90%。

2. 焊接工具的安全使用要求

（1）焊钳和焊枪。焊钳和焊枪是焊接作业的主要工具，它与焊工操作安全有着直接关系，因此必须符合以下要求：

1）结构轻便，易于操作，焊条电弧焊焊钳的质量不应超过 600 g，其他不应超过 700 g。

2）焊钳和焊枪与电缆的连接必须简便可靠，接触良好，连接处不得外漏。

3）要有良好的绝缘性能和隔热性能。气体保护焊枪头应用隔热材料包覆保护。焊钳由夹焊条处至握柄连接处止，间距为 150 mm。

4）要求密封性能良好。等离子焊枪应保证水冷系统密封、不漏气、不漏水。

5）焊条电弧焊焊钳应保证在任何角度下能夹持焊条，而且更换焊条方便，可使焊工不必接触带电部分即迅速换焊条。

（2）焊接电缆。焊接电缆是焊机连接焊件、工作台、焊钳或焊枪等的绝缘导线，一般要求具备良好的导电能力和绝缘外皮、轻便柔软、耐油、耐热、耐腐蚀和抗机械损伤能力强等性能，操作中人体与焊接电缆接触的机会较多，因此使用时应注意下列安全要求。

1）长度适当。焊机电源与插座连接的电源线电压较高，触电危险性大，所以其长度越短越好，规定不得超过 2~3 m。如需较长电缆时，应架空布设，严禁将电源线拖在工作现场地面上。焊机与焊件和焊钳连接的电缆长度，应根据工作时的具体情况而定，太长会增加电压降，太短不便操作，一般以 20~30 m 为宜。

2）截面积适当。电缆截面积应当根据焊接电流的大小和所需电缆长度进行选用，以保证电缆不致过热损坏绝缘外皮。

3）减少接头。如需用短线接长，接头不应该超过 2 个。接头应用铜夹子做成，连接必须坚固可靠并保证绝缘良好。

4）严禁利用厂房的金属结构、管道、轨道或其他与金属物体搭接起来作为电缆使用。也不能随便使用其他不符合要求的电缆替换。

5）不得将焊接电缆放置于电弧附近或灼热的焊缝金属旁，以免高温烫坏绝缘材料。

6）横穿马路和通道时应加遮盖，避免碾压磨损等。

7）焊接电缆应有较好的抗机械性损伤能力和耐油、耐热和耐腐蚀性能等，以适应焊工工作特点。

8）焊接电缆还应具有良好的导电能力和绝缘外层。

（三）焊接操作人员的电气安全要求

（1）做好个人防护，工作前要戴好手套、穿好绝缘鞋和工作服。

（2）工作前要检查设备、工具的绝缘层是否有破损现象，焊机接地、接零及焊机各接点接触是否良好。

（3）推、拉电源闸刀时，要戴绝缘手套，动作要快，并且站在侧面，以防止电弧火花灼伤面部。

（4）身体出汗，衣服潮湿时切勿靠在带电的工件上。

（5）在带电的情况下，不要将焊钳夹在腋下去搬弄焊件或将电缆挂在脖子上。

（6）严格执行焊机规定的负载持续率，避免焊机超负荷运行使绝缘损坏或设备烧损。

三、备料的安全技术

（一）划线号料工序的安全操作

划线、号料作业中需要注意的操作技术有：

（1）吊料前必须检查钢丝绳、卡钩是否完整与牢固。

（2）挂钩时必须找好重心，钢板必须挂稳、挂平，不准用手扶被吊件。

（3）放置钢板时，应事先选好位置，放好垫板，禁止边落料边放置或调整垫块。

（4）不得在被吊件下方工作，翻转大型工件时，人要离开工件翻转的范围。

（5）工作场地要经常保持整洁，样板、零件及边角料应堆放整齐，严禁乱丢乱扔。

（6）打样冲眼时，应戴防护眼镜，拿锤子的手不要戴手套。

（7）在对型钢划线打样冲时，必须将型钢放稳，以防翻转伤人。

（二）下料工序的安全操作

采用剪床下料时应注意以下几点：

（1）一台剪床禁止两人同时剪切两种零件，被剪切零件的长度和板厚应不超过剪床的剪切能力，不能剪切淬火钢。

（2）大型剪床启动前应先盘车，开动后应先空车运转到正常工作状态，然后才可进行剪切。

（3）剪切工件时禁止将手和工具伸入剪床内，以免发生人身和设备事故。

（4）工作时，脚踏开关由专人操作，不得随意乱放，随意操作。

（5）无法压紧的窄条钢板，不准在剪床上剪切；停机后剪床的离合器应放在空挡位置。

（三）成形加工中的安全操作

焊接生产车间的成形加工设备主要有卷板机和压力机。主要注意事项有以下几点：

（1）板料进入辊筒时要避免人体压伤、割伤事故的发生，卷板时要防止手或衣物被绞入辊筒内，严禁人站在板料上。热卷时应防止烫伤。

（2）板料落位后和卷板机开动过程中，在进、出料方向严禁站人。

（3）调整辊筒和板料时，必须停机。

（4）使用行车配合卷板工作时，应有专人指挥。吊具选择要适当，行车应不影响卷板机的工作。

（5）取出已卷好的圆筒时，必须停机并采取防止圆筒坠落的措施。

（6）放置卷好的圆筒时，应摆放整齐、平稳，以防止圆筒滚动伤人。

（7）不许在压力机能力范围之外工作。

（8）设备启动时，人身不准靠在压力机上，操作人员的任何部位都不准置于压力机横梁或滑块的正下方。

（9）在压制或矫正工作时，不准用手把持工件，不准清扫氧化皮，也不要用不规则的垫块、圆棒等来压垫矫正。

（10）热压使用可燃气体加热，在点火前必须打开炉门排除炉内积聚的可燃气体，防止爆炸。

（11）消压缸、油泵房周围，可燃气体管路附近，不可明火作业和吸烟。

（12）行车配合作业时，应有专人指挥，应遵守挂钩安全操作规程。

（13）工作结束时应切断电源，将压力机置于非工作状态。

四、装配中的安全技术

目前，我国只有少数专业化程度较高的工厂采用或部分采用了机械化装配作业，而大多数工厂仍然用手工工具和简单的装配夹具进行装配，在装配过程中还需要与行车、焊工协同作业。因此，在装配时不仅存在机械性损伤、高空坠落、大件倾倒压伤等不安全因素，同时还存在噪声污染、弧光辐射和焊接烟尘等不卫生因素。所以，在装配作业时应注意以下几点：

（1）工作前检查各种锤有无卷边、伤痕，锤把应坚韧、无裂纹，锤把与锤连接处应加铁楔。

（2）打大锤不准戴手套，严禁两人对打。

（3）不得用手指示意锤击处，应用手锤或棒尖指点。

（4）使用千斤顶时应垫平放稳，不准超负荷使用。

（5）使用起重机进行机械吊装时，要有专人指挥，必须轻举慢落，工件到位后必须用定位焊焊牢，然后才能松钩。

（6）登高装配作业时，要有坚固的脚手架或梯子，操作人员必须扎好安全带，工具只准放在工具袋内。

（7）在多人装配作业时，应注意相互配合，确保安全。

（8）装配时，应与焊工配合默契，防止弧光打眼和热工件烫伤。

（9）防止工件压坏电缆线造成触电事故。

（10）禁止在吊起的工件及翻转的工件上进行锤击矫正，防止工件脱落。

（11）在使用手提式砂轮机时，必须有防护罩，操作人员应站在砂轮回转方向的侧面。

（12）在大型工件或容器内部作业时，要有安全行灯。操作人员必须穿戴好规定的防护用品，以防触电及机械损伤事故的发生。

任务二　焊接生产中的劳动保护与安全管理

在焊接过程中可能会产生有毒气体、有害粉尘、弧光辐射、高频电磁场、噪声等，还有可能发生触电、爆炸、烧伤、中毒和机械损伤等事故，以及尘肺、慢性中毒等职业病。这些都严重地危害着焊工及其他人员的生命安全与健康，加强各项安全防护的措施和组织措施，加强焊接技术人员的责任感，防止事故和灾害的发生，是十分必要的。

一、焊接生产中的劳动保护

焊接对劳动卫生与环境危害的因素按性质可分为物理因素（弧光、噪声、高频电磁场、热辐射、放射线等）和化学因素（有毒气体、烟尘）。

（一）光辐射

（1）光辐射的危害。弧光辐射是所有明弧焊共同具有的有害因素。焊条电弧焊的电弧温度达 $5000 \sim 6000$ ℃，可产生较强的光辐射。光辐射作用到人体被体内组织吸收，引起组织作用，致使人体组织发生急性或慢性的损伤。焊接过程中的光辐射由紫外线、红外线和可见光等组成。

1）焊接电弧产生的强烈紫外线的过度照射，会造成皮肤和眼睛的伤害。皮肤受强烈紫外线作用时，可引起皮炎、红斑等，并会形成不褪的色素沉积。紫外线的过度照射还会引起眼睛的急性角膜炎，称为电光性眼炎，能损害眼睛的结膜与角膜。

2）红外线通过人体组织的热作用，长波红外线被皮肤表面吸收产生热的感觉；短波红外线可被组织吸收，使血液和海绵组织损伤。眼部长期接触红外线可能造成红外线白内障，视力减退。

（2）光辐射的防护。为了防护电弧对眼睛的伤害，焊工在焊接时必须使用镶有特制滤光镜片的面罩，身着有隔热和屏蔽作用的工作服，以保护人体免受热辐射、弧光辐射和飞溅物等伤害。主要防护措施有护目镜、防护工作服、电焊手套、工作鞋等，有条件的车间还可以采用不反光而又有吸收光线的材料作室内墙壁的饰面进行车间弧光防护。

（二）高频电磁场

（1）高频电磁场的危害。氩弧焊和等离子弧焊，都广泛采用高频振荡器来激发引弧。人体在高频电磁场的作用下能吸收一定的辐射能量，产生生物学效应，长期接触强度较大的高频电磁场，会引起头晕、头痛、疲劳乏力、心悸、胸闷、神经衰弱及植物神经功能紊乱。

（2）高频电磁场的防护。为防止高频振荡器电磁辐射对作业人员的不良影响与危害，可采取如下措施：

1）使工件良好地接地，它能降低高频电流，焊把对地的高频电位也可大幅度地降低，从而减少高频感应的有害影响。

2）在不影响使用的情况下，降低振荡器频率。脉冲频率越高，通过空间与绝缘体的能力越强，对人体影响越大，因此，降低振荡器频率，能使情况有所改善。

3）采用细铜线编织软线，套在电缆胶管外面的屏蔽把线及地线，可极大减少高频电磁场对人体的影响。

4）降低作业现场的温度和湿度。温度越高，肌体所表现的症状越突出；湿度越大，越不利于人体散热。所以，加强通风降温，控制作业场所的温度和湿度，可以有效减小高频电磁场对肌体的影响。

（三）噪声

（1）噪声的危害。噪声存在于一切焊接工艺中，其中尤以旋转直流电弧焊、等离子弧切割、碳弧气刨、等离子弧喷涂噪声强度为最高。

噪声对人体的影响是多方面的。首先是对听觉器官，强烈的噪声可以引起听觉障碍、噪声性外伤、耳聋等症状。此外，噪声对中枢神经系统和血管系统也有不良作用，引起血压升高、心跳过速，还会使人厌倦、烦躁等。

（2）噪声的控制。焊接车间的噪声不得超过 90 dB（A），控制噪声的方法有以下几种：

1）采用低噪声工艺及设备。如采用热切割代替机械剪切；采用电弧气刨、热切割坡口代替铲坡口；采用整流、逆变电源代替旋转直流电焊机等。

2）采取隔声措施。对分散布置的噪声设备，宜采用隔声罩；对集中布置的高噪声设备，宜采用隔声间；对难以采用隔声罩或隔声间的某些高噪声设备，宜在声源附近或受声处设置隔声屏障。

3）采取吸声降噪措施，降低室内混响声。

4）操作人员应佩戴隔音耳罩或隔音耳塞等个人防护器具。

（四）射线

（1）射线的危害。焊接工艺过程的放射性危害，主要来自氩弧焊与等离子弧焊时的钍放射性污染和电子束焊接时的 X 射线。氩弧焊和等离子弧焊使用的钍钨电极中的钍，是天然放射性物质，钍蒸发产生放射性气溶胶、钍射气。同时，钍及其蜕变产物产生 α、β、γ 射线。当人体受到的射线辐射剂量不超过允许值时，不会对人体产生危害。但是，人体长期受到超过允许剂量的照射，则可造成中枢神经系统、造血器官和消化系统的疾病。电子束焊时，产生的低能 X 射线，对人体只会造成外照射，危害程度较小，主要引起眼睛晶状体和皮肤损伤。如长期接受较高能量的 X 射线照射，则可出现神经衰弱和白细胞下降等症状。

（2）射线的防护。射线的防护主要采取以下措施：

1）综合性防护。如用薄金属板制成密封罩，在其内部完成施焊；将有毒气体、烟尘及放射性气溶胶等最大限度地控制在一定空间，通过排气、净化装置排到室外。

2）钍钨极储存点应固定在地下室封闭箱内，钍钨极修磨处应安装除尘设备。

3）对真空电子束焊等放射性强的作业点，应采取屏蔽防护。

（五）粉尘及有害气体

（1）粉尘及有害气体的危害。焊接电弧的高温将使金属剧烈蒸发，焊条和母材在焊接时也会产生各种金属气体和烟雾，它们在空气中冷凝并氧化成粉尘；电弧产生的辐射作用与空气中的氧和氮，将产生臭氧和氮的氧化物等有害气体。

粉尘与有害气体的多少与焊接参数、焊接材料的种类有关。例如，用碱性焊条焊接时产生的有害气体比酸性焊条高；气体保护焊时，保护气体在电弧高温作用下能离解出对人体有影响的气体。焊接粉尘和有害气体如果超过一定浓度，而焊工又在这些条件下长期工作，没有良好的保护条件，焊工就容易得尘肺病、锰中毒、焊工金属热等职业病，影响焊工的身心健康。

（2）粉尘及有害气体的防护。减少粉尘及有害气体的措施有以下几点：

1）首先设法降低焊接材料的发尘量和烟尘毒性，如低氢型焊条内的萤石和水玻璃是强烈的发尘致毒物质，就应尽可能采用低尘、低毒、低氢型焊条，如"J506"低尘焊条。

2）从工艺上着手，提高焊接机械化和自动化程度。

3）加强通风，采用换气装置把新鲜空气输送至厂房或工作场地，并及时把有害物质和被污染的空气排出。通风可采取自然通风和机械通风，可全部通风也可局部通风。目前，采用较多的是局部机械通风。

二、焊接生产安全管理

如果没有安全管理措施和安全技术措施，工伤事故肯定会发生。安全管理措施与安全技术措施之间是互相联系、互相配合的，它们是做好焊接安全工作的两个方面，缺一不可。

（1）焊工安全教育和考试。焊工安全教育是做好焊接安全生产工作的一项重要内容，它的意义和作用是使广大焊工掌握安全技术和科学知识，提高安全操作技术水平，遵守安全操作规程，避免工伤事故。

焊工刚入厂时，要接受厂、车间和生产小组的三级安全教育，同时安全教育要坚持经常化和宣传多样化。按照安全规则，焊工必须经过安全技术培训，并经过考试合格后才允许上岗独立操作。

（2）建立焊接安全责任制。安全责任制是把"管生产的必须管安全"的原则从制度上固定下来，是一项重要的安全制度。通过建立焊接安全责任制，对企业中各级领导、职能部门和有关工程技术人员等，在焊接安全工作中应负的责任明确地加以确定。

工程技术人员在从事产品设计、焊接方法的选择、确定施工方案、焊接工艺规程的制定、工夹具的选用和设计等时，必须考虑安全技术要求，并应当有相应的安全措施。

总之，企业各级领导、职能部门和工程技术人员，必须保证与焊接有关的现行劳动保护法令中所规定的安全技术标准和要求得到认真贯彻执行。

（3）焊接安全操作规程。焊接安全操作规程是人们在长期从事焊接操作实践中，克服各种不安全因素和消除工伤事故的科学经验总结。经多次分析研究事故的原因发现，焊接设备和工具的管理不善以及操作人员失误是产生事故的两个主要原因。因此，建立和执行必要的安全操作规程，是保障焊工安全健康和促进安全生产的一项重要措施。

应当根据不同的焊接工艺来建立各类安全操作规程，如气焊与气割的安全操作规程、焊条电弧焊安全操作规程及气体保护焊安全操作规程等。

（4）焊接工作场地的组织。安全规则中规定，车辆通道的宽度不小于 3 m，人行通道不小于 1.5 m。操作现场的所有气焊胶管、焊接电缆线等，不得相互缠绕。用完的气瓶应及时移出工作场地，不得随便横躺竖放。焊工作业面积不应小于 4 m²，地面应基本干燥。

在焊割操作点周围 10 m 直径的范围内严禁堆放各类可燃易爆物品，诸如木材、油脂、棉丝、保温材料和化工原料等，不能清除时，应采取可靠的安全措施。若操作现场附近有隔热保温等可燃材料的设备和工程结构，必须预先采取隔绝火星的安全措施，防止在其中隐藏火种，酿成火灾。

室外作业时，操作现场的地面与登高作业以及与起重设备的吊运工作之间，应密切配合，秩序井然而不得杂乱无章。在地沟、坑道、检查井、管段或半封闭地段等处作业时，应先用仪器判明其中有无爆炸和中毒的危险。用仪器进行检查分析时，禁止用火柴、燃着的纸张及在不安全的地方进行检查。对施焊现场附近敞开的孔洞和地沟，应用石棉板盖严，防止焊接时火花进入其内。

综合练习

8-1　填空题

（1）焊工在离地面_____以上的地点进行焊割作业称为高空焊接作业。

（2）焊机的接地装置可采用自然接地极，但_____和_____管道及其他_____用品的容器和管道，严禁作为自然接地。

（3）自然接地极电阻超过 4 Ω 时，应采用_____接地极。

（4）在装配时，不仅存在_____、_____、_____等不安全因素，同时还存在噪声污染、弧光辐射和焊接烟尘等不卫生因素。

（5）一台剪床禁止两人同时剪切_____零件，被剪切零件的长度和板厚应不超过剪床的剪切能力，不能剪切_____钢。

（6）在使用手提式砂轮机时，必须有_____操作者应站在砂轮回转方向的侧面。

8-2 思考题

(1) 造成触电事故的原因有哪些，如何预防触电事故的发生？

(2) 影响触电伤害程度的主要因素有哪些？

(3) 焊接生产中常见的劳动保护包括哪些？

(4) 试述焊接安全生产应注意哪些方面。

参 考 文 献

[1] 田锡唐.焊接结构 [M].北京：机械工业出版社，1996.

[2] 陈祝年.焊接工程师手册 [M].北京：机械工业出版社，2002.

[3] 周浩森，戴建树.焊接结构生产 [M].北京：机械工业出版社，1996.

[4] 宇永福.焊接结构制造 [M].北京：机械工业出版社，1995.

[5] 王鸿斌.船舶焊接工艺 [M].北京：人民交通出版社，2002.

[6] 王冠雄.焊接结构生产 [M].北京：外语教学与研究出版社，2016.

[7] 冯菁菁.焊接结构生产 [M].北京：机械工业出版社，2018.

[8] 罗辉.焊接结构生产 [M].北京：化学工业出版社，2018.

[9] 胡木生.焊接工艺及技术 [M].北京：中国水利水电出版社，2015.

[10] 李军平，刘治国，车平.港珠澳大桥组合梁建造技术 [J].钢结构，2016，31 (11)：90-94.

[11] 李亚军，徐淑杰，秦红波，等.压缩机管道的焊后局部热处理 [J].热处理，2021，36 (1)：37-39.

[12] 王洪光.实用焊接工艺手册 [M].2 版.北京：化学工业出版社，2014.

[13] 戴为志，刘景风，高良.建筑钢结构焊接工程应用技术及案例 [M].北京：化学工业出版社，2016.

[14] 支道光，等.教你学会识读焊接结构图 [M].北京：机械工业出版社，2013.

[15] 张应立.焊接结构生产与管理实战手册 [M].北京：机械工业出版社，2015.

[16] 钟翔山，钟礼耀.实用焊接操作技法 [M].北京：机械工业出版社，2013.

[17] 曾平标.中国桥：港珠澳大桥圆梦之路 [M].广州：花城出版社，2018.